KB121786

동물의 운동능력에 관한 거의 모든 것

Feats of Strength

FEATS OF STRENGTH

날기, 수영하기, 점프하기, 뛰기 등
우리와 동물을 둘러싼 환상적인 능력에 관한
과학적 수학적 통계적 실제적 탐험

사이먼 레일보 지음
김지원 옮김 | 이정모 감수

동물의 운동능력에 관한 거의 모든 것

Feats of Strength

이케이북

추천의 글

● 뇌가 있는 첫째 이유는 움직이기 위해서다. 뇌의 고차원적인 기능은 모두 부차적일 뿐이다. 동물의 존재 양식은 바로 이 움직임에 달려 있다.《동물의 운동능력에 관한 거의 모든 것》은 동물의 먹이활동과 짝짓기는 속도와 강인함 그리고 지구력에 달려 있다는 사실을 구체적인 실례를 통해 보여준다. 해부학과 물리학, 그리고 진화에 대한 뛰어난 이해가 있는 저자만이 쓸 수 있는 책이다. 나는 이 책을 읽고 우리 인간이 한편으로는 터무니없이 유약하지만 다른 한편으로는 이 지구에 최적화된 생물임을 깨달았다. 진화에 대한 올바른 이해와 함께 지구에 대한 인간의 책임감을 일깨워주는 책이다.

— **이정모** | 서울시립과학관장,《저도 과학은 어렵습니다만》 저자

● 권투하는 새우에서 경주하는 치타에 이르기까지,《동물의 운동능력에 관한 거의 모든 것》은 인간의 삶을 포함하여 움직이는 삶의 매혹적인 탐험이다.

— **칼 짐머** |《기생충 제국》 저자

● 누구나 읽는 즉시 작가를 좋아하고 그의 깊은 지식을 즐길 수 있다. 생생함이 탁월하고 분명하고 매혹적이며 매우 재미있는 이야기이다.

— **로버트 트리버스** | 채프먼대학교 생물사회연구재단 회장,
《우리는 왜 자신을 속이도록 진화했을까?》 저자

● 진화에 기반한 동물 올림픽은 약 8억 년 동안 계속되었다. 사이먼 레일보는 경쟁자의 다양성, 그리고 게임의 많은 규칙을 포함한 자연사와 다양한 대회의 스포츠팬을 위해, 이를 매혹적이고 읽기 쉽고 광범위하게 소개한다.

— **말콤 고든** | 캘리포니아대학교 생물학과 교수

● 우리를 둘러싸고 있는 환상적인 능력에 관한 매력적이고 흥미를 일으키는 연구이다.

— **워런 엘리스** | 《아이언 맨 : 익스트리미스》 저자

나에게 언제 책을 쓸 거냐고 항상 물으시던
나의 아버지 조지 레일보를 위하여.
아버지가 이 책을 읽으실 수 있었다면 좋았을 텐데요.

들어가는 글

1999년에 나는 남아프리카의 아름다운 도시 스텔렌보스에서 남아프리카 생리학협회 모임에 참석했다. 내 첫 번째 연구 프로젝트였던 별로 알려지지 않은 도마뱀붙이 종들의 생리에 관한 연구 결과를 발표하기 위해 간 거였지만, 나는 스포츠생리학에 관한 이야기에 더 많이 끼게 되었다. 1990년대 중·후반은 남아프리카 스포츠에 있어서 흥분되는 시기였다. 국제적으로 따돌림받던 상태에서 막 벗어나서 남아프리카 운동선수들이 세계 스포츠계에서 대성공을 거두기 시작했고, 1995년 럭비 월드컵에서 스프링복 럭비 팀이 우승하며 특히 유명해졌다. 이 운동선수들은 아마추어에서 전업 프로 선수로 전직하기 시작했다. 이런 전직에 일익을 담당한 것이 케이프타운대학교 스포츠과학연구소 과학자들이 수행한 연구였고, 케이프타운대학은 스텔렌보스에서 아주 가까웠기 때문에 이 모임에 그 연구를 하던 과학자 다수가 참석했다.

이 연구자 중 한 명의 발표 때 나는 멍하니 종이에 메모를 끄

적거렸다. 내용은 이런 거였다. "운동과 스포츠과학… 동물에 관해 이런 연구가 있었나?" 그러고 나서는 금세 잊어버렸다. 집에 돌아온 후에 이 메모를 보고서 나는 요하네스버그의 비트바테르스란트대학의 생명과학 도서관에 가서 조사해보았다. 알고 보니 실제로 수십 년 동안 동물에 관해 운동 관련 연구가 진행되어왔고, 그 내용은 대단히 흥미로웠다. 몇 달 동안 나는 연구 주제를 도마뱀의 신진대사에서 보행 능력 쪽으로 바꾸었다. 이것은 내 현재의 커리어와 궁극적으로 이 책을 쓰는 데까지 이어지는 길의 첫걸음이 되었다.

나는 내 흥미를 돋우는 것을 연구할 자유가 있는 직업에 종사하고 있어서 아주 운이 좋다고 생각한다. 지난 17년 동안 이 흥미는 전적으로, 때로는 지엽적으로 동물의 운동능력(또는 연구자들이 흔히 부르듯이 전체유기체 운동력whole-organism performance)과 관련되었고, 그래서 나는 4개 대륙의 다양한 동물 종을 상대로 운동력을 연구했다. 또한 운 좋게도 나는 생리학, 생태학, 진화학에서 가장 뛰어나고 매우 열정적인 학자들의 관심을 끄는 분야를 선택했다. 덕택에 나나 동시대 연구자들이 뛰어들기 한참 전부터 동물의 운동능력에 관해 가장 기초적인 측면에서 확고한 지식이 쌓여 있었다. 이동을 뒷받침하는 생리학 및 화학적 경로, 특정한 운동능력의 기반이 되는 역학과 운동학, 날고 수영하고 점프하고 뛰는 데 드는 에너지 소모량, 이런 것들과 그 외의 것들에 대해서 운동 생물학의 선구자들이 수학적·통계적·실제적 기법을 다양하게 사용해서 아주 상세하게 밝혀놓았다.

이런 광범위한 지식 기반 덕택에 우리 신참들은 동물의 운동능력을 이해하기 위한 기존의 도구들을 운동능력과 관계된 수많은 생물학적 상황에 적용할 수 있게 되었다. 그 결과, 이 연구 분야는 활기 넘치고 계속해서 넓어지고 있으며 대단히 매혹적이 되었다. 동물들이 먹이를 잡고 잡아먹히는 걸 피하기 위해서 어떤 식으로 운동능력을 사용할까? 왜 주변 온도가 특정한 동물 집단의 운동능력에 강력한 영향을 미치고, 이런 동물들은 온도 변화에 어떻게 대처할까? 동물이 나이 들면 운동능력이 어떻게 바뀔까? 암컷은 운동능력이 더 뛰어난 수컷에게 끌릴까? 물고기가 어떻게 폭포를 거슬러 올라가고, 뱀이 어떻게 미끄러지듯 움직이고, 캥거루가 어떻게 에너지를 쓰지 않고 멀리까지 갈 수 있으며, 제비(아프리카나 유럽)의 나는 속도는 얼마나 될까? 이런 것들이 운동 연구자들이 답을 찾으려 하는 질문이고, 그 답은 자연계와 진화 과정 양쪽을 더욱 깊게 이해해야만 나올 수 있다. 그리고 종종 이런 답들은 더 많은 질문을 불러온다.

내가 이 책을 써야겠다고 생각하게 된 이유는 내 직업이 뭔지 알고서 거의 보편적으로 생물학과 관계없는 사람들이 보인 의아함과 믿을 수 없다는 듯한 태도와 크게 관련이 있다. 도마뱀이 경주트랙을 달리는 걸 추적하는 게 어떻게 직업이 될 수 있지? 딱정벌레를 서로 싸우게 만들어서는 뭘 배우겠다는 거야? 별을 관측하고, 화산을 연구하고, 아원자입자들을 서로 충돌시키는 건 일반 대중에게 순수하게 과학적 연구 분야로 여겨지지만 벼룩이 얼마나 높이 점프할 수 있는지, 거미가 얼마나 멀리까지 뛸 수 있는지를 측정하는 것은 그렇게 여겨지지 않는 모양이다. 하지만 동물 운동능력 연구가 경망스럽게 보인다 해도 이것은 유기체 생물학에서 굉장히 중요한 개념과 의문의 핵심에 자리하고 있다.

수많은 연구자를 끌어들이는 동물의 운동능력 특징 중 하나는 생태학과 진화학의 여러 분야에서 중심이 되고 여러 분야를 서로 연결해준다는 점이다. 운동능력은 번식부터 먹이 섭취와 신호 보내기, 짝짓기, 수렵에 이르기까지 동물들의 일상생활의 많은 측면에서 핵심적이기 때문에 다양한 측면에서 연구할 수 있다. 실제로 운동능력은 대단히 중요해서 적응adaptation이라는 진화 연구의 초석 중 하나가 되었다. 적응에 대해 보편적으로 인정받는 단 하나의 정의는 없지만, 유기체가 살아남고 궁극적으로 번식하는 데 도움이 되도록 자연선택에 의해 형성된 몇 가지 특징이라고 생각하면 유용할 것이다.[1] 예를 들어 대벌레의 몇몇 종이 보이는 위장술과 아리송한 행동은 적응 결과로 여겨진다. 뛰어난 위장술은 각 개체가 잡아먹히는 걸 피하게 해주고 궁극적으로 같은 종의 위장 능력이 없거나 약한 개체에 비해 번식할 확률을 더 높여주기 때문이다. 운동력은 많은 동물 종에서 이런 적응 기준을 맞출 뿐만 아니라 자연계에서 가장 놀라운 적응의 여러 가지 예를 보여준다.

진화가 동물의 운동능력을 형성하는 데 있어서 핵심적

1 좀 더 공식적인 정의는 "번식 성공률을 최대한으로 높이는 일련의 변수들의 선택"일 것이다. 언젠가 이해하기 어려운 논쟁을 듣고 싶은 기분이 들면 진화생물학자 친구들에게 물어보라.

인 역할을 하기 때문에 운동력에 대해서 이야기할 때에는 이런 능력이 왜 진화하게 되었는지를 생각해보지 않을 수 없다. 그러니까 이 책은 운동력뿐만 아니라 진화에 관한 내용이고, 나는 진화 과정의 흥미로운 여러 가지 측면을 조사하기 위해 동물의 운동력을 렌즈로 사용했다. 때문에 나는 이후의 각 장들을 특정한 운동능력보다는 주제에 따라서 구성했다. 달리기, 점프하기, 날기, 물기, 미끄러지기, 헤엄치기, 올라가기, 땅굴 파기 등 전부 다 여기 담겨 있지만, 나는 이런 능력들이 '어떻게' 생겼는지만이 아니라 '왜' 생겼는지에 집중하고 싶었기 때문에 이런 능력들을 중요한 개념과 생태학적·진화적 배경을 설명하는 데에 사용했다.

이런 면에서 중요한 경고를 하자면 동물의 운동력이란 지금도 크고, 계속해서 커져가는 연구 분야이다. 현대의 운동력 연구의 모든 측면을 다루는 것은 몹시 어렵기 때문에 나는 쉬운 길을 택했고 모든 걸 다루려는 시도조차 하지 않았다. 대신에 나의 절충적인 취향과 관심사에 따라 대부분의 경우 과학 자료에서 예시와 사례를 끌어냈다. 어떤 동물들은 다른 동물들보다 더 많은 논의해야만 한다. 예를 들어 내가 이 책 전반에서 도마뱀에 대해 상당히 많이 이야기하는 것 같다면(실제로 그렇다) 이는 도마뱀 연구에 대해 개인적인 편향을 갖고 있거나 내가 도마뱀의 운동력을 연구하고 있기 때문이 아니다. 그보다는 도마뱀이 실험실에서 키우고 측정하기 쉽고 현장에서 연구하는 데에도 편리하기 때문에 역사적으로 전체유기체 운동력을 연구하는 중요한 모델 시스템이었기 때문이다. 그 결과 우리는 다양한 환경에서 다른 동물 종보다 도마뱀의 운동능력에 관해서 훨씬 많이 안다. 위대한 고생물학자 조지 게일로드 심프슨George Gaylord Simpson의 진화에 관한 훨씬 간결하고 함축적인 말을 살짝 바꿔서 인용하자면, 나는 내가 연구하고 있기 때문에 도마뱀이 특별히 더 흥미롭다고 생각하는 것이 아니다. 오히려 도마뱀을 연구함으로써 우리가 동물의 운동력에 대해서 많은 것을 배울 수 있기 때문에 연구하는 것이다. 내가 이렇게 생각하는 유일한 과학자가 아니기 때문에 전체유기체 운동력 연구 분야는 도마뱀 연구자들로 가득하고, 이 생물에 대한 나의 태도도 이를 반영한다. (반대로 자명한 이유로 우리가 운동력에 대해서 아는 것이 별로 없는 매혹적인 동물들도 굉장히 많다. 이런 동물들은 이 책에서 별로 관심을 쏟지 않을 것이다.)

한 가지 경고를 더 하자면, 독자들에게 현재 잘 모르거나 제대로 이해하지 못하는 것들에 대해 주의시키기 위해서 내용 중에 커다랗게 번쩍거리는 경고등을 여러 군데에 세워두었다. 과학적 연구 과정에 익숙하지 않은 사람들에게 이런 불명확한 부분은 상당히 불편한 기분을 주고, 때로는 이전의 발견과 데이터에 대한 수정이나 정정을 과학이 엉망진창이라는 의미로 흔히 오해하기도 한다. 실제로 과학의 자기수정 특성은 과학 최고의 강점이다. 여전히 운동력의 여러 분야가 설명과 엄격한 실험을 필요로 한다는 사실은 내 동료들과 내가 게으르거나 우리가 일을 잘 못한다는 뜻이 아니다. 그보다는 이 분야가 얼마나 복잡한지를 의미한다. 내가 볼 때 동물의 운동력에 대해 더 많은 것을 이해할 수 있는 기회란 대단히 벅차면서도 굉장히 흥분되는 일이다.

시작하기 전에 두 가지 사실을 설명하고 가겠다. 첫 번째는 단위에 대한 것이다. 운동력을 측정한다는 것은 숫자로 표시한다는 것이고, 이 숫자를 해석한다는 것은 적절한 단위로 표기를 한다는 뜻이다. 나는 이 책 전체에서 미터 단위법을 사용하는데, 그 이유는 생물학에서는 전적으로 미터 단위를 사용할 뿐만 아니라 여러 가지 단위 체계를 이용하면 헷갈리기 때문이다. 어쨌든 필요한 경우에는 미터 단위 외의 단위와 숫자를 곁들여 표시하겠다. 나의 목표는 우리가 여러 가지 단위 체계에서 어떤 것을 선호하든 똑같이 이해하게 만드는 것이다. 숫자 그 자체에 관해서는 동물의 운동 기록에 관해 구글 검색을 해보면 수많은 일화와 잘못된 정보가 나올 것이다. 이 책에서 나는 출간된 과학 논문에 실렸으며 확실하게 입증되고 전문가들이 검토한 동물의 운동능력 기록만을 사용했고, 그럴 수 없는 드문 경우에는 표기를 해두었다. 내가 이 문제에 관해서 전문가라고 자처할 수는 없다 해도, 믿을 수 있는 자료라는 것은 장담한다.

두 번째로 예리한 독자들이라면 이미 드문드문 각주가 있는 것을 이미 알아챘을 것이다. 각주에는 기술적이거나 아주 중요하지는 않은 정보들, 가끔 개인적인 일화나 재미난 농담 같은 것이 담겨 있다. 각주를 좋아하지 않는 사람은 무시해도 좋다.

차례

1
달리기, 점프하기, 물기

Running, Jumping, and Biting

동물들은 정말로 놀라운 운동선수들이고, 연구자들이 연구하고 있는 전체유기체 운동력의 종류는 올림픽이 열리는 4년마다 모든 사람이 엄청나게 흥미를 갖는 운동의 종류와 거의 동일하다.

오카방고 삼각주에 새벽이 금빛으로 밝아오고, 암컷 치타가 소리 없이 기다란 풀숲 사이를 헤치고 움직인다. 치타는 바닥으로 몸을 낮추고 신중하게 한 걸음 한 걸음 조심스럽게 걷는다. 뒤쪽의 사바나에서는 임팔라 무리가 풀을 뜯고 있다. 임팔라 떼는 초조하게 움직이며 무리 가장자리의 임팔라들은 종종 먹는 것을 멈추고 고개를 들어 올려 위험을 경계하며 먼 곳을 바라본다. 그들은 흐린 빛 속에서 식물들 틈에 숨은 포식자를 보지 못하고, 냄새도 맡지 못한다. 치타는 황갈색 털에 얼룩무늬 때문에 식물들에 섞여 보이지 않고, 냄새를 실어 나를 바람도 불지 않는다. 어쨌든 보초들의 코와 귀는 계속해서 움찔거린다. 위험은 사방에 있고 언제든 달려들 수 있다. 사이가 넓게 벌어지고 앞으로 향한 치타의 눈이 무리를 열심히 살핀다. 오래지 않아 녀석은 목표물을 선택한다. 아직 완전히 성숙하거나 나이를 먹지 않아서 멋모르고 무리의 보호에서 좀 떨어져 나와 풀숲 속의 사냥꾼의 관심을 끌어들이는 준성체準成體(성장기가 거의 끝난 사람 또는 동물)°(역자주-이하 ° 표시) 임팔라이다.

치타는 풀 사이에서 원을 그리며 천천히 움직인다. 서서히 불운한 임팔라와의 거리를 좁히는 동안 털가죽 아래로 강인한 다리와 등 근육이 물결친다. 마침내 치타가 위치를 잡았다. 녀석은 몸을 웅크리고, 앞쪽의 먹이에 시선을 고정한 채 기다린다. 녀석은 거의 1분 가까이 꼼짝도 하지 않다가 갑자기 단번에 풀숲에서 뛰쳐나간다. 소란스러운 소리에 보초들이 경보를 울리고, 모두가 공황 상태가 된다. 준성체 임팔라는 경험은 없지만 무지하지는 않다. 녀석은 주저 없이 무리 쪽으로 도망친다. 치타는 빠르게 거리를 좁히고, 어린 영양은 이미 최고속도에 도달하긴 했지만 직선주로에서는 이길 가능성이 없다. 임팔라는 쫓아오는 포식자를 떨치기 위해서 갑자기 방향을 왼쪽으로 틀지만 치타는 커다랗고 두툼한 꼬리를 오른쪽으로 움직여 관성에 저항하며 속도를 줄였다가 순식간에 다시 속도를 높이며 매끄럽게 쫓아간다. 임팔라가 이번에는 다시 오른쪽으로 방향을 틀자 역시나 치타는 꼬리를 왼쪽으로 흔들며 쫓아간다. 어린 영양의 전술은 아무 소용도 없었고, 커다란 치타의 앞발이 임팔라의 발목을 후려치자 녀석은 바닥에 나뒹군다. 암컷 치타는 즉시 쓰러진 동물의 위로 달려들어 불쌍한 준성체의 목을 덥석 문다.

치타가 무는 것은 달리는 것에 비해 훨씬 약한데, 성체成體(다 자라서 생식 능력이 있는 동물. 또는 그런 몸)° 임팔라를 이런 식으로 질식시켜 죽이려면 5분은 걸린다. 이 상황에서 어린 동물의 고통은 다행스럽게도 짧았고, 녀석은 약 2분 만에 늘어진다. 전체적으로 사냥은 15초가 채 걸리지 않았고, 그동안에 치타는 173미터를 달렸으며 이 사냥에서는 최고속도가 초속 25.9미터에 도달했다(시속 93킬로미터와 동일하다). 반면에 성체 임팔라의 최고속도는 그 절반 정도에 이른다. 이 준성체는 도망칠 가능성조차 없었다. 나머지 임팔라 떼는 아직까지 자식을 잃은 것을 모르는 어미까지 전부 도망쳤다. 그러나 암컷 치타는 최소한 지금은 자식들의 생존권을 확보할 수 있다. 이 먹이는 자신이 아니라 사냥터에서 그리 머지않은 굴에서 기다리는 네 마리의 새끼를 위한 것이기 때문이다. 여전히 죽은 동물의 목을 이로 꽉 문 채 녀석은 먹이를 굴로 끌고 가기 시작한다. 곧 새끼들이 먹이를 먹게 될 거고, 삶과 죽음의 사이클은 이어질 것이다.

지구 반대편, 루이지애나주 뉴올리언스 중심에 위치한 프렌치쿼터 가장자리 너머 공립공원에서는 수컷 녹색아놀도마뱀이 널찍한 초록색 이파리 위에 앉아서 자신의 영토를 살피고 있다. 이 수컷은 녹색아놀도마뱀으로서는 꽤 크고 나이가 많다. 흉터가 있는 코끝부터 기다란 꼬리 끝까지 성인 남자의 손바닥 길이 정도 되고 무게도 무거운 이 도마뱀은 6그램이 넘어서 25센트 동전 무게보다 조금 더 나간다. 녀석은 잎 표면에 배를 깔고 앉아서 앞다리를 몸 아래에서 쭉 펴고 커다란 화살표 모양 머리를 표면 위로 높게 들어 올려 주변 지역을 완벽하게 내려다본다. 아래와 주위에 있는 식물들 사이에서 이파리 줄기 위로 암컷이 납작 엎드려서 햇볕을 쬐이고, 또 다른 암컷은 천천히 수풀을 헤치며 먹이를 찾는다. 녀석들은 수컷보다 눈에 덜 띄고 훨씬 작다. 무거운 도마뱀은 갑자기 움찔하듯이 머리를 옆으로 움직이고서 눈을 깜박인다. 목 아래쪽의 늘어진 피부가 꿈틀거리다가 부풀면서 커다랗고 평평하고 불그스름한 분홍색 목부채, 즉 군턱(턱 아래로 축 처진 살)°이 모두의 눈에 뜨일 만큼 뚜렷하게 나타난다. 군턱이 완전히 펼쳐지는 동안 녀석은 머리를 위아래로 끄덕거린다. 녀석은 대단히 특정한 동작을 반복하며 여러 차례 이런 식으로 움직이다가 마침내 완전히 군턱이 움츠러들자 이파리 위에서 다시 자리를 잡고 고개를 반대편으로 돌린다. 녀석은 특별히 누군가나 무언가에게 이런 모습을 보여주려는 것이 아니라 그냥 하는 것이다. 여기는 녀석의 영역이고, 모두에게 그것을 알리고 싶은 거다.

녀석이 다시 군턱을 부풀리고 고개를 끄덕거리려고 할 때 무언가가 눈에 들어온다. 오른쪽 아래로 1미터쯤 떨어진 다른 잎을 내려다보자 다른 녹색아놀도마뱀 수컷이 보인다. 몰래 큰 수컷의 영역 경계를 넘어와서 그 안에 사는 무거운 도마뱀의 암컷들을 덮치려는 의도를 가진 침입자다. 무거운 수컷은 이것을 가만둘 수 없다. 그런 뻔뻔한 행동은 참아줘서는 안 된다. 주저하지 않고 무거운 수컷은 침입자를 향해 네 다리를 벌리고 입도 쩍 벌리고서 몸무게의 5배 되는 힘으로(약 N 정도, 또는 0.306킬로그램힘) 곧장 뛰어내린다.

녀석의 아래로 향한 궤도와 점프력 덕택에 라이벌에게 도달하는 데에는 채 1초도 걸리지 않는다. 침입자의 위에 떨어지긴 했지만 탄성 좋은 나뭇잎의 반동으로 점프 방향을 아주 약간 오판해서 녀석은 의도했던 것처럼 불법 침입자의 목 뒤쪽을 무는 대신에 두 마리가 함께 잎에서 굴러떨어져서 아래 있는 바닥에 각기 따로 착지한다.

두 마리 다 상처를 입지는 않았다. 그렇게 떨어진다 해도 별 영향이 없을 정도로 작기 때문이다. 하지만 침입자 도마뱀은 이제 심각한 문제를 마주한다. 바로 자신의 영역과 암컷들을 지킬 만반의 준비가 된 화가 나고 공격적인 무거운 수컷이다. 두 수컷은 기묘하게 다리가 뻣뻣해 보이는 걸음으로 신중하게 서로를 빙빙 돈다. 무거운 수컷이 머리끝부터 등뼈를 따라 부비강에 혈액을 공급해서 등에 있는 볏을 빳빳하게 곤두서게 만든다. 덕분에 덩치가 더 크고 위협적으로 보인다. 동시에 녀석은 상체를 좌우로 바싹 조이고 군턱을 펼쳐서 효과를 극대화한다.

침입자도 똑같이 하지만, 반쯤 건성이다. 녀석은 무거운 수컷의 벌어진 입과 산발적으로 늘어난 군턱, 입 안쪽으로 보이는 커다랗게 두드러진 턱 내전근內轉筋(모음근)°을 주시한다. 이 정도 크기의 무거운 수컷은 그 커다란 근육으로 15N(3.37파운드힘)에 이르는 무는 힘을 낼 수 있다. 이는 작은 수컷의 두개골을 박살내고도 남는 힘이다. 침입자 수컷은 정말로 위태로워졌다. 무거운 수컷의 영역에 침입함으로써 녀석은 사람으로 치면 자기 몸무게의 25배의 역기를 드는 상대에게 싸움을 건 것이나 다름없는 셈이 되었다.

갑자기 무거운 수컷이 턱을 앞으로 쑥 내밀자 작은 수컷이 피한다. 무거운 수컷이 다시 공격하고 침입자는 물러난다. 녀석은 결정을 내렸다. 작은 수컷은 이 싸움에서 이길 수도 없고, 상처를 입는 것을 감수할 만한 상황이 아니다. 녀석은 몸을 돌려 도망치고, 무거운 수컷이 뒤를 쫓는다. 하지만 무거운 수컷은 자신의 영역에서 그리 멀리 갈 수 없다. 첫째로 부주의하게 다른 수컷의 영역에 침입해서 주인을 상대해야 할 수도 있다. 둘째로는 녀석이 없는 사이에 다른 수컷들이 몰래 들어와서 녀석의 암컷들에게 수작을 부릴 수도 있다. 불법 침입자를 쫓아냈다는 것에 만족해서 녀석은 추적을 그만두고 식물 위로 도로 올라가서 경계를 재개한다.

이 두 가지 시나리오는 세계의 전혀 다른 지역에 사는 서로 다른 동물들에 관한 이야기지만, 녀석들은 최소한 중요한 특징 하나를 공유한다. 둘 다 자신들의 번식 성공률을 높이기 위해서, 또는 적자適者가 되기 위해서 운동능력에 의존한다는 것이다. 여기서 적자, 즉 적합하다fitness는 말은 "난 대단히 건강하고 매일 아침 먹기 전에 5킬로미터씩 달리지" 같은 뜻이 아니라 진화적 의미에서 다윈의 적합성을 뜻하는 것이다. 즉, 한 개체가 평생 동안 생산할 수 있는 자손의 숫자를 말한다.

진화는 숫자 게임이고, 자연선택은 같은 종의 다른 개체들보다 적합성을 높일 수 있는, 다시 말해서 더 많은 자손을 생산할 수 있는 개체적 행동, 능력, 특성을 선호한다(선택한다). 치타의 경우에 사례에서 본 녀석의 엄청난 속도와 우수한 기동성은 성공적인 사냥을 가능하게 만들고, 이는 녀석의 어린 새끼들이 잘 먹고 또 하루를 살 수 있게 보장한다. 이렇게 함으로써 암컷 치타는 새끼들의 생존뿐만 아니라 새끼들이 자라서 언젠가 그들의 새끼를 볼 가능성까지도 확보한다. 새끼들이 다시 자손을 보게 되면 암컷의 적합성이 새끼 한두 마리를 굶어 죽게 만드는 더 느리고 무능한 부모 개체에 비해서 더 높아진다. 결국에 이 암컷 치타의 새끼들은 어미의 우수한 속도를 물려받았을 가능성이 높고, 다시 말해 더욱 적합하기 때문에 어미의 진화적 혈통을 더 퍼뜨릴 것이다.

수컷 녹색아놀도마뱀의 경우에 녀석은 자신의 민첩성과 우세한 힘을 위협적으로 사용해서 다른 수컷이 자기 영역의 암컷과 짝짓기를 하지 못하게 막았다. 암컷 녹색아놀도마뱀은 한 번에 알을 하나씩 낳는데, 만약 다른 수컷을 통해 이 알을 낳게 되면 녀석 자신의 유전적 혈통을 지닌 자손이 하나 줄고 라이벌 수컷의 혈통을 지닌 자손이 늘게 되는 셈이다. 그러니까 가능한 한 많은 암컷과의 사이에서 많은 알을 낳음으로써 이 수컷은 암컷 녹색아놀도마뱀의 알이라는 한정된 자원을 독점하고 다른 수컷들을 희생시켜 자신의 적합성을 높이려는 것이다.[1]

두 가지 사례 모두에서 개체의 운동능력은 진화적 승리자와 패배자 사이에서 차이를 보였고, 그래서 자연선택에서 편향성을 보인다. 매일같이 수많은 동물 종 사이에서 벌어지는 이런 상호작용은 지구상에서 가장 극적인 운동능력 일부의 진화 방향을 결정했다. 바로 생물학자들이 다들 전체유기체 운동력whole-organism

---

1 적합성에 있어서 생존은 번식 성공보다 중요성이 떨어지는데, 이 문제와 '적자생존'이라는 불운한 말에 관해서는 잠시 후에 살펴보겠다. 지금은 간단히 말해서 생존이 중요하지만, 번식을 하려면 살아남아야 한다는 선에서이다.

performance이라고 부르는 능력이다. 동물들은 정말로 놀라운 운동 선수들이고, 연구자들이 연구하고 있는 전체유기체 운동력의 종류는 올림픽이 열리는 4년마다 모든 사람이 엄청나게 흥미를 갖는 운동의 종류와 거의 동일하다. 다시 말해서 보편적으로(하지만 독점적인 것은 아닌) 이동과 관련된 동적이고 측정 가능한 특성들이다. 동물들은 뛰고, 점프하고, 수영하고, 날고, 물고, 올라가고, 굴을 파고, 기타 여러 가지 활동을 하는데, 이 모든 걸 다 할 수 있는 종은 별로 없다 해도 다수가 이 중 하나나 그 이상을 놀랄 만큼 잘한다.

동물들의 운동능력 범위는 인간보다 훨씬 넓고, 운동력 연구자들은 종종 올림픽에서는 볼 수 없는 특정한 특성에 집중한다. 예를 들어 내가 아는 한 선수들이 입으로 액체를 얼마나 빠르게 빠는지를 측정하는 올림픽 경기는 없지만, 특정 종의 물고기가 먹이를 먹는 것을 연구하는 연구자들은 바로 이런 것을 측정한다. 반대로 보자면 올림픽 경기에는 이런 식으로 동물들의 행동과는 전혀 비교할 수 없는 경기 종목들도 포함된다. 펜싱, 복싱, 비치발리볼 같은 것들이다. 동물들은 대체로 팀 스포츠를 하지 않는 편이지만, 동물의 왕국에서 싸움은 중요하고 어디서나 벌어지는 일이며, 녹색아놀도마뱀에만 국한된 것이 아니다. 동물들은 심지어 다른 개체와 싸울 때 발톱이나 뿔 같은 무기를 쓰기도 한다. 동물들의 이런 싸움은 힘의 생산, 지구력, 일률(단위시간당 일의 양)°의 출력 같은 근본적이고 측정 가능한 기능적 능력에 의해 이루어지기 때문에 운동력 연구자들이 당연히 관심을 쏟는 분야이다.

운동력의 다양성과 중요성은 관련된 여러 생물학자의 관심을 불러일으킨다. 기능적 형태학, 생물역학, 진화생리학 같은 분야의 생물학자들은 유기체의 구조-기능 관계, 운동 특성의 역학, 이런 것들을 뒷받침하는 생리학적, 생화학적 경로에 흥미를 보인다. 반면 행동생태학자들과 진화생물학자들은 운동력이 생존, 적합성, 진화에 어떻게 영향을 미치는지를 궁금해한다. 운동력은 통합적인 성질을 갖고 있기 때문에 굉장히 귀중하다. 운동력은 동물의 왕국에서 많은 생물학적 현상과 행동에 관한 통찰력을 제공한다. 그 결과 운동력 연구의 넓은 융통성은 개체의 뼈와 근육부터 동물의 개체 수에 이르기까지 생물학적 조직의 다양한 단계에서 진화를 이해하고자 이 모든 조각을 끼워 맞추려 하는 나 같은 통합생물학자에게 대단히 매력적이다. 내 연구는 이런 관점들을 언젠가 한 번씩은 다 살펴보았으나 최근의 관심사는 진화 쪽이다.

'삑' 소리를 내는 기계들

동물의 운동능력을 이해하기 위해서는 이를 측정할 만한 방법이 있어야 한다. 많은 동물 종에서 재미의 절반은 능력을 측정하는 데에 있다! 올림픽 선수들의 운동력을 측정할 때에는 대체로 스톱워치와 줄자, 또는 이 두 가지의 디지털 버전 정도밖에 필요치 않다. 하지만 동물의 세계를 살필 때에는 측정할 능력의 종류만큼이나 많은 동물의 능력 측정법이 있다. 예를 들어 과거의 연구자들은 타조의 달리기 속도를 측정할 때 각 개체들을 랜드

로버로 따라가서 동물의 속도와 차의 속도가 같아지게 해서 (차의 속도계로) 측정했다. 중앙아메리카의 호수 위를 나는 나비의 비행 속도를 측정할 때에도 보트로 비슷한 방법을 사용했다. 요즘에는 생물학자들이 좀 더 정확하게 측정하려고 해서 자연계의 대부분의 운동능력을 아우를 수 있는 확실하게 입증된 방법 몇 가지를 사용한다.

운동력을 측정할 때에는 종종 특별한 기구가 필요하다. 하지만 과학자들이 시도하는 것은 좋게 말해서 틈새시장 같은 것이기 때문에 필요한 기구를 아무 데서나 쉽게 살 수가 없고 종종 주문제작을 하거나 그것마저 실패하면 임시변통으로 만들어야 한다.[2] 나는 예전에 조그만 딱정벌레의 운동력을 측정하기 위해서 물통, 실, 저울, 서로 크기가 다른 커피 캔 뚜껑 두 개를 붙인 간단한 기구를 이용한 적도 있다. 그러나 특별한 과학 도구들을 파는 회사들도 있기 때문에 운동력을 연구할 때에는 몇 가지 근사한 장난감을 다루는 방법을 알아둘 필요가 있다. 가장 흔히 연구하는 운동력의 종류와 이것을 측정할 때 사용하는 가장 중요한 도구와 방법 몇 가지를 짧게 설명하겠다. 운동력이 왜 중요한지 이해하기 위해서 어떻게 측정하는지를 정확하게 알 필요는 없지만, 어쨌든 다음의 내용은 보통의 운동력 연구자들이 사용하는 몇 가지 방법을 간단히 알려줄 것이다.

---

2 동료 한 명은 이탈리아에서 갑자기 실험을 해야 했다. 약국에 달려가 어리둥절한 약사에게 엉망인 이탈리아어로 이렇게 말했다고 한다. "여기 있는 모든 바셀린 다 주세요!"

도마뱀을 경주트랙에 놓고 거기서 얼마나 빨리 달려가는지 측정하는 것이 오후를 보내는 즐거운 방법처럼 들리는가? 뭐, 사실 그렇긴 하지만 35℃의 방 안에서 새벽 3시까지 백 번째로 측정을 반복하고 있으면 꽤 피곤할 수도 있다! 전통적인 도마뱀이나 작은 동물들의 경주트랙에서는 여기서 달리는 동물의 최대 달리기 속도를 알아내기 위해서 트랙을 따라 같은 간격으로 설치한 적외선 빛 장치를 사용한다. 이것은 고속도로에 설치된 특정한 종류의 과속단속 카메라와 같은 원리로 작동한다. 동물이 트랙을 따라 달려가며 적외선 빛을 지나가면 컴퓨터가 다음 빛을 지나갈 때의 시간을 기록해서 동물이 기록된 시간 안에 각 구역을 지나가기 위해서 얼마나 빨리 달렸는지를 계산한다. 각 개체들은 트랙을 세 번에서 다섯 번쯤 달리고, 달리는 사이사이에 휴식시간을 갖는다. 그리고 기록된 최고속도를 분석에 사용한다. 경주용 트랙은 속도를 측정하는 쉽고 효과적인 도구이고, 나도 수 년 동안 여러 가지 트랙을 사용해보았다. 현재 내 실험실에서 쓰고 있는 것은 레이싱카 음향효과가 나고 체크무늬 깃발 아이콘이 있는 소프트웨어와 슬롯카 경주트랙 전자제품이다. 개구리, 물고기, 다른 수영하는 동물들을 위해서 비슷한 종류의 경주용 트랙을 만들 수 있지만 어떤 경우에는 고속촬영(아래를 볼 것)처럼 다른 기술이 더 선호된다.

경주트랙으로 달리기 속도를 빠르고 정확하게 측정할 수 있지만, 지구력을 측정하는 데에는 사용할 수가 없다. 지구력을 측정하기 위해서는 인간용 헬스클럽에서 벽에 설치된 TV를 향하도록 줄줄이 세워놓은 러닝머신과 비슷한 종류의 러닝머신을 사용한다. 사실 내 실험실에서 도마뱀 연구에 사용하는 러닝머신은 속도를 아주 느리게 개조한 인간용 러닝머신이다. 몇몇 도마뱀은 놀라운 달리기 선수이지만 대부분은 운동력의 연료로 산소를 사용하는 한정된 능력을 가졌는데, 그 말은 그들의 유산소(산소를 기반으로 하는) 지구력이 그리 대단하지 않다는 뜻이다. 사실상 어떤 러닝머신이든 대부분의 소형부터 중형 동물 종에 사용할 수 있지만 회사들이 현재 반려동물용 러닝머신을 생산하고 있고, 이 러닝머신들은 반려동물보다 생물학자들에게 더 도움이 되는 게 아닌가 싶은 생각이 든다. 어쨌든 러닝머신의 종류보다 연구 동물에게 거기서 달리는 것이 정말 좋은 일이라고 설득하는 것이 훨씬 중요한데, 이를 위해서 우리는 종종 제정신인 생물이라면 누구나 그러고 싶듯이 러닝머신에서 뛰어내리고 싶어 하는 동물이 그 위에 계속 있도록 특별한 울타리를 설치하기도 한다. 내 박사학위 연구에서 나는 도마뱀 전용 러닝머신을 설계하고 만드는 데 엄청난 시간과 공을 들였으나 내 도마뱀들은 거기 올라가서 달리는 것을 완벽하게 거부했다. 지금 내가 연구하고 있는 도마뱀들은 훨씬 협조적이다.

또 다른 흔한 러닝머신 설계는 수직 지향적인 햄스터 바퀴식이다. 이것은 특별한 실험 환경에서 유용하지만, 햄스터 바퀴와 평평한 러닝머신 구조는 전혀 다르기 때문에 햄스터 바퀴 지구력이 어떤 식으로 러닝머신 지구력과 관련되는지 쉽게 이해할 수가 없다. 어떤 연구에서는 러닝머신을 통해서 최대 유산소 대사능력(동물이 산소를 사용할 수 있는 최대 비율로, 대체로 지구력을 측정하는 목적이다) 데이터를 얻을 수 있고 햄스터 바퀴는 작은 동물의 경우에 사용할 수 있다고 주장하지만, 평평한 러닝머신과 둥근 햄스터 바퀴의 경우에 달리는 걸음 방식이 다르기 때문에 각기 다른 종류의 지구력에 영향을 받을 수 있다. 그래서 이런 바퀴를 사용하는 경우는 작은 설치류, 즉 햄스터 같은 종에만 한정된다.

많은 생물들이 러닝머신에서 완벽하게 잘 달리지만, 모두가 그런 것은 아니고(물고기는 형편없는 달리기 선수로 유명하다) 새와 박쥐, 곤충의 비행 지구력을 측정하거나 수중 및 해양 동물의 수영 지구력을 측정하기 위해서는 더 창의적인 생각이 필요하다. 비행의 경우에는 가장 인기 있는 방법으로 풍동wind tunnel이 있고, 특히 작은 곤충의 경우에는 테더tether법이 있다. 테더법은 곤충의 등에 줄 한쪽 끝을 고정시키고 반대편은 수직 기둥에 묶은 후 곤충이 지칠 때까지 기둥 주위를 원형으로 빙빙 나는 동안 그 시간을 기록하는 방법이다. 물고기의 지구력을 측정하기 위해서는 정해진 속도로 통 안에 물을 흘려 넣고 물고기가 물살 속에서 헤엄쳐서 같은 자리에 머무르는 시간을 측정할 수 있다.

고속 비디오

플립북(연속된 그림을 한 묶음으로 만들어 빠르게 넘기면 그림이 움직이는 것처럼 보이는 책)을 갖고 놀아봤거나 손으로 그린 전통적인 애니메이션 제작 과정을 본 적이 있는 사람이라면 프레임 속도라는 개념을 이미 알 것이다. 초당 프레임fps으로 측정되는 프레임 속도는 카메라가 1초 동안 기록하는 프레임이나 개별 이미지의 숫자이고, 프레임 속도를 바꾸면 비디오의 재생 속도에 영향을 줄 수 있다. 애니메이션이나 플립북에서는 고정된 이미지를 순서대로 보여주고, 이것을 고속으로 하면 움직이는 것 같은 착시효과가 생긴다. 한 시퀀스에 더 많은 프레임이 있을수록 움직임이 더 부드럽게 보인다. 비디오카메라도 마찬가지다. 일반적인 비디오카메라는 24fps나 30fps로 녹화하지만, 고속카메라는 대체로 최대 1,000fps에 이를 정도로 다양한 프레임 속도로 찍을 수 있다(그리고 몇몇 연구자는 동물의 초고속 움직임을 기록하기 위해서 10,000fps가 넘는 프레임 속도까지도 사용한다).

운동력 연구에서 고속카메라의 가치는 눈으로 보기에는 너무 빠른 동물의 행동을 촬영해서 느리게 재생할 수 있다는 데에 있다. 만약 500fps 정도로 촬영하면 각각의 프레임 간격이 0.002초라는 뜻이다. 더 빠른 프레임 속도로 촬영하면 이미지의 명확함은 조금 낮아지지만 더 훌륭한 이동 해상도를 얻을 수 있다(고속 프레임 속도에서는 빛이 더 많이 필요하다. 또는 최신 카메라에서는 화면 영역을 아주 좁혀서 해상도를 유지하기도 한다). 고속촬영을 한 번에 한 프레임씩 재생하면 동물이 무엇을 하는지 정확히 볼 수 있을 뿐만 아니라 신체기관의 위치, 무게중심, 심지어는 이어지는 프레임에서 생물 전체의 위치까지 측정할 수 있다. 속도, 가속도, 또는 무게를 계산하고 적당한 참조 수치를 바탕으로 하면 일률의 출력 같은 이동과 관련된 다양한 변수들을 각 프레임당 위치 변화를 통해서 알아낼 수 있고, 이를 통해 개체의 운동력을 설명할 수도 있다. 고속카메라는 특히 다른 방법으로는 운동력을 측정할 수 없는 생물종이나 상황에서 유용하고, 대단히 여러 가지 용도로 사용이 가능하다. 준비하기가 꽤나 까다롭고 비디오의 분석에도 시간이 꽤 많이 걸리긴 하지만, 인내심 있는 연구자들에게 상당히 고급 데이터를 제공해준다.

현대 고속카메라의 또 다른 특징은 현장으로 들고 나가서 자연 서식지에 있는 동물을 촬영하는 데 사용할 수 있다는 점이다. 코넬대학의 연구자들은 고속카메라를 사용해서 마나킨manakin이라는 새 무리가 어떻게 그 특징적인 비음성적 음향신호(딱딱거리는 커다란 소리)를 내는지 자연 속에 있는 새들을 촬영해서 알아냈다. 그들은 마나킨이 날개나 깃털을 등 위에서 여러 가지 방식으로 맞부딪치고, 가죽 채찍을 휘두르는 것과 비슷하게 날개를 공중에서 빠르게 퍼덕이는 방법을 바탕으로 네 가지 독특한 신호 메커니즘을 사용한다는 것을 보여줬다. 동물들이 이런 동작을 굉장히 빠르게 해서 우리가 맨눈으로는 그 동작을 알아볼 수 없을 뿐만 아니라, 고속 비디오 촬영이 없었으면 네 가지 독특한 움직임을 구분하지도 못한다는 사실은 몹시 놀랍다! 알기 힘든 새의 신호를 구분하는 것뿐만 아니라 고속카메라는 달리기부터 언덕 오르기, 날기, 수영하기, 때리기 같은 여러 가지 활동 종류를 측정하는 데에도 사용된다.

고속카메라는 한때는 드물고 귀한 물건이었지만 요즘은 어디서나 볼 수 있고, 오늘날에는 고프로GoPro나 스마트폰으로도 고속촬영을 할 수 있다. 고속카메라는 다른 운동력 측정 도구들과 마찬가지로 아주 유용하지만, 실험에서 이것을 성공적으로 활용하는 것은 전적으로 실험체의 협조와 능력에 달려 있다. 내가 박사과정을 밟고 있던 때에 한번은 실험실 동료와 함께 실험실의 고속카메라를 이용해서 대형 메뚜기의 점프 능력을 측정해보려고 했다. 불행히 우리는 메뚜기가 정말로 점프하게 만들 수가 없었다. 녀석들이 대단히 고집이 세서 할 마음이 없었거나 아니면, 아마 이쪽일 것 같은데, 너무 크고 무거워서 제대로 점프할 수 없었기 때문인 것 같다. 그 실험에서는 결국 대형 메뚜기가 아주 짧은 거리를 점프하고서 얼굴을 박고 떨어지는 슈퍼슬로모션 영상 클립 몇 개밖에는 얻지 못했고, 이것은 굉장히 웃기긴 했으나 인간의 지식을 발전시키는 데에는 별 도움이 되지 않았다.

힘의 출력

모든 동물의 운동력은 힘을 운동으로 전환시키는 것과 관련되어 있으나, 어떤 경우에는 관련된 힘을 명확하게 고려하지 않는 움직임 그 자체(운동학kinematics이라고도 한다)보다 힘의 출력에 더 관심을 갖게 된다. 무는 힘과 발톱으로 쥐는 힘이 힘을 최우선 관심사로 삼는 운동능력 중 두 가지 예이다. 물론 이와 관련된 운동학 역시 연구는 한다. 실험동물의 무게를 안다면 고속카메라를 이용해서 힘의 출력과 기능적 결과를 계산할 수 있으나 가끔은 그 힘을 직접 측정하는 게 더 편리하다.

운동력 연구자들은 이런 힘을 측정하기 위해 종종 주문 제작하는 여러 가지 도구를 갖고 있다. 예를 들어 내 실험실에는 도마뱀과 개구리처럼 작은 동물들의 점프력을 측정하는 데 주로 사용하는 힘판force plate이 있다. 힘판은 특별한 결정結晶을 사용하는데(압전성壓電性 결정이라고 한다), 이 결정은 변형되면 움직임의 x, y, z 평면으로 판에 작용한 힘을 감지하는 데 이용되는 힘과 비례하는 전류를 발생한다. 그러면 소프트웨어가 이 힘들을 합쳐서 궤적의 방정식과 함께 사용해서 가속도, 속도, 각도, 거리 같은 점프의 다른 측면들을 계산한다. 다람쥐부터 인간, 심지어 코끼리와 코뿔소에 이르기까지 다양한 동물의 이동을 연구하기 위해 여러 종류의 힘판이 창의적이고 독특한 배열로 사용된다. 연구자들은 또한 도마뱀 발이 표면에 달라붙는 힘을 측정하는 데에도 힘판을 사용한다.

두 번째로 유용한 힘 측정 도구는 무는 힘 측정기이다. 이것은 압전식 힘 변환기(늘어나고 압축되는 힘을 측정한다)에 연결된 두 개의 주문제작 기계식 금속판으로 이루어져 있는데, 동물이 이 판을 물면 변환기가 늘어나고 판에 가해진 힘이 손바닥 크기의 전하 증폭기에 표시된다. 이것은 아마 내가 가장 자주 쓰는 도구일 것이다. 카리브해 아놀리스 도마뱀 수컷의 싸움에 관한 나의 학위 논문 연구는 이 도구(와 수없이 많은 덕트 테이프)가 없었으면 해낼 수 없었을 것이다. 이 도마뱀 수컷의 싸움에서는 무는 것이 굉장히 중요한 요소이기 때문이다. 내 공동 연구자들과 나는 또한 이 측정기로 농게 집게발의 쥐는 힘을 측정했고, 변환기로는 수컷 농게를 인공 굴에서 잡아당겨 꺼낼 때 필요한 힘과 도마뱀이 꼬리를 잘라내도록 만드는 데 필요한 힘을 측정했다.

박쥐처럼 더 큰 동물을 위해서 더 특화되고, 더 크고, 더 튼튼한 무는 힘 측정기도 있고, 압전식 변환기만 사용하는 것도 아니다. 다른 연구자들이 변형 측정기와 가정용 재료들을 사용해서 무는 힘 측정기를 만들었고, 내 실험실에서는 귀뚜라미와 메뚜기처럼 보통의 힘 측정기의 판을 물 만큼 아래턱뼈가 크지 않은 작은 곤충들의 무는 힘을 측정하기 위해서 얇고 신축성 있는 힘 감지 저항 회로를 바탕으로 만든 또 다른 힘 측정기를 사용한다.

원격 탐사

이 장 앞머리에서 치타의 사냥에 관해 내가 제시한 숫자들은 지어낸 것이 아니다. 그것은 보츠와나의 암컷 치타 세 마리가 367번 달린 것을 바탕으로 찾은 결과이다. 이들의 달리기는 GPS(전 지구 위치 파악 시스템) 기술과 휴대전화가 어느 쪽으로 기울어져 있는지 알려주는 현대 스마트폰 안의 가속도계와 비슷한 관성 측정 장치를 합친 것으로 녹화했다. 이 놀라운 연구에서 이 측정 도구를 목줄에 집어넣고 연구자들이 치타(암컷 세 마리와 수컷 두 마리)에게 맨 다음 실험실이 아니라 자연에서 자유롭게 다니는 녀석들의 움직임을 추적하고 실제 활동 데이터를 기록했다.

원격 탐사 기술은 운동력 연구에서 짜릿한 선두주자이고,

미래에 우리는 동물들이 여러 가지 생태학적 환경에서 운동능력을 어떻게 사용하는지에 관해 얻기 어려웠거나 불가능했던 데이터를 더 많이 얻을 수 있을 거라고 예상한다. 지난 몇 년 사이에 연구자들은 새부터 돌고래에 이르기까지 자유롭게 다니는 동물들의 운동력을 이해하기 위해서 이미 비슷한 장치를 사용해서 종종 데이터를 위성으로 보냈다. 나는 이 운동력 연구의 새 시대에 특히 흥분된다. 현장 연구가 재미있고 훌륭하긴 하지만, 당신이 자고 있거나 바에서 즐기는 사이에 수집된 대량의 데이터만큼 좋은 것도 없기 때문이다.

왜 운동력을 연구할까?

그러니까 우리는 도마뱀을 경주트랙에 올려놓고 얼마나 빨리 뛰는지를 측정할 수 있고, 또는 귀뚜라미를 고속카메라로 촬영해서 얼마나 점프를 잘하는지 측정할 수 있으며, 다른 여러 가지 방법을 사용해서 수많은 종류의 운동력을 측정할 수 있다. 하지만 왜 이런 것에 관심을 갖는 걸까? 대부분의 대도시에서 아무 날에나 그 도시의 경주트랙에 가서, 어느 나라인지에 따라 경마나 경견, 낙타 경주, 심지어는 타조 경주 같은 것도 볼 수 있다. 호주 시드니에 산다면 여러 바(호주인들이 쓰는 단어로는 호텔이라고도 한다. 이것은 아마 외국인들을 헷갈리게 만들기 위해 생긴 단어일 거다)에서 게 경주까지도 볼 수 있다. 하지만 바에서 게를 경주시키는 게 별다른 일 없는 수요일 저녁을 보내는 방법으로는 완벽하게 별문제 없을지 모르지만, 왜 과학자들이 이런 쓸데없는 것을 연구하며 시간을 낭비할까?

전체유기체 운동력 연구는 자연계에 대한 이해를 넓히는 것부터 우리의 삶에 직간접적으로 영향을 미치는 기술적 발전에 이르기까지 넓고 다양한 사회적 이득을 준다. 예를 들어 동물의 운동능력의 역학 및 진화에 대해 약 40년 동안 연구한 덕택에 동물의 활동 기능을 흉내 내거나 거기에서 영감을 받은 수많은 혁신을 이루었다. 잔여물을 전혀 남기지 않으면서도 접착력이 뛰어나고 재활용 가능한 물질인 겍스킨Geckskin 같은 신기술은 도마뱀의 발바닥 빨판과 표면에 달라붙는 능력을 연구한 것에서 영감을 얻은 것이다. 하지만 이 연구는 도마뱀의 전반적인 이동 능력 연구로 인해 차츰 밀려나게 되었다. 동물의 걸음걸이와 이동에 대한 연구는 곤충, 게, 박쥐, 뱀 등 다양한 동물들을 바탕으로 한 로봇의 설계에 영향을 미쳤다. 이런 로봇 연구는 관측부터 군사적 용도, 수색 및 구조에 이르기까지 다양한 적용 가능성을 갖고 있다. 이런 수많은 혁신은 사실상 조그만 동물을 경주트랙에서 달리게 만들거나 고속카메라로 무척추동물이 나는 것을 촬영하는 등 호기심으로 시작된 기초과학에서 탄생한 것이다.

진화생물학은 정기적으로 그 존재 이유를 변호해야만 하는 유일한 과학 분야라는 기묘한 위치에 있으며 관련된 동식물 연구 역시 종종 같은 식으로 음해를 받는다. 2011년, 오클라호마주 공화당 의원 톰 코번Tom Coburn은 〈미국국립과학재단: 현미경으로 들여다보기The National Science Foundation: Under the Microscope〉라는 보고서에서 기초과학 연구에 자금 지원을 받는 연방정부 기관인 미국국립과학재단NSF이 납세자들의 돈을 그가 개인적으로 멍청하다고 생각하는 연구에 허비하고 있다고 질책했다. 코번이 강조한 연구 중 하나가 바로 운동력 연구였다.

이 보고서에 따르면 미국국립과학재단은 50만 달러 이상을 2008년에 찰스턴대학의 루 버넷Lou Burnett과 그 동료들에게 주었는데, 그 유일한 목적이 새우를 러닝머신에서 뛰게 만드는 것이었다. 코번의 보고서를 다룬 미디어들은 이 연구에 집중했다. 실험복을 입은 과학자들이 새우가 조그만 러닝머신에서 뛰는 동안 지구력을 측정하는 모습이 유튜브 비디오로 나가고, 그다음에는 전미은퇴자연합AARP에서 정부가 자신들 대신 그런 곳에 돈을 쓴다는 것을 은퇴자들에게 보여주기 위해 똑같은 영상이 담긴 광고를 내보내며 이 실험은 엄청난 악명을 얻었다.

이 두 영상과 "러닝머신을 뛰는 새우"라는 그럴듯한 설명은 이 과학자들의 연구를 우스꽝스럽게 만들려던 비판자들에게는 하늘이 내린 선물과도 같았다. 실험 자체는 대단한 업적처럼 보이지 않을 것이다. 사실 그 중요성과 상관없이 모든 전후사정을 배제하고 단순한 문장으로 깎아내리면 어떤 연구든 쉽게 별것 아닌 것처럼 만들 수 있다. 예를 들어 창틀에서 곰팡이를 키운다든지(페니실린을 얻기 위해), 특정 분자들이 어떤 식으로 배열하는지 알아낸다든지(DNA 복제를 이해하게 만든 실험이다), 아니면 왜 우리가 소에게 고기를 먹이면 안 되는지를 설명하는 실험(덕택에 질병을 일으키는 프리온을 발견하게 되었다)이라는 식으로 설명하면, 실은 대단히 유명하고 귀중한 연구임에도 사람들이 과연 돈을 댔을까?

공정하게 말하자면 미국국립과학재단이 코번의 실험실에 돈을 댄 것은 새우를 러닝머신에서 뛰게 만드는 것과는 별 상관없었고, 이런 면에서 보고서는 완전히 틀린 것은 아니다. 하지만 미국국립과학재단이 자금을 댄 다른 모든 연구와 마찬가지로 이것도 이유가 있어서 선정된 것이었다. 버넷과 그 동료들이 제시한 연구의 목적은 저산소(산소 부족) 상태 같은 해양 환경의 변화가 어떻게 해양 생물들의 건강과 감염 방지 능력에 영향을 미치는지를 확인하는 거였다. 새우가 상당히 활동적인 생물이라는 점을 고려할 때 활동 중인 새우의 면역 기능을 확인하는 것은 대단히 흥미로운 일이다. 저산소 상태와 관련해서는 환경에서 산소 수치에 영향을 받는 특정한 종류의 활동을 조사해봐야 한다. 다시 말해서 지구력처럼 산소를 바탕으로 하는 활동을 실험해봐야 한다는 것이다. 그러니까 이 연구자들은 저산소 상태에서 러닝머신에서 달리게 하는 지구력 실험을 하며 새우의 면역 기능을 측정하려 한 것이다.

이 프로젝트에서 새우를 러닝머신에서 달리게 한 것은 전후 상황을 보면 논리적일 뿐만 아니라 코번의 사무실에서 바로 이 실험을 강조하려 했다는 부분이 몹시 의심스럽다. 2010년 4월에서 7월까지 BP 디프워터 호라이즌 정유회사가 이미 저산소 상태였던 멕시코만에 490만 배럴의 석유를 쏟아버려서 176,100제곱킬로미터 이상의 지역(독일 면적의 절반 정도)에서 새우를 포함하여 수많은 해양 생물에게 유독 물질을 들이부었다. 멕시코 연안에 살며 새우를 잘 먹거나 새우와 관련된 직업을 가진 사람들(루이지애나 주민으로서 내가 장담하는데, 이런 사람은 굉장히 많을 것이다)은 새우가 러닝머신에서 얼마나 오래 뛸 수 있으며, 이것이 저산소 상태에서 녀석들이 면역상의 난제를 얼마만큼 견딜 수 있는지에 관해 어떤 이야기를 해줄까 무척 궁금할 수도 있다. 코번이 이런 사실들을 전혀 언급하지 않았다는 것은 그가 미국국립과학재단의 제안서 원본을 제대로 읽지 않았거나 제시된 연구의 목적을 전혀 이해하지 못했다는 사실을 강력하게 암시하는데, 아마 둘 다일 수도 있다.

코번은 2015년에 공직에서 은퇴할 때까지 매년《일지》를 출간했다(이 글을 쓰는 시점에서는 애리조나주 공화당 의원 제프 플레이크Jeff Flake가 그 뒤를 따르고 있다). 그는 특히 러닝머신 기반의 운동력 연구를 싫어했던 것 같다. 이번에는 공개 조사 목적으로 러닝머신을 이용해서 퓨마의 지구력을 측정하는 또 다른 운동력 연구를 지목했기 때문이다. 이런 계속된 주목 때문에 할당된 연구 자금 중에서 얼마나 많은 금액이 이런 연구가 해명하려 하는 운동력 분야로 흘러가는지 궁금할 수도 있다. 새우 연구의 경우에는 달러 가치로 정확하게 이야기할 수 있다. 문제의 연구의 핵심 연구원 중 한 명이자 새우를 러닝머신에 올렸던 당사자인 데이비드 숄닉David Scholnick이《고등교육 연감The Chronicle of Higher Education》에 게재한 논문에서 자신이 악명 높은 유튜브 영상 클립에 나온 러닝머신을 여분의 부품과 총액 47달러를 들여서 직접 만들었고, 이마저도 자기 주머니에서 냈다고 발표했다.

대륙을 건너간 두꺼비

동물의 운동능력 연구로 얻는 지식이 언제나 즉시 분명하게 보이는 것은 아니다. 하지만 동물의 운동력을 연구하는 것은 혁신을 불러일으킬 뿐만 아니라 20세기 최고의 생태학적 실수 중 하나라 할 수 있는 것을 이해하는 귀중한 바탕이 되었다. 바로 호주에 수수두꺼비, 리넬라 마리나*Rhinella marina*를 들인 것이다.

1930년대에 호주의 농업은 여러 가지 해충이라는 점점 커지는 위협에 직면했고, 퀸즐랜드주 전역에서 새롭게 수입한 사탕수수를 엉망으로 만드는 케인비틀cane beetle이라는 작은 곤충도 그중 하나였다. 세계의 수많은 지역에서 상업용 작물로 사탕수수의 인기를 생각하면 이것은 호주만의 특별한 문제가 아니었고, 다른 나라들도 생산품을 보호하기 위한 조치를 취했다. 그중 하나가 생물적 방제biocontrol라는 비교적 새로운 방법이었다. 비싸고 유독하거나 비효율적인 살충제 사용이나 사람 손을 빌리는 전통적인 방제법과 달리 생물적 방제라는 개념은 감염 지역에 천적을 고의로 들여와서 해충 종을 완전히 제거하지는 못해도 숫자를 줄인다는 것이었다. 적절하게 시행된 생물적 방제의 근사한 점은 자급자족이고, 이상적으로는 생물적 방제 도구 자체가 목표 종이 지엽적으로 멸종하면 먹이가 사라진 탓에 자체적으로 소멸되는 자기소멸식이라는 사실이다.

20세기 초에 사탕수수 작물에 비슷한 위협을 받았던 푸에르토리코는 해충을 제거하기 위해서 농장에 수수두꺼비라고 알려진 동물을 들여왔다. 계획은 효과가 있는 것처럼 보였고 두꺼비들은 사탕수수 해충을 제거하는 이상적인 생물종으로 환영받았다. 1935년 8월에 카리브해의 예에 따라 수수두꺼비를 도입했던 지역인 하와이에서 102마리의 수수두꺼비가 채집되어 퀸즐랜드의 마을 고든베일에서 풀려났다. 나중에 잘못되었다는 사실이 밝혀졌지만, 두꺼비의 먹이 섭취 습관에 관한 초기 연구에 따르면 두꺼비들은 다른 자생종들에게 위협이 되지 않는다고 했다. 1936년부터 1937년까지 수천 마리의 어린 두꺼비들이 퀸즐랜드 주변 농장과 마을에 풀려났다.

이후 80년 넘게 대량으로 유입된 이 커다란 외래종 두꺼비들은 두 가지 중대한 영향을 미쳤다. 첫 번째로 식이 연구에 관해 읽어본 적이 없는 게 분명한 두꺼비들은 자신들보다 작은 동물들은 거의 뭐든지 다 잡아먹기 시작했다(얄궂게도 케인비틀은 두꺼비가 따라갈 수 없는 사탕수숫대 꼭대기로 올라가서 두꺼비 먹이가 되는 걸 피했고, 어린 유충은 땅속에서 안전하게 머물렀다). 두 번째로 두꺼비의 엄청나게 높은 번식률 때문에 수가 폭발적으로 늘어서 놀랄 만큼 빠르게 퀸즐랜드 전역과 이웃 주로 퍼져나가기 시작했다. 1935년에 고립된 사탕수수 농장에 처음 도입된 이래로 두꺼비의 서식 범위는 현재 호주의 열대 및 아열대 지역 양쪽에 걸쳐 1백만 제곱킬로미터가 넘고, 두꺼비들은 심지어 3,300킬로미터 떨어져 대륙 거의 반대편에 있는 서호주의 브룸까지 도달했다. 두꺼비의 확산 속도를 추산하면 어마어마하다. 수수두꺼비들은 1940년대부터 1960년대까지 연간 10킬로미터가량의 속도로 퀸즐랜드 전역 및 바깥으로 이동하기 시작했다. 2006년 연구에 따르면 현재의 확산 속도는 연간 약 50킬로미터에 이른다. 연간 침공 속도가 다섯 배로 증가한 것이다.

수수두꺼비의 확산 속도가 지난 80년 동안 이렇게 놀랍도록 증가한 것은 극단적으로 높은 두꺼비의 지역 개체 밀도 때문이다. 수수두꺼비는 피부에서 독을 분비하기 때문에 이들을 공격하거나 잡아먹으려 하는 어떤 동물이든 끔찍한 하루를 보내게 될 것이다. 형편없는 대처를 더더욱 최악으로 만들려고 했는지 호주인들은 두꺼비를 핥으려고 하거나 심지어 독에 취하기 위해서 껍질을 말려서 연기를 흡입하려고 했지만, 인간 외의 동물들은 유독한 두꺼비를 피하려 했다. 이런 화학적 방어 덕택에 두꺼비는 포식자들로부터 안전하고, 천적이 없으며, 대단히 다양하게 먹이를 먹고, 연간 수만 개의 알을 낳을 수 있어서 어마어마한 밀도에 도달했다. 추정에 따르면 수수두꺼비의 밀도는 1,500~3,000마리/km^2에 달하고 호주의 총 수수두꺼비 숫자는 최소한 15억 마리에 이르렀다. 2008년 브리즈번의 퀸즐랜드대학에 방문했을 때 나는 두꺼비의 숫자만으로도 경악했다. 넓은 퀸즐랜드대학 부지를 구경시켜주던 초청자이자 유명한 운동력 연구자 로비 윌슨Robbie Wilson에게 나는 그토록 많은 이야기를 들은 수수두꺼비들이 다 어디 있느냐고 물었다. 윌슨은 발밑을 보라고 했고, 아래를 보며 한 걸음을 옮기자 수두룩하게 많은 조그만 새끼 두꺼비들이 내 발이 닿을 자리를 피해서 뛰어올랐다. 이 동물의 번식 능력은 너무 대단해서 잔디밭이 어린 두꺼비로 가득했는데, 모두 다 성체가 될 때까지 살아남지는 못하겠지만, 대체로 상당수가 살아남아서 우리가 오늘날 보는 믿을 수 없는 숫자의 두꺼비를 생산한 것이다.

하지만 한곳에 사는 이 모든 생물체는 두꺼비판 새해 전야의 타임스퀘어 같은 곳에서 자원에 대한 경쟁이 덜한 다른 곳으로 이주하고 싶은 큰 욕구를 갖게 된다. 다른 곳에 도착하면 두꺼비들은 번식을 하고, 밀도가 높아지면 다시 이주한다. 지난 80년 동안 이동 능력이 강력하고 결정적인 자연선택이 되어 이런 확산 능력을 확보하게 만들었고(그 말은 운동력이 좋은 두꺼비가 번식하고, 그래서 능력이 떨어지는 개체에 비해서 환경에 더 적합해졌다는 뜻이다) 수수두꺼비 이동에 관한 연구는 이런 능력 기반 선택이라는 특징을 밝혀냈다. 두꺼비에서 이동 능력을 예측하게 해주는 핵심 부위는 다리 길이다. 몸 크기에 비해 상대적으로 긴 다리를 가진 두꺼비가 상대적으로 짧은 다리를 가진 개체에 비해서 능력이 더 뛰어나다. 확산 속도의 증가가 이동 능력의 자연선택으로 인한 결과라면 이런 선택적 특징이 같은 기간 동안 상대적인 다리 길이라는 진화를 증명하는 것이다.

시드니대학교의 릭 샤인Rick Shine의 연구팀과 그 동료들이 침입종 두꺼비에 대해 연속적인 장기 연구를 한 결과를 보면 실제로 그러하다. 상대적으로 긴 다리를 가진 두꺼비들이 짧은 거리를 더 빨리 움직일 수 있을 뿐만 아니라 24시간에서 사흘까지의 시간 동안 더 먼 거리를 이동했는데, 이는 속도가 빠르면 더 멀리까지 갈 수 있다는 것을 강력하게 뒷받침한다. 게다가 다리가 길고 더 빠른 두꺼비가 확산 능력을 바탕으로 선택된다면 침입종의 선봉은 침입 초기보다 더 다리가 긴 개체들로 이루어져 있어야 한다. 다시금 연구자들은 가장 훌륭한 두꺼비 운동선수들이 실제로 침입의 최전방에 있다는 것을 발견했다. 습관처럼 이 운동선수 두꺼비들은 서로 짝을 맺고 운동선수 자손을 만들었다(샤인의 팀은 이것을 '올림픽 마을 효과'라고 불렀다).

침입종 수수두꺼비에서 다리 길이와 이동 능력, 확산 속도의 이런 빠른 변화가 이동 능력을 바탕으로 한 자연선택이 침입종 수수두꺼비에서 점점 더 빨라지는 확산 속도라는 진화를 불러왔음을 알려준다. 침입종 두꺼비의 골격을 조사한 또 다른 연구에서는 대형 성체 두꺼비의 10퍼센트 가까이가 두꺼비의 확산에 영향을 미치는 요인들(빈번한 이동, 긴 다리, 증가한 이동 능력 등이다)과 관련된 심각한 척추관절염을 앓고 있음을 밝혀냈다. 이는 두꺼비의 이동 능력을 바탕으로 한 자연선택이 무척 강력해서 척추가 휘어질 위험조차 이동 능력을 바탕으로 한 증가된 확산 속도라는 적합성의 이득에 비하면 뒤로 밀린다는 뜻이다. 세 번째 연구에서 연구자들은 비침입적 재래종 개체에 비해 침입종에서는 지구력 역시 상당히 강해졌고, 이는 이동 능력이 두꺼비들의 놀라운 이주를 일으킨 원인이라는 또 다른 증거가 된다.

호주를 가로지르는 동안 수수두꺼비는 이 펄쩍펄쩍 뛰는 양서류 악몽을 상대할 대비가 되어 있지 않았던 주머니고양이나 안테키누스 같은 유일무이한 호주의 여러 생물종을 잡아먹으며 엄청난 생태학적인 피해를 입혔다. 이들은 호주 대륙의 모든 자생종 개구리에 비해서, 심지어 대다수의 다른 동물 종들에 비해서 더 능력이 뛰어나고, 번식을 잘하고, 더 잘 움직였다. 현대의 생물적 방제는 잠재적 방제 도구 종을 평가할 때 훨씬 철저하고 신중해졌는데, 이는 상당 부분 수수두꺼비 덕택이다. 현재 척추동물은 생물학 방제에서 사용 금지종으로 여겨진다(세계의 일부 지역에서는 생물학 방제 도구로 모기 유충을 먹는 모스키토피시mosquitofish를 도입하는 실수를 저질러 이 교훈을 다시금 배우는 중이다). 하지만 수수두꺼비의 경우에 연구자들은 유망한 생물적 방제 도구 종에 있어서 먹이 습성뿐만 아니라 확산 속도까지도 고려해야 한다는 귀중한 교훈을 얻었다. 우리가 방금 본 것처럼 유기체 생태학의 많은 측면처럼 확산 역시 운동력과 관계된 것이기 때문이다.

2

잡아먹기와 먹히지 않기

Eating and
Not Being Eaten

자연선택은 운동력에 강력한 영향을 미치고, 특히 문자 그대로 삶과 죽음을 가르는 상황에서 더 그렇다. 포식자가 없어서 딱히 강한 운동능력을 보이지도, 위장술을 갖고 있지도 않았던 종들은 살아남고 싶다면 어느 쪽이든 빨리 진화시켜야 한다.

지구상의 거의 모든 동물은 다른 동물의 먹잇감이 되거나 다른 동물을 먹이로 삼는다. 대체로 양쪽 모두인 경우가 아주 많다. 동물의 왕국에서 포식은 흔한 일이고, 각 개체가 먹이를 사냥하거나 사냥꾼을 피하는 데에 다양한 전략이 존재한다. 이 전략 중 다수가 진화의 창의성을 보여주고, 동물의 왕국에서 특히 놀라운 포식 전략을 찾고 싶다면 그리 멀리 볼 필요도 없다.

이런 전략 중 내가 좋아하는 것은 커다란 한 쌍의 가운데 눈 때문에 괴물얼굴거미ogre-faced spider라고 불리는 거미가 쓰는 방법이다. 이 거미는 먹이를 잡기 위해 거미줄을 사용하는 독특한 방법 때문에 투망거미라고도 불린다. 예를 들어 불운한 먹이가 지나가다가 실수로 걸려들기를 바라고서 커다랗고 독특한 거미줄을 잣는 거미줄 치는 거미와 달리 투망거미는 야행성 매복 탐색을 바탕으로 하는 전혀 다른 먹이 잡기 전략을 사용한다. 괴물얼굴거미는 지지대 역할을 하는 식물에 실 몇 가닥만 엮어서 삼각형 발판 모양으로 만들고, 포식성 번지 점퍼처럼 거꾸로 매달린다. 하지만 거미줄로 만든 현수교 같은 것이 괴물얼굴거미가 만든 가장 놀라운 물건이 아니다. 녀석은 가장 앞에 있는 두 쌍의 다리로 더욱 특별한 거미줄을 만들어서 몸 앞쪽으로 든다. 이 거미줄은 대단히 놀랍다. 촘촘하게 짰지만 확장 가능한 망으로 거미는 로마의 검투사가 경기장에서 적을 잡듯이 먹이에게 이것을 뒤집어 씌우거나 떨어뜨릴 수 있다(그래서 이 거미의 또 다른 흔한 이름은 검투사거미이다). 투망과 지탱하는 실은 다른 종류의 실로 만들어졌고, 투망의 실은 다른 어떤 풀이나 접착제의 도움 없이 먹이를 휘감을 수 있는 수백 개의 거미줄 가닥으로 이루어졌다. 덕택에 투망은 전체적으로 보송보송한 모양이고 지탱하는 실은 훨씬 가늘고 보송보송하지 않은 실로 만들어졌다. 거미는 실제 꼼짝도 하지 않고 매달린 채 투망을 바로 아래, 가장 가까이 있는 자연물과 평행하게 든다. 먹잇감이 머리 위에 있는 포식자 아래를 지나갈 때 떨어뜨려 가두기 위해서이다.

투망거미는 시각적 자극을 통해 먹이를 잡는데, 이 동물은 거의 완전히 어두운 곳에서도 놀라운 시력을 갖고 있는 것으로 알려져 있다. 실제로 녀석의 커다란 가운데 눈의 빛 흡수 능력은 전형적인 주행성 거미에 비해서 특정 종의 경우에는 2천 배나 더 강하다. 이런 시각적 표적 자극에 더불어 거미가 먹잇감을 잡는 장소 바로 아래의 자연물에 하얀색 변 얼룩을 만들어놓는다는 발표가 있다. 이 자리를 목표물을 입수하는 참조로 사용한다는 것이다. 원한다면 과녁 한복판이라고 생각하도 좋다. 잠재적 먹잇감이 하얀 자국 위를 지나가면 거미는 확장 가능한 투망을 실제 먹잇감에게 떨어뜨려 표면에서 꼼짝 못하게 붙잡고 끈끈한 거미줄로 먹이를 묶은 다음에 물어서 독을 주입한다.

투망거미의 뛰어난 포식 전략은 거미의 환상적인 포식 방법에서 수많은 일화 중 하나일 뿐이다. 거미는 뛰어난 사냥꾼이고 그들의 놀라운 먹이 잡기 전략 목록은 매혹적이면서 엄격한 기능적 분석에 걸맞다. 예를 들어 사람들이 분석하는 또 다른 거미인 마스토포라Mastophora 거미류는 팜파스에서 가우초(남미 목축지대인 팜파스의 목동)들이 훨씬 큰 사냥감을 올가미로 잡는 것처럼 거미줄을 올가미처럼 써서 거미줄을 던질 수 있는 범위 내를 날아가는 나방을 잡는다.

저녁식사를 위해 활동하기

1970년대 초반에 미국인 생물학자 집단이 칼라하리사막에서 도마뱀을 쫓아다녔다. 레이 휴이Ray Huey, 알 베넷Al Bennett, 헨리 존-앨더Henry John-Alder, 켄 네이기Ken Nagy를 위시한 과학자들은 현대 진화생리학 분야에서 가장 유명한 선구자들이었고, 특히 동물 운동력 분야를 연구했다. 그때부터 이후까지 사막에 머물며 수행한 그들의 연구는 생리학 분야에서 가장 영향력 있는 출간 논문이 되었다. 휴이와 에릭 피안카Eric Pianka가 했던 이 연구 중 하나는 동물들이 어떻게 운동능력을 사용해서 먹이를 찾고 포획하는지에 따라 포식 전략을 매복 탐색가와 적극적 탐색가라는 두 개의 범주로 나누는 것이었다. 뱀잡이수리, 독사, 도마뱀 같은 다양한 동물들을 관찰한 결과를 바탕으로 휴이와 피안카의 연구 골자는 더 많은 동물 종에게 적용된다.

첫 번째 범주인 매복 탐색가는 소위 앉아서 기다리는 포식자들로 구성된다. 즉, 매복이나 함정을 바탕으로 하는 먹이 잡기 전략을 활용하는 생물종이다. 투망거미처럼 이 동물들은 눈에 띄지 않거나 예상치 못한 장소에서 종종 기발하고 교활한 위장을 하고 숨어서 희생양이 나타나기를 기다린다. 실제 먹이를 잡는 방법은 먹이의 종류와 크기, 포식자의 종류와 크기, 포식자-먹이가 마주하는 환경, 그리고 다른 생태학적·생물학적 요소들에 따라서 대단히 다양하다. 하지만 기습이 가장 중요한 요소이기 때문에 앉아서 기다리는 많은 포식자의 공통적인 특징은 빠른 공격이나 점프처럼 뛰어난 순발력을 보이는 경향이 있다.

칼라하리 사막을 직접 방문해서 걸어 다니며 주위를 탐색하면 앉아서 기다리는 포식 전략의 본보기를 운 좋게(혹은 나쁘게) 마주할 수도 있다. 아프리카산 독사는 아프리카 남부에서 눈치채지 못하게 먹이를 잡는 뛰어나게 효과적인 위장술로 악명이 높다. 그들의 매복 전략은 독사의 공격 능력 덕택에 성공 가능성이 더욱 높아진다. 아프리카산 독사는 평균 2.6m/s의 속도로 공격하고 평균 가속도는 놀랍게도 72m/s^{2}이다. 이것은 기록된 모든 뱀 종의 공격 속도 중에서 가장 빠르다. 이 숫자가 다른 동물들의 공격 능력과 비교할 때 그렇게 인상적이지 않을 수도 있다.

인간의 경우에 올림픽 권투선수의 펀치는 독사의 공격 속도보다 세 배 빠르다. 하지만 이에 관계된 역학을 염두에 두어야 한다. 특히 뱀은 팔다리가 없기 때문에 등과 복부, 옆구리 근육만을 이용해서 몸을 땅에서 들어 올린 상태로 커다란 머리를 포함해서 상체 전체를 앞으로 놀랄 만큼 빠르게 가속해야 한다는 뜻이다. 뱀의 척추가 우리보다 훨씬 더 유연하다고는 해도 바로 이런 이유 때문에 이것이 굉장한 능력인 거고, 이게 얼마나 인상적인지를 제대로 이해하고 싶거든 직접 시험해보라.

뱀의 공격 능력이 빠르고 효과적이기는 하지만, 이것은 지구상에서 가장 뛰어난 능력을 보여주는 동물에 비하면 아무것도 아니다. 바로 갯가재mantis shrimp의 공격이다. 갯가재는 투망거미조차 부러워할 만한 시각 체계 등 몇 가지 특징으로 구분된다. 하지만 갯가재의 공격은 그 종만의 독특한 특징이다. 갯가재의 가슴에 있는 두 번째 부속기관 한 쌍이 사마귀praying mantis처럼 먹이를 잡는 발톱으로 변화했고, 그래서 갯가재와 사마귀의 영문 이름이 같아졌다. 이 발톱의 모양과 기능을 바탕으로 갯가재는 두 종으로 나뉜다. 찌르는 종과 내리치는 종이다. 찌르는 종에서는 발톱 끝이 날카롭고 종종 가시처럼 되어 있는 반면에 내리치는 종에서는 망치 머리처럼 뭉툭하다. 두 종 모두 발톱으로 먹이를 때려서 무력하게 만들지만, 광대사마귀새우peacock mantis shrimp처럼 내리치는 종의 공격이야말로 정말 놀랍다.

광대사마귀새우는 달팽이, 게, 연체동물, 굴 같은 껍데기가 단단한 먹이를 특히 좋아하고, 망치 같은 발톱으로 먹이를 내리쳐서 보호용 등딱지를 부수고 안에 있는 부드러운 동물을 꺼내 먹는다. 껍데기는 모든 종류의 역학적 공격을 견딜 수 있도록 자연선택으로 만들어진 것이기 때문에, 이것을 부수는 데에는 상당한 힘이 필요하다. 그 말은 갯가재의 발톱이 충분한 힘을 지닌 채 내리치기 위해서는 아주 빠른 속도로 에너지를 방출해야 한다는 뜻이다. 광대사마귀새우는 복잡한 걸쇠와 용수철 메커니즘으로 이것을 해낸다. 이 메커니즘은 궁수가 활을 뒤로 당겨서 탄성에너지를 저장했다가 화살을 손으로 던지는 것보다 훨씬 빠르게 더 멀리까지 화살을 쏠 수 있는 것처럼, 근육이 최대로 수축될 때까지 탄성에너지를 저장함으로써 공격에 필요한 힘을 얻는다. 최대 수축 상태에서 걸쇠가 풀리고, 저장된 에너지가 근육이 수축되던 시간보다 훨씬 빠르게 방출된다.

결국에 발톱의 망치 머리 면이 정말로 놀라운 속도(14~23m/s, 혹은 50~83km/h)와 가속도(가속도가 중력의 최대 10,400배에 이른다)로 앞으로 튀어나오고, 이 모든 것에 걸리는 평균 시간은 겨우 2.7밀리초이다! 비교해보자면, 여기서 가장 느린 속도가 100미터 달리기에서 우사인 볼트Usain Bolt의 최고속도와 대략 비슷하고, 가장 빠른 속도는 새미 헤이거Sammy Hagar가 이보다 더 느리게 차를 몰 수 없다고 주장한 속도와 거의 비슷하다(새미 헤이거는 미국의 록 가수로, 대표곡이 〈I can't drive 55〉이다)°. 이 공격의 힘은 최소 근육에서 4.7×10^5w/kg이라는 엄청난 양으로 추정되고, 이것은 가장 빠르다고 알려진 근육 수축에서 나올 수 있는 힘보다도 수백 배 더 크다. 덕택에 먹잇감의 껍데기를 얼마든지 부술 수 있다.[1] 이 공격은 대단히 강력해서 더 큰 종의 경우에 붙잡혔을 때 단번에 두꺼운 수족관 유리를 부술 수도 있다고 한다.

갯가재의 공격력이 놀랍긴 하지만, 더욱 놀라운 사실이 있다. 이 부류는 수생이기 때문에 물속에서 공격을 한다. 물속에서 빠른 움직임의 역학은 내리치는 종의 공격을 받는 생물에게 문제가 되는 또 다른 현상을 일으킨다. 공격의 엄청난 속도 때문에 발톱 표면과 공격받는 부분 사이에 진공 기포cavitation bubble가 생긴다. 진공 기포는 옆쪽의 액체가 완전히 다른 속도로 움직일 때 만들어지는 것으로 그 사이에 저압 지대를 형성한다. 이런 거품은 금방 없어지고, 진공 기포가 터질 때 소리와 빛, 열의 형태로 아주 빠르게 에너지를 방출한다. 빠르게 거품이 터지며 발생하는 충격파가 근처의 표면에 피해를 입힐 수 있는데, 겨우 지름 2.7밀리미터의 조그만 거품이 벽 근처에서 터지면 5마이크로초 사이에 충격압을 최대 9MPa(메가파스칼)까지 생성할 수 있다. 이것은 대략 89기압 정도로, 금성의 기압과 비슷하며 보트 프로펠러를 순식간에 부술 만한 힘이다.

먹이의 껍데기를 공격하는 갯가재의 발톱 표면에 형성된 거품도 터지면서 이어지는 충격파가 발톱의 공격 그 자체만큼이나 강력할 수 있다. 때로는 더하다. 정확한 수치를 계산하기 위해서, 광대사마귀새우의 발톱 최대 공격력은 400~1,501N(90~337파운

---

1 여기서 생태학 이야기를 살짝 덧붙여보겠다. 찌르는 종의 새우는 매복 탐색자인 반면에 내리치는 새우는 적극적 탐색가이다. 하지만 두 공격의 역학은 비슷하고, 연체동물의 관점에서는 어떤 공격이든 다 매복으로 느껴질 것이다.

드힘) 사이로 체중의 2,500배가 넘는다. 최대 공동화력空洞化力의 평균치는 이 절반밖에 안 되지만 최대치는 공격력의 범위 내에 들어간다. 사실 공동화력은 굉장히 커서 몇몇 새우는 공동화력만 이용해서 사냥을 한다. 딱총새우snapping shrimp는 진공 기포를 먹이에게 쏘아 보내 기절시킨다. 하지만 광대사마귀새우는 먹이를 이중으로 위험한 위치로 보내고서 평균적으로 겨우 390~480마이크로초 사이에 연달아 두 번의 강력한 펀치를 날린다. 각각의 광대사마귀새우가 이런 주먹질을 두 번씩 한다고 생각하면, 불운한 달팽이나 삿갓조개는 1초도 안 되는 시간 동안 껍데기가 부서질 정도의 강타를 네 번이나 맞게 되는 셈이다.

갯가재가 탐색 전략에서 물의 물질적 특성을 활용하듯이 다른 동물들도 먹이를 잡기 위해서 물이라는 매질의 특성을 이용하도록 진화했다. 예를 들어 매복-탐색 생활을 하는 물고기들의 경우에 뱀과 똑같은 긴급한 문제에 맞닥뜨리게 된다. 우선은 팔다리가 없다는 것이다. 하지만 뱀과 달리 물고기는 오로지 수중 환경에서만 살며, 사냥할 때 진공 기포를 이용하는 물고기 종에 관해서는 아는 바가 없지만, 물고기가 잘 쓰는 포식 전략 중 하나는 물을 반대로 사용하는 것이다. 다시 말해서 물을 밀어내는 것이 아니라 끌어당기는 것이다.

숨을 쉴 때 대부분의 물고기는 입으로 물을 빨아들여 머리 옆에 삭개라고 하는 뼈로 덮인 구멍을 통해 내뱉는다. (상어나 참치 같은 몇몇 물고기는 앞으로 나아가면서 램제트 원리라는 방법을 사용해 아가미로 물을 밀어내는 방식을 사용한다.) 물이 방출되면서 아가미 표면을 지나가고, 여기서 기체 상태의 산소(물에서 아가미로 들어가서 물고기의 혈류로 들어간다)와 이산화탄소(아가미에서 물로 나간다)가 교환된다. 물고기가 입으로 물을 빨아들여야만 하는 것이 포식성 종들에게는 편리한 행동이 되었고, 대부분의 경골어류는 잘 도망치는 먹이를 잡기 위해서 공격 행동과 함께 빨아들이는 행동을 이용한다.

먹이를 빨아들이는 데 가장 독보적인 물고기는 해마, 해룡, 파이프호스, 실고기 등으로 이루어진 실고기아과에서 찾아볼 수 있다. 동물의 세계에서 가장 아름답고 기묘한 존재인 해마와 파이프호스는 물고기에서는 독특하게도 물건을 잡을 수 있는 꼬리로 나뭇잎해룡 같은 생물종이 훌륭하게 흉내 내는 수중식물에 종종 달라붙어 있다. 이런 장소는 지나가는 먹이로부터 몸을 숨기기 위해서뿐만 아니라 먹이를 공격할 기반이 되도록 전략적으로 고른 것이다. 해마에서 먹이 사냥은 피벗피딩pivot feeding이라고 하며 두 단계로 이루어진다. 첫 번째는 해마가 머리를 위쪽으로 돌려 평소에는 구부리고 있던 머리를 몸통과 일직선으로 만드는 것이다. 이것은 궁극적으로 기다란 주둥이를 먹이에 더 가까이 가져가는 효과를 낳는다. 주둥이가 적당히 가까워지면 해마는 먹이를 빠르게 입안으로 빨아들인다.

먹이를 먹는 동작을 분석하면 해마에게 그 이름이 붙게 만든 독특한 S 모양이 피벗피딩을 위한 적응이었다는 것을 알 수 있다. 비슷한 행동을 보이지만 말 모양 몸통을 갖지 않은 실고기와 비교할 때, 해마는 이 형태 덕분에 빠르게 몸을 펴 먹이를 더 먼 곳에서도 공격할 수 있기 때문이다. 갯가재와 비슷하게 실고깃과의 물고기들은 목의 힘줄과 상체 근육에 탄성에너지를 저장했다가 방출함으로써 내재된 근육의 힘의 한계를 극복하고, 머리를 앞으로 홱 돌려서 근육의 힘만 쓸 때보다 훨씬 빠른 속도로 먹이를 공격한다. 유년기 해마에 대한 연구에서 이 동물이 태어난 첫날부터(정확히 말하자면 알을 품고 다니는 수컷의 육아낭에서 방출되던 순간부터) 빠른 피벗피딩을 할 수 있음이 밝혀졌고 어린 해마의 공격 속도는 갯가재의 공격 속도에 필적할 정도이다. 이것은 엄청난 재능이다.

해마의 가늘고 긴 주둥이는 피벗피딩에 대한 적응의 결과로 여겨지지만, 경골어류의 일부 종의 복잡한 턱 체계에는 비할 바가 못 된다. 열대의 긴턱놀래기*Epibulus insidiator* 같은 몇몇 종은 '턱 돌출'이라고 간단하게 말하는 현상을 보인다. 이것이 무엇인지를 좀 더 잘 알려주는 실마리는 녀석의 이름에서 얻을 수 있다. 긴턱놀래기의 턱 구조는 네 개의 막대가 결합된 독특한 체계라서 눈으로 봐야만 믿을 수 있는 굉장한 일을 할 수 있게 만든다. 녀석은 먹이를 향해서 턱을 쑥 내밀어 먹이 근처에 다다르면 먹잇감을 입안으로 빨아들인다. 분명하게 하자면, 영화 〈에이리언〉에 나오는 것처럼 입을 열면 두 번째 입이 나타나 먹이를 향해서 불쑥 튀어나가는 그런 이상한 형태를 말하는 것이 아니다. 그보다는 시클리드cichlid의 얼굴에서 진짜 턱이 앞으로 쑥 나오는 것이다. 격자 구조처럼 네 개의 막대 체계가 연장되어 나왔다가 턱이 주둥이와 함께 안으로 되돌아가며 접히는 식이다! (그런데 곰치는 목 안에 두 번째 턱이 있어서 이것이 앞으로 튀어나와 이미 입안에 들어온 먹이를 잡고 식도 쪽으로 끌어들인다.

또한 〈에이리언〉의 디자이너들은 정말로 충격적인 행동을 하는 물고기의 갑각류 기생동물에서 영감을 받았다. 이 동물은 희생양의 혀를 먹고서 혀의 잘려나가고 남은 부분을 뒷다리로 붙잡고 자신의 턱을 이용해서 대리 혀 역할을 한다. 그러니까 정말 그런 생물이 있는 것이다.)

턱 돌출은 조기류에서 많이 나타나는 행동이지만 긴턱놀래기만큼 극단적으로 하는 동물은 없다. 해초 사이를 헤엄치는 커다란 포식자에게서 충분히 떨어져 있다고 생각하다가 불쑥 튀어나온 괴상한 턱에 의해 어둠 속으로 끌려들어가 생을 마친 물고기가 몇 마리나 될까? 캘리포니아대학교 데이비스캠퍼스의 피터 웨인라이트Peter Wainwright의 연구팀은 석션피딩suction feeding을 연구하는데, 웹사이트에 긴턱놀래기와 다른 물고기들이 이런 식으로 먹이를 먹는 고속촬영을 여러 개 올려놓았다. 나는 학부생들이 수업 시간에 졸지 않게 만들고, 그들에게 진화는 할리우드가 상상할 수 있는 그 어떤 것보다도 기묘한 시나리오를 고안하곤 한다고 상기시키는 데에 이 영상을 강력 추천한다.

다음으로 넘어가기 전에 매복 탐색에 아주 뛰어난 모습을 보여주는 동물을 하나 더 언급하고 싶다. 쏠종개eel catfish는 중앙아프리카의 흙탕물에 살며 실고깃과나 긴턱놀래기와 비슷한 석션피딩 방식으로 수중 먹이를 사냥한다. 하지만 이 생물들과 다르게 쏠종개는 자신이 사는 강과 개울에 사는 음식만으로 만족하려 하지 않는다. 쏠종개의 먹이 중 다수가 곤충, 특히 육생 곤충으로 이루어져 있다. 그렇다, 물속에 사는 이 물고기는 물 밖으로 뛰어올라 육지에서 먹이를 잡은 다음 어두운 물속으로 되돌아가 느긋하게 먹이를 즐기는 것이다. 더 놀라운 것은 쏠종개가 육지의 먹이를 먹는 유일한 물고기 종이 아니라는 사실이다. 조기류에서만 비슷한 행동이 다섯 번 이상 독자적으로 진화해온 것으로 보인다.

이 사실은 수중의 석션피딩에 적응한 동물이 어떻게 이런 능력을 얻게 되었는지에 관해 여러 가지 의문을 불러일으킨다. 물속에서 효과적이었던 방법이 육지에서도 똑같이 효과적일 리는 없다. 공기는 물보다 밀도가 약 800분의 1밖에 안 되고, 주위의 공기 때문에 먹이가 겪는 마찰력도 물속에서 느끼는 것의 10분의 1밖에 되지 않기 때문에 쏠종개가 빨아들이는 능력을 불가능에 가까울 정도로 강화하지 않는 한 육지의 곤충 먹이를 멀리서 입안으로 빨아들일 수가 없다. 그래서 이 동물은 전혀 다른 행동을 해야만 한다. 녀석은 생물역학적 먹이 섭취 방식을 사실상 두 가지 독립된 방식으로 적응했다. 하나는 수중 환경에서의 방법이고 또 하나는 육상에서의 방법이다.

쏠종개가 겪는 육상 먹이 섭취의 문제는 녀석의 형태, 즉 모양에 기인한다. 물 밖으로 뛰어나와 육지에서 먹이를 습격하기에 걸맞은 속도에 도달하는 것은 밀도가 높은 물에서 비교적 밀도가 낮은 공기로 환경이 갑자기 바뀐 덕이 크고, 그 덕택에 운동력이 가중되는 것은 날치가 물 밖으로 뛰어나와 기다란 지느러미로 날 만큼의 고도에 도달하는 것과 똑같은 원리를 바탕으로 한다(날치에 관해서는 6장에서 더 볼 것이다). 하지만 머리를 들어 올린 자세로 물 밖에 나오면 그다음에는 먹이를 잡기 위해 도로 머리를 숙여야 한다. 목이 없는 동물에게는 이게 약간 문제가 될 수 있다. 벨기에의 안트베르펜대학교 삼 판 바센버르흐Sam Van Wassenbergh와 그 동료들이 찍은 고속카메라 촬영본을 보면 쏠종개는 머리와 몸을 옆으로 비스듬히 기울여서 이 문제를 해결한다. 이것은 수중 먹이 사냥 때에는 나타나지 않았던 행동이지만, 물에 비해 공기는 저항이 작기 때문에 쏠종개가 육지 먹이를 잡을 때 입을 50퍼센트 더 빨리 벌릴 수(그리고 닫을 수) 있다. 원래 갖고 있던 빠는 능력도 낭비되지 않아서 위의 촬영본을 분석해보니 쏠종개가 육지의 먹이를 잡는 데 물속에 있을 때처럼 빠는 능력을 사용하지는 못한다 해도, 우리가 스파게티 가닥을 빨아들일 때처럼 먹이를 입안 깊숙이 끌어들이기 위해서 빠는 힘을 사용하는 것 같다. 또 다른 육지 사냥을 하는 물고기인 매혹적인 말뚝망둥어는 입안 가득 물을 머금고 육지를 탐색한다. 그러다가 먹이를 물이 가득한 입안으로 끌어들이기 위해서 빠는 힘을 사용한다. 연구자들은 이것을 유체역학적 혀를 가졌다고 비유하곤 한다!

휴이와 피안카가 구분한 두 번째 보편적 포식 전략 범주는 적극적인 탐색가이다. 이들은 먹이를 찾아서 특정 지역을 돌아다니고, 때로는 이동하면서 먹이를 잡는다. 이 동물들은 앉아서 기다리는 포식자보다 훨씬 역동적이고, 수렵 활동을 하는 동안 한자리에 오래 머무르는 일이 거의 없다. 매복 탐색가들이 속임수, 기습, 놀라운 순발력으로 먹이를 잡는다면, 적극적 탐색가들은 지구력에 더 의존한다. 실제로 적극적으로 먹이를 탐색하는 도마뱀들은 더 높은 이동 속도와 활동 수치를 보이고, 그래서 더 강한 지구력과 더 느린 속도에 걸맞은 걸음걸이를 보이는 경향이 있다.

이동 속도가 빨라지면 활동적인 생활방식을 뒷받침하

기 위해 이동에 더 많은 에너지를 투자해야 한다. 하지만 이런 에너지 소모는 더 높은 먹이 사냥률로 어느 정도는 보완된다. 적극적 탐색가는 잠재적 먹잇감을 많이 찾을 수 있는 장소를 자주 만나기 때문이다. 실제로 먹이를 사냥하는 포식자들은 먹이의 이동 속도와 상호 보완되는 것처럼 보인다. 즉, 적극적 탐색가는 흰개미처럼 별로 움직이지 않고 한자리에 가만히 있는 먹이들을 만나는 반면에, 같은 자리에 머무르는 앉아서 기다리는 포식자들은 활동적이고 빠른 이동 속도를 보이는 먹이를 만나곤 한다.

적극적 탐색 동물들이 그림자에서 뛰쳐나와 먹이를 덮치기 위해서 순발력을 쓸 필요는 없지만, 모든 적극적 탐색가가 전부 다 천천히 움직이는 것은 아니다. 몇몇 종류의 동물에서는 적극적 탐색가의 운동력이 여전히 놀라울 정도이다. 맹금류는 지구상에서 가장 빠른 동물 중 하나이고, 절대로 걷는다고 할 수 없는 보행 기반 포식 전략을 도입했다. 하지만 먹이를 잘 잡기 위해서는 빠른 것만으로는 부족하다. 그래서 동물들이 먹이를 잡기 위해 운동능력을 어떤 식으로 사용하는지 이해하는 것이 정말로 중요하다. 과학자들은 하늘을 나는 포식자들에게 카메라를 붙이기 시작했고, 이것은 맹금류의 생태학에 관한 지식을 넓혀주었을 뿐만 아니라 시청자에게 멀미를 일으키는 데 딱 적합한 영상을 만드는 사회적 유용성을 거두었다. 이 연구는 예를 들어 매가 잠재적 먹잇감을 향해 접근할 때 일정한 각도를 유지하고 먹이를 시야에 둔 채 자신은 보이지 않는 위치에 머무르며, 한편으로 먹이가 지금 있는 위치가 아니라 앞으로 도착하게 될 곳을 향해 간다는 것을 보여준다. 이것은 꽤나 유용한 포식 전략이다. 놀이터에서 이쪽저쪽으로 움직이는 어린아이의 앞을 가로막는 것처럼 맹금이 먹이를 뒤쫓아가거나 그 위에서 빙빙 돌며 에너지를 낭비하는 대신에 현재 궤적을 바탕으로 앞을 차단할 수 있다. 순수한 속도가 아니라 지구력의 관점에서 리카온은 먹이가 유지할 수 없는 속도로 더 오래 달릴 수 있기 때문에 속도가 훨씬 더 빠른 먹잇감도 잡을 수 있다. 그러니까 예를 들어 도망치는 영양이 처음에는 우위에 있는 것 같아도 사냥이 오랫동안 계속되면 영양은 결국에 지쳐서 느려지고 천천히 쫓아오는 포식자 무리에게 잡힐 것이다.

먹이 사냥의 효율성은 적극적 탐색가의 경우에 에너지가 많이 들기 때문에 특히 중요하다. 적극적 포식자가 계속해서 움직이고, 움직이는 동안 장기간 먹이를 잡아먹는다면 잡은 먹이의 무게가 결국에 모두 더해져서 탐색 동물 자체의 무게가 증가할 것이다. 가벼운 동물보다 무거운 동물을 옮기는 데에 더 에너지가 많이 들기 때문에 적극적인 탐색을 고려할 때에는 중요한 질문이 하나 떠오른다. "섭취한 먹이의 무게가 운동력에 얼마나 영향을 미칠까?"

늑대거미wolf spider는 거미줄을 만들지 않고 대신에 보행 능력으로 먹이를 쫓아가서 사로잡는 종류의 거미이다. 이 동물에서 순간 가속력은 그 개체가 사냥을 해서 얼마만큼 먹었는지에 따라 한계가 결정되는데, 거미는 큰 먹잇감을 먹으면 달리는 속도가 떨어지기 때문에 먹으려 하지 않는다. 이 현상은 반직관적으로 보인다. 먹이 탐색을 하는 이유는 식량을 찾기 위해서인데, 먹이를 잡고서는 그걸 먹지 않으면 무슨 의미가 있단 말인가? 늑대거미의 경우에 캘리포니아대학교 샌타바버라의 조너선 프루잇Jonathan Pruitt의 실험은 순간 속도를 유리하게 선택하는 증거를 명확하게 보여주었다. 이 말은 더 빠른 동물이 더 느린 동물보다 살아남을 가능성이 높다는 뜻이다. 큰 먹잇감을 섭취해서 운동력을 잃는 것은 입맛을 떨어뜨리는 강력한 요소이고, 음식을 먹지 못하는 것보다는 먹는 게 물론 낫지만 늑대거미에게 탐욕의 결과는 대단히 심각하다.

뒤이은 질문은 아마 이것일 거다. "얼마나 큰 먹이가 너무 큰 거지?" 먹어서 운동력이 떨어져 부적응 상태가 될 정도 이상의 먹이 크기의 한계선은 각 동물 종의 크기와 보행 도구에 따라 크게 다르다. 예를 들어 수영은 육상에서 달리는 것보다 훨씬 에너지가 적게 들고, 적극적 탐색형 물고기인 붕어를 이용한 먹이 실험은 체중의 4퍼센트만큼 먹었을 때 체력이 12퍼센트 감소했음을 보여주었다. 하지만 이 종은 하루 몫의 에너지에서 대단히 많은 양을 소화에 할당하는데, 이 말은 일종의 보상으로 음식을 무척 빠르게 소화시킨다는 뜻이다. 그 결과 이들의 능력치 감소는 짧은 시간 동안만 일어나고 붕어의 생태와 생존에 큰 영향을 미치지 않을 것이다.

마지막으로 휴이와 피안카가 제시한 두 가지 포식 분류법이 발견적인 면에서는 귀중하긴 해도 연구자들은 수 년 동안 중간 범주에 속하는 동물이 상당히 많다고 주장해왔다는 걸 알아둘 필요가 있다. 이분법적 탐색 모드 체계는 도마뱀에 대한 생태학적 연구에 크게 의존하고 있으나 몇몇 도마뱀은 앉아서 기다리는 포식자나 적극적 탐색가라는 간단한 범주를 거부한다. 사실 휴이와 피안카 본인도 처음부터 탐색 모드에 있어서 융통성이 있을 것이라고 생각했다. 예를 들어 카멜레온은 위장술과 은폐술을 좋아하고 혀를 쏘아서 불시에 먹이를 사로잡는 그 유명한 방식을 고수하기 때문에 전형적인 앉아서 기다리는 포식자일 거라고 예상하곤 한다. 하지만 마노아의 하와이대학교의 마거리트 버틀러 Marguerite Butler가 카멜레온 브라디포디온 푸밀룸*Bradypodion pumilum*의 먹이 탐색 행동을 연구하고서 이 종이 적극적 탐색가보다 더 일관된 이동 속도를 보인다는 사실을 발견했다. 게다가 참치의 어떤 종은 먹이의 분포와 입수 용이성에 따라 적극적 탐색과 매복 탐색 전략을 왔다 갔다 한다.

이런 사례들은 행동을 바탕으로 하는 분류 체계, 가끔은 종의 정체성 같은 근본적인 것조차도 자연계를 정확하게 반영하기보다는 우리의 편의에 의해 만들어진 결과물일 뿐임을 상기시킨다. 자연은 단호하게 분류를 거부하고, 진화는 늘 뭔가 놀라운 것을 만들어내곤 한다.

목숨 부지하기

어떤 생명체든 최종 목표는 번식이고, 그래서 자연선택

은 동물의 번식 능력에 있어서 아주 강력하게 작용한다. 하지만 진화가 사실 생존보다는 번식에 관한 것이라고 해도, 생존을 위해서 선택되는 경우도 분명히 있다. 죽은 사람은 이야기를 할 수 없는 것처럼, 죽은 동물은 자손을 남길 수 없기 때문이다(죽기 직전에 암컷을 수정시킬 수 있는 경우가 아니라면). 그래서 목숨을 부지하는 것은 생명체의 진화적 관심사에서 큰 몫을 차지하고, 운동력 연구자들의 중요한 목표는 자연선택이 이런 시나리오에서 어떻게 작용하는지를 이해하는 것이다. 먹이사슬에서 중간 이하에 있으면 사는 게 몹시 힘들고, 계속되는 위험은 교활한 매복 포식자와 재빠른 적극적 탐색가의 손길에서 벗어나기 위한 진화적 적응을 일으키는 효율적인 기폭제이다.

가장 단순한 능력 바탕의 비포식자 전략은 도망치는 것이고, 많은 동물 종이 확실하게 이런 철학을 따르고 있다. 하지만 어떤 종의 경우에는, 특히 쥐부터 코끼리까지의 크기 체계에서 작은 쪽에 있는 동물들은 이런 식으로 포식자를 피할 만큼 빠르지 않을 수도 있을 뿐더러 아예 그럴 가능성이 없는 경우도 있다. 포식자로부터 달려서 도망치려 하는 작은 동물들은 생물역학이라는 불편한 사실을 마주하게 된다. 작은 동물은 거의 항상 큰 동물보다 더 느리다는 사실이다(이것은 절대적이다). 그러면 더 크고 더 빠른 포식자라는 형태로 죽음이 성큼성큼 다가왔을 때 이들은 어떻게 할까?

날쥐나 캥거루쥐처럼 작고 점프하는 유형의 동물은 예측 불가능한 행동을 하도록 진화했다. 이들은 뛰어난 점프 능력을 사용한다. 커다란 지렛대처럼 생긴 발에 연결된 뻣뻣한 힘줄처럼 오로지 이 능력을 갖기 위해서 진화한 근골격계의 적응 형태들의 도움을 받아 빠른 가속도로 아무 방향으로나 점프한다. 다음에 어느 방향으로 갈지 그들 자신이 모른다면 뒤를 쫓아오는 포식자 역시 모를 거라는 생각에서 이렇게 발전한 것이다. 포식자가 도망치는 날쥐가 앞으로 어느 위치에 있을지를 현재의 궤적을 바탕으로 예측하려 한다면, 갑작스럽고 빠른 방향 전환 때문에 전혀 알 수 없을 것이다. 갑작스러운 방향 전환은 큰 동물들은 하기가 어렵기 때문에(그들은 작은 동물보다 관성의 영향을 더 많이 받는다) 방향을 무작위적으로 바꾸는 것은 효과적인 탈출 전략이다.

탈리아 무어Talia Moore는 하버드대학교에서 박사학위 연구를 날쥐의 보행에 관해서 했는데, 자연계에서 빠르고 예측 불가능한 조그만 날쥐의 모습을 담으려 한 그녀의 현장 조수가 찍은 비디오는 이 전략의 효능을 확실하게 보여준다(그리고 그걸 보았을 때 내 머릿속에서는 베니 힐Benny Hill 쇼의 주제곡 〈야케티 색스Yakety Sax〉가 울렸다). 날쥐의 점프가 정말로 예측 불가능한지 시험하기 위해서 무어는 정보 이론(정보를 패턴과 시퀀스로 암호화하고 전송하는 분야)과 엔트로피(확률변수의 무질서도의 척도)°의 물리적 개념을 포식자로부터 날쥐가 도망칠 때 보인 점프 패턴 분석에 적용했다. 그녀의 분석은 이런 점프 패턴이 높은 엔트로피 양을 갖고 있음을 입증했다. 즉, 그 안에 담긴 정보가 본질적으로 무작위적이라서 날쥐의 미래의 위치는 현재나 과거의 위치를 통해 예측할 수 없다는 뜻이다.

또 다른 잠재적 먹이 생물체들도 실제 먹이가 되는 것을 피하기 위해서 비슷하게 예측 불가능에 바탕을 둔 전략을 사용한다. 예를 들어 날아다니는 곤충류는 박쥐의 가상의 십자선에 들어간 것을 깨달으면 포식자와의 거리에 따라 여러 가지 방식으로 비행 패턴을 바꾸어 도망치곤 한다. 야행성 식충 박쥐는 반향反響 위치를 측정해서 사냥을 하는데, 날아다니는 곤충에게 반사되는 고주파 소리를 내서 잠재적 먹잇감의 공간적 위치와 거리를 파악한다.[2] 박쥐가 밤하늘을 차지하고 약 5천만 년 동안 곤충들은 박쥐가 내는 음파의 목표물이 되었을 때 경고해주는 특수한 귀부터 박쥐의 반향을 지워서 반향 신호를 차단하는 고주파 소리를 직접 만드는 능력(박각시나방은 성기를 이용해서 이런 소리를 낸다!)에 이르기까지 다양한 대책을 진화시켰다. 귀뚜라미의 단순한 신경회로는 박쥐의 음파를 감지하면 그에 따라 단순한 회피 비행을 해서 소리의 근원으로부터 멀어진다. 흔히 박쥐의 음파가 갖는 주파수 범위에 있는 강한 소리에 노출되면 여치는 즉시 다이빙한다. 하지만 다이빙의 방향은 소리가 나는 방향과는 아무 상관도 없어 보이는데, 다시금 이들이 날쥐처럼 무작위적으로 이동 방향을 고른다는 것을 암시한다.

가장 정교한 박쥐에 대한 포식 대응 방안은 나방에게서 찾

---

2 식충 박쥐는 밤에 날아다니는 작은 것들은 전부 곤충이라는 합리적인 가정하에 사냥한다. 푸에르토리코의 연구소에서 어느 별일 없는 날에 나는 재미 삼아 이 가정을 파헤쳐보기로 하고, 파티오에 앉아서 땅콩을 허공으로 던지고서 박쥐가 이것을 잡으러 오는지 확인해보았다. 나중에야 나는 흔들리는 열쇠가 박쥐가 반향 위치 측정에 사용하는 주파수 일부를 똑같이 내기 때문에 나방의 비행 행동에 영향을 미친다는 사실을 알게 되었다.

을 수 있다. 박쥐가 내는 소리의 본질을 바탕으로 해서 나방은 이 박쥐들이 얼마나 멀리 있는지를 판단하고 그에 따라 도망칠 방법을 조정한다. 실제로 몇몇 밤나방은 박쥐가 나방을 감지할 수 있는 거리의 열 배나 되는 거리에서 박쥐를 감지할 수 있다. 박쥐 음파의 근원에서 멀리 있는 나방은 그냥 반대편으로 가지만, 가까이 있는 것들은 지그재그 모양이나 원을 그리고 가거나 혹은 재빨리 급강하한다. 특정한 한계 거리 내에 있을 때에 몇몇 나방은 대략 비행 중단이라고 부르는 행동을 보인다. 이것은 나는 것을 멈추고 날개를 접은 채 하늘에서 뚝 떨어지는 것이다. 풀잠자리green lacewing는 나방은 아니지만 똑같은 행동을 보이며, 거기서 한 발 더 나아간다. 감지된 박쥐 음파 속도가 갑자기 빨라진 것을 알아채고서 박쥐가 떨어지는 풀잠자리에게 접근하면, 풀잠자리는 갑자기 날개를 펼치고 떨어지던 행동을 잠깐 멈췄다가 다시 날개를 접고 도로 추락한다. 연구자들은 가끔 박쥐를 회피하려는 행동의 예측 불가능성을 지적하는 의미로 회피가능(불가피함의 반대로)이라고 말하곤 한다. 다시금 이것은 야행성 곤충들이 야행성 식충 박쥐의 배 속에 들어가지 않도록 만들어주는 훌륭한 특징이다.

무작위하게 행동하는 것이 일부 종에는 효과적인 도피 전략이지만, 다른 종은 눈에 띄지 않는 것의 가치를 아주 잘 보여주는 〈몬티 파이튼 비행 서커스Monty Python's Flying Circus〉에서 가져온 것 같은 전략을 사용한다. 위장술과 잠행(은폐라는 더 큰 범주 안에 포함되는)을 바탕으로 한 포식자 회피 전략은 동물의 왕국 전역에서 보편적이다. 은폐는 필요에 의한 것일 수도 있다. 예를 들어 임신한 암컷은 알이나 태아라는 여분의 무게 때문에 다가오는 포식자에게서 빠르게 도망치기가 어려워서 종종 은폐 전략을 사용한다. 은폐는 환경적 요인으로 일어나기도 한다. 은폐술을 사용하는 종은 나뭇잎이 가득한 곳처럼 복잡한 환경에서 살거나 혹은 자신이 사는 나뭇가지를 흉내 내는 일부 아놀도마뱀처럼 특정한 미소서식지 microhabitat를 모방한다.

제대로 증명되지 않은 더 보편적인 견해는 은폐 생활방식을 유지하는 동물들이 대체로 딱히 인상적인 운동력을 갖지 못했다는 부분이다(앉아서 기다리는 매복 탐색가가 있음에도 불구하고). 이런 경향성이 정말 있다면, 효율성을 바탕으로 한 것이라고 추측할 수 있다. 동물의 운동력을 뒷받침하는 생리학적 체계는 사용하고 유지하는 데에 많은 에너지가 든다. 그러니까 쓸모없는 고성능 엔진을 뭐하러 유지하겠는가? 아마 슈퍼카 소유주들만이 이 답을 알 것이다.

잡을 수 있으면 잡아봐

은폐의 논리는 대단히 흥미롭다. 주로 뛰어서 도망치는 종들이나 재빨리 가까운 지역에서 벗어나는 데 훌륭하게 적응한 종들도 아예 도망칠 필요가 없다면 더 나을 것이다. 포식자로부터 도망치는 것은 여전히 빠른 탈출로 인한 에너지 소비부터 먹이나 짝짓기의 기회를 잃는 기회의 소비에 이르기까지 다양한 대가를 요구한다. 남들보다 먼저 먹을 만한 풀밭을 발견했거나 암컷에게 당신이 지금 당장 교미해야 하는 수컷이라는 걸 간신히 납득시켰는데, 그 순간에 끼어들어 쫓아오는 포식자로부터 도망치기 위해 모든 걸 미뤄야 한다고 생각해보자. 설령 목숨은 부지한다 해도 포식자가 사라진 후에도 풀밭이나 암컷이 여전히 남아 있을지는 미지수이다. 이런 경우에는 문제의 포식자에게 당신을 잡으려 하는 것이 득보다는 실이 훨씬 많다고 설득해볼 만하다. 이런 이유 때문에 어떤 동물들은 생물학자들이 포식자에게 사냥 시도가 별 쓸모없다고 말하는 거라고 추측하는 신호(대체로 청각이나 시각적 신호)를 발전시켰다.

포식자에게 신호를 보내는 유명한 예는 프롱킹pronkgin(당신이 남아프리카 사람이라면), 또는 스토팅stotting(남아프리카 사람이 아니라면)이라고 하는 행동이다.[3] 두 단어 모두 대체로 가젤을 죽여서 잡아먹으려 하는 다른 동물들에게 추적을 관두라는 신호로 보내는 가젤의 놀라운 행동을 가리킨다(그림 2.1). 포식자를 발견하면 스프링복이나 톰슨가젤 같은 동물들은 다리를 몸 아래에서 쭉 펴고 등을 구부리고 고개는 아래쪽으로 숙이고서 마치 기묘한 공중요가를 하는 것 같은 모양으로 특이한 점프를 한다. 가젤은 제자리에서 뛰는 것이 아니라 도망치거나 쫓기면서 이렇게 점프한다. 기묘한 운동학에도 불구하고 점프하는 가젤은 놀라운 높이까지 도달하고(확실치 않지만 그들은 최대 높이 3미터에 너비 14미터까지 뛴다고 추측된다. 하지만 이 수치

3 '스토팅'은 스코틀랜드어로 '명랑하게 걷다'는 말에서 나왔다. '프롱킹'은 아프리카 동사로 '껑충 뛰다' 또는 '뽐내며 걷다'는 뜻이다.

그림 2.1. 스토팅하는 스프링복. © iStock.com/johan63.

는 입증되지 않은 것임을 확실히 말해두겠다), 이것은 분명히 의도적일 것이다. 이런 행동은 보여주기 위한 것이고, 특히 포식자에게 보여주려는 것이기 때문이다.

이런 행동의 목적을 설명하려는 가설이 열한 개가 넘지만, 현재 가장 확실한 실증적 증거를 갖고 있는 것은 스토팅이 별 소득이 없을 신호라는 내용이다. 자신들의 훌륭한 상태와 육체적(다윈적인 것과 반대로) 적합성을 보여줌으로써 가젤은 포식자에게 최소한 두 가지 이유 때문에 자신들을 잡으려 하는 게 쓸모없는 행동이라고 이야기한다. 첫째 이유는 스토팅하는 가젤이 특히 건강하고 재빠르기 때문에 그들을 따돌리고 달릴 수 있다는 것이고, 둘째는 포식자가 이미 목격되었고 이제 가젤이 그들에 대해 알고 있다는 것이다. 이 설명을 뒷받침하는 것은 리카온이 스토팅하지 않거나 다른 개체보다 스토팅을 적게 하는 톰슨가젤을 공격하는 경향이 있다는 것을 보여주는 데이터이다. 흥미롭게도 포식자의 종류가 상관이 있는 것 같다. 치타나 사자처럼 공격하기 전에 먹이에 가능한 한 가까이 접근하며 몰래 다가오는 포식자의 경우에는 가젤이 스토팅을 덜하고, 리카온처럼 지구력에 의존해 도망치는 먹이를 계속 쫓아오며 종종 먹이가 훤히 보이는 위치에서 추격을 시작하는 쫓는 포식자의 경우에 스토팅을 더 많이 한다. 이것은 가젤이 특히 자신의 지구력을 광고한다는 것을 암시한다. 속도에 의존하고 대체로 단거리에서 사냥하는 치타에게는 이걸 광고할 이유가 별로 없다.

스토팅이 적극적으로 먹이를 찾는 포식자들에게 무익함을 알리는 신호라면, 스토팅은 개체의 운동능력과 관계가 있을 것이다. 이 가설을 직접적으로 확인하려면 각 가젤의 달리기 속도와 체력, 그들의 스토팅 속도를 측정하고 하나로 다른 것을 예측할 수 있는지 시험해보아야 한다. 이런 연구는 논리적인 이유들 때문에 아직까지 시행되지 않았으나 GPS 기술의 발전 덕택에 훨씬 실현 가능해졌다. 이제 가젤을 실험실로 데려와서 러닝머신 위에서 뛰게 만들어 톰 코번을 화나게 만들 필요가 없어진 것이다. 스토팅과 운동력 간의 관계에 관해 지금 있는 증거는 간접적인 것뿐이다. 톰슨가젤이 자원이 더 풍부한 우기보다 식량이 부족한 건기에 스토팅을 덜하기 때문에 이들이 자원이 부족할 때에는 운동력을 뒷받침하는 근육이 부족해져서 스토팅을 덜하게 된다고 추측하고 있다. 하지만 명확한 데이터가 없으면 이것은 그저 추측일 뿐이고, 다른 이유가 있을 수도 있다. 그러나 포식자에게 보여주는 가젤의 이런 행동을 운동능력과 연결하여 증명하기가 어렵다지만, 전혀 다른 동물에서는 이 관계가 확실하게 입증되었다. 바로 도마뱀에게서이다.

푸에르토리코의 숲에서 별로 어렵지 않게 아놀리스 크리스타텔루스*Anolis cristatellus*라는 도마뱀을 찾을 수 있다. 다른 아놀도마뱀들처럼 이들도 아름답고 매혹적인 동물이며, 대부분의 다른 아놀도마뱀처럼 수많은 종류의 과시행동을 한다. 거의 모든 아놀도마뱀이 보여주는 주된 행동은 팔굽혀펴기다. 이것은 아놀도마뱀이 다리를 굽혔다가 펴며 훈련 조교에게 말대꾸를 한 후에 당신이 할 법한 팔굽혀펴기를 하는 것이다. 아놀도마뱀은 여러 가지 생태적 환경에서 팔굽혀펴기를 하는 모습을 보인다. 수컷은 공격적인 상황에서 다른 수컷에게, 구애할 때 암컷에게, 그리고 특정 상대가 없어도 간접적인 세력권 과시를 위해서 이런 행동을 한다. 또한 잠재적 포식자에게도 이런 행동을 한다고 알려져 있다. 모든 아놀도마뱀 생물학자들이 한두 번쯤 이런 행동의 목표물이 되어보았지만, 이것은 도마뱀이 상대의 정체를 착각해서 생긴 경우로 여겨진다. 마뉴엘 릴Manuel Leal(당시 워싱턴대학교 세인트루이스의 대학원생이었던)이 도마뱀들이 인간을 잠재적 포식자로 여기고 다른 포식자에게 보내는 것과 똑같은 메시지를 우리에게 보내려 한다는 가설을 시험한 후에야 우리는 이 메시지가 무엇인지에 관한 깨달음을 얻게 되었다.

릴은 A. 크리스타텔루스 수컷과 포식자 뱀 모형 사이에 포식자-먹이 환경을 똑같이 구성해놓고 각각의 도마뱀 개체가 하는 과시행동의 종류를 수량화해보았다. 그런 다음에 거리 능력(혹은 최대 운동능력이라고도 한다)이라는 특정한 운동력과 팔굽혀펴기의 빈도 사이의 관계를 파악했다. 거리 능력, 또는 최대 운동능력은 도마뱀이 지쳐서 쓰러질 때까지 원형 경주트랙을 계속 빙빙 돌며 쫓아가는 방법으로 측정했다. 다시 말해서 이것은 동물이 더 이상 달릴 수 없을 때까지 얼마나 멀리, 얼마나 많이 빠르게 달려갈 수 있는지를 측정하는 것이다. 즉, 포식자로부터 도망치는 방법으로 대응하는 동물과 관련된 수치이다. 릴의 데이터는 실험용 환경에서 더 많은 팔굽혀펴기를 했던 도마뱀이 더 적은 팔굽혀펴기를 했던 도마뱀보다 더 큰 최대 운동능력을 보였음을 확실하게 알려주었다. 이것은 A. 크리스타텔루스 수컷의 스토팅이 그랬던 것처럼 팔굽혀펴기 행동을 통해서 포식자에게 자신의 육체적 건강함, 즉 포식자로부터 더 오래 도망칠 수 있는 능력을 전달한다는 사실을 강력하게 입증한다.

포식자에 대한 과시행동은 가젤과 도마뱀에만 한정된 것이 아니다. 또한 늘 시각적인 것일 필요도 없다. 예를 들어 캥거루, 왈라비, 그리고 쥐캥거루라는 멋진 이름을 가진 동물(캥거루쥐와 헷갈리지 말아야 한다)을 포함하는 유대목 무리인 캥거루과의 포유동물은 포식자에게 노출되면 섬퍼Thumper(손으로 하는 액션 리듬 게임)°의 발 버전처럼 땅을 한 발이나 두 발로 쾅 쳐서 크게 경고음을 낸다. 스토팅처럼 캥거루과 동물들의 발 구르는 행동의 목적을 설명하는 가설이 현재 아홉 개가 있지만, 스토팅과 달리 발 구르기가 무익함을 알리는 신호라는 주장은 별 관심을 받지 못하고 있다. 비슷하게 새와 다른 소리 신호를 내는 동물들이 내는 경고음은 종종 개체의 생리와 기능의 특정 측면과 연관되지만, 특정한 건강 상태와 연결 짓는 경우는 별로 없다. 포식자를 향한 이런 경고음은 실제로 A. 크리스타텔루스와 가젤에서 나타나는 것처럼 운동능력의 신호일 가능성이 분명히 있지만, 현재로서는 이 주장을 평가할 데이터가 없다.

살기 위해 달려라

우연하게든 고의로든 어떤 동물들은 궁극적인 반反포식자 전략을 취한다. 아예 포식자가 살지 않는 곳에 사는 것이다. 하지만 생태학적으로 순박하던 종이 갑자기 새로운 포식자, 어쩌면 외부에서 들어왔을지 모를 포식자와 맞닥뜨리면 어떻게 될까? 진화론, 직감, 증거, 이 모두가 이런 종에게는 두 가지 선택지가 있음을 보여준다. 적응하거나 죽는 것이다.

자연선택은 운동력에 강력한 영향을 미치고, 특히 문자 그대로 삶과 죽음을 가르는 상황에서 더 그렇다. 포식자가 없어서 딱히 강한 운동능력을 보이지도, 위장술을 갖고 있지도 않았던 종들은 살아남고 싶다면 어느 쪽이든 빨리 진화시켜야 한다. 하지만 운동능력이 어떻게 현재 상황에서 동물이 살아남도록 만들어주는지 우리가 상당히 많이 안다 해도 특정한 운동능력을 진화시킨 조건을 이해하는 것은 다른 문제이다. 진화생태학은 대단히 장시간에 걸친 선택과 변화의 과정에서 결과적으로 나타난 특성과 시나리오를 이해하고 늘 명확하지는 않은 근원을 찾으려는 시도이기 때문에 많은 면에서 역사과학과 같다. 하지만 어떤 경우에는 영리한 실험을 통해서 이런 과정이 어떻게 시작되었는지에 관한 통찰력을 얻을 수 있다.

포식자로 인한 운동력 적응 과정을 알아보는 멋진 실험적 사례는 바하마의 작은 섬들에서 도마뱀 한 종을 연구하다가 나왔다. 이 섬들은 진화생물학에서 길고 유명한 역사를 갖고 있으며 심지어는 진화의 실험실이라고도 알려져 있다. 이는 이 섬들이 가끔 단순한 종들이 모여 집단을 이루고 사는 별개의 지역으로 구성되어 있어서 비교적 쉽게 특성을 이해하거나 조작할 수 있기 때문이다. 전반적으로 이 섬들, 그리고 특히 바하마 같은 군도의 또 다른 유용한 특징은 한 섬에서 수행한 실험을 다른 섬에서 반복할 수 있다는 것이다. 반복을 통해서 우리가 섬에 적용한 조작의 결과가 반복 가능한 것인지 아니면 그저 우연이었는지를 알 수 있고, 이에 따라 이 결과를 얼마만큼 신뢰할 수 있는지도 알 수 있다.

문제의 바하마제도에는 또 다른 아놀리스 도마뱀 종인 아놀리스 사그레이*Anolis sagrei*가 살고 있다. 이들은 색깔이 갈색이라서 갈색아놀도마뱀이라고도 알려져 있다. 아놀리스는 척추동물 속에서 가장 종이 다양하기 때문에 생물학계에서 유명하다. 지금까지 약 4백 종의 아놀도마뱀이 밝혀졌고, 이 중 다수가 카리브해에 서식하며 상당히 철저하게 연구되었다. 이는 파충류 학자들이 카리브해가 현장 연구를 하기에 무척 좋은 지역이라는 것을 일찌감치 알아챘기 때문이기도 하다. 카리브해의 아놀리스 도마뱀은 목가적으로 살아가고 있다. 특히 대앤틸리스제도 전역에서 이들은 도마뱀으로서는 유일한 존재이고, 몇 가지 예외를 제외하면 카리브해에서 낮 시간 도마뱀 서식지를 독점하고 있다. 이들에게는 포식자도 거의 없다. 이런 조건 덕택에 카리브해 전역에 아놀도마뱀이 이렇게 다양해진 것이고, 이 도마뱀들은 나무 꼭대기부터 나뭇가지, 나무 몸통, 덤불에 이르기까지 다양한 서식지로 퍼졌다. 갈색아놀도마뱀은 낮은 나무 몸통과 식물에 사는 것을 좋아하고, 종종 땅 위에서 도마뱀 특유의 행동을 하는 모습이 발견된다. 염려할 만한 다른 도마뱀 종이 주위에 없으면 특히 이런 행동을 많이 하는데, 큰 섬은 다양한 아놀도마뱀 종들로 정신이 없지만 작은 섬에는 흔히 갈색아놀도마뱀이 많으며 때로는 갈색아놀도마뱀만 산다.

이 도마뱀의 천국에 조나단 로소스Jonathan Losos와 톰 쇠너Tom Schoener가 이끄는 과학자 팀이 뱀은 아니지만 육상에 사는 꼬리가 둥글게 말린 육식성 도마뱀을 들여놓았다. 바하마 정부의 허가하에 이 탐욕스러운 작은 짐승은, 새로운 포식자에 대한 아놀도마뱀의 진화적 대응을 이해하기 위한 실험의 일부로, 갈색아놀도마뱀이 사는 바하마의 여러 작은 섬에 고의로 방목되었다. 도마뱀 포식자로서 말린꼬리도마뱀은 좋은 선택이다. 근처에서 찾을 수 있으며 이웃 섬으로 꾸준히 퍼져나갈 뿐만 아니라, 집어삼킬 수 있는 것이라면 뭐든 먹으려 하는 게걸스럽고 공격적인 생물이라서 조그만 갈색아놀도마뱀들이 도망치게 만들 것이 확실하기 때문이다. 실제로 그랬다.

양손을 문지르며 미친 듯이 키득키득 웃으면서 말린꼬리도마뱀을 풀어놓은 다음 연구자들은 도마뱀들끼리 알아서 서로의 차이를 해결하도록 놔두고 떠났다. 6개월 후에 그들은 갈색아놀도마뱀이 말린꼬리도마뱀의 공격에 어떻게 대응했는지 보고 생존자들을 검사하기 위해서 돌아왔다. 그들은 말린꼬리도마뱀의 입에서 도망친 생존자들이 말린꼬리도마뱀의 공격을 받기 이전의 똑같은 갈색아놀도마뱀들의 평균 다리 길이와 비교할 때 다리가 더 길어졌다는 사실을 발견했는데, 이는 갈색아놀도마뱀의 뒷다리 길이에 있어서 강력하고 긍정적인 자연선택이 일어났음을 암시한다. 갈색아놀도마뱀의 관점에서 말린꼬리도마뱀의 등장에 관해 생각해보면, 이것은 말이 된다. 당신이 조그만 섬에서 조그만 갈색 도마뱀이 하는 일을 하며 돌아다니던 작은 갈색 도마뱀이라고 치자. 어느 날 갑자기 게걸스러운 육상 포식자 한 무리가 나타났고, 그들 전부가 당신을 점심식사로 삼으려고 한다. 그들이 당신보다 더 크고 강하기 때문에 이 시나리오에서 당신의 최상의 선택지는 다리야 나 살려라 도망치는 것이다. 다리가 긴 갈색아놀도마뱀이 다리가 짧은 개체보다 더 빠르기 때문에(다른 대부분의 도마뱀 종에서도 마찬가지다) 긴 다리를 가진 갈색아놀도마뱀만이 습격하는 말린꼬리도마뱀의 간식거리가 되는 데에서 빠르게 도망칠 수 있었을 것이다. 이것은 명확하고 직관적인 결과였고, 로소스와 그 동료들이 거기서 멈췄다면 새로운 포식 압력에 대해 대응한 모집단의 변화라는 단순한 사례 연구로 끝났을 것이다. 운 좋게도 도마뱀 음모가들은 거기서 멈추지 않았는데, 6개월 후 그들이 다음 바하마 방문에서 발견한 것은 더욱 흥미로웠다.

첫 번째 체류에서 갈색아놀도마뱀의 다리 길이에 관한 자연선택을 기록한 후 연구자들은 불쌍한 도마뱀들의 섬에 되돌아왔다. 말린꼬리도마뱀보다 앞서서 도망가기 위해 같은 방식으로 아놀도마뱀에서 자연선택이 계속되었는지 확인하기 위해서였다. 하지만 6개월 후에 다시 갈색아놀도마뱀을 검사했을 때 그들은 첫 번째 수치와 정반대의 결과가 나왔다는 것을 발견했다. 선택의 방향이 반대가 되어서 이제는 다리가 긴 아놀도마뱀보다 짧은 다리를 가진 개체들이 더 많아졌다! 이런 갑작스러운 선택 방향의 반전은 아놀도마뱀의 생태에 대해서 잘 모르면 몹시 이상하게 보일 수 있다. 운 좋게도 아놀도마뱀에 관해서 우리는 상당히 많은 것을 알고 있고, 이런 선택 압력의 변화가 일어난 이유는 동물들이 무엇을 하는지를 고려하자 명백해졌다. 자연선택의 반전은 행동의 변화에서 촉발되었다. 날뛰는 말린꼬리도마뱀에게서 탈출하는 최상의 방법은 도망치는 게 아니었던 모양이다. 대신에 갈색아놀도마뱀은 가장 안전한 행동이 거의 즉시 아예 땅에서 떠나는 것임을 깨달았다. 그 결과 차츰 그들은 원래의 전략이었던 도주를 그만두고 훨씬 자주 나무 위로 피신하기 시작했다.

갈색아놀도마뱀은 다른 대부분의 아놀도마뱀처럼 발가락에 빨판toepad을 갖고 있고, 말린꼬리도마뱀을 포함하여 도마뱀붙잇과가 아닌 도마뱀들처럼 빨판이 없는 도마뱀과 비교할 때 발톱까지 더해져서 나무에 올라가는 것을 상당히 쉽게 만들어준다. 사실 말린꼬리도마뱀은 몸통이 아주 커다란 나무만 올라갈 수 있고, 그마저도 그리 잘하지 못한다. 그러니까 갈색아놀도마뱀은 나무에 올라갈 수 있지만 말린꼬리도마뱀은 따라갈 수가 없었다. 그러나 나무에서 좁은 나뭇가지를 기어가는 데에는 전혀 다른 기능적 어려움이 있기 때문에 넓은 땅을 달릴 때와는 다르게 더 짧은 다리를 필요로 한다. 갈색아놀도마뱀은 안전하게 나무로 올라간 후에 새로운 문제를 만났다. 말린꼬리도마뱀의 거대한 입에서 재빨리 도망치게 만들어준 긴 다리가 나뭇가지처럼 좁은 환경에서 움직이는 데에는 부적합했던 것이다. 그 결과 이제 그들이 대체로 나무 위에서 새로운 생활을 도입했기 때문에 자연은 짧은 다리의 갈색아놀도마뱀을 더 애호하게 되었다! 여기서의 교훈은 선택의 방향이 상상한 것보다 훨씬 더 빠르게 변할 수 있다는 것이다. 아놀 연구팀이 6개월 대신에 12개월을 기다려 모집단을 재검사했다면 이런 갑작스럽고 놀라운 반전을 놓쳤을 수도 있다.

입이 딱 벌어지는 탄도학적 개미

잡아먹기와 먹히지 않기라는 이 장을 끝내면서 특히 흥미로운 운동능력을 보이는 특별한 동물을 생각해보고 싶다. 확실하게 지구상에서 가장 놀라운 포식 공격과 반포식자 방어, 뛰어난 운동력을 한 가지 특성으로 합쳐놓은 것, 바로 덫개미 오돈토마쿠스 바우리*Odontomachus bauri*의 턱이다.

곤충학자, 개미 애호가, 그리고 영화 〈인디아나 존스〉 4편의 팬이라면 모두가 개미가 동물의 왕국에서 가장 탐욕스러운 포식자 중 하나라는 것을 잘 알 것이다. 모든 개미 중에서 덫개미는 가장 놀라운 포식 공격을 보여준다. 이 생물은 커다란 아래턱뼈를 그 이름을 따온 곰덫처럼 양쪽으로 벌리고 있다가 엄청난 속도로 닫을 수 있다. 턱 공격에 대한 설명을 보면 대단히 놀랍다. 아래턱뼈는 평균 38.4m/s(138.2km/h)의 속도로 닫히는 것으로 기록되어 있으며, 닫히는 최대 속도는 35.5m/s(127.8km/h)부터 놀랍게도 64.3m/s(231.48km/h)에 이른다. 이것은 세계에서 가장 빠른 롤러코스터가 도달하는 최대 속도에 거의 근접한다. 덫개미의 턱 기능 연구에서 듀크대학교의 실라 파텍Sheila Patek(앞에서 언급한 갯가재 실험의 책임자이기도 했다)과 공동 연구자들은 이런 엄청난 행동의 가속도를 측정했고, 중력의 약 10만 배가 되는 가속도가 나온다고 추산했다. 이것은 지구상의 어떤 동물보다도 뛰어난 가속 능력이다. 이것을 다시금 최대 속도 9.14m/s(32.9km/h)에 최대 가속도가 중력의 겨우 58배밖에 안 되는 펀치를 휘두를 수 있는 인간 올림픽 권투선수와 비교해보자. 덫개미의 공격에 비교할 때 올림픽 권투선수의 가장 빠른 펀치는 슬로모션으로 움직이는 것 같을 것이다. 갯가재조차 비교가 되지 않는다. 이 개미의 턱을 닫는 속도는 갯가재의 발로 내리치는 공격보다 세 배는 빠르기 때문이다. 하지만 올림픽 권투선수와 달리, 그리고 광대사마귀새우의 발과 해마와 비슷하게 덫개미의 아래턱뼈는 순수하게 근육의 힘만이 아니라 걸쇠와 스프링 메커니즘 덕택에 이런 놀라운 속도와 가속도를 얻는다. 이것은 운동력에서 공통적이고 반복적인 주제이다. 동물이 놀랍도록 높은 가속도와 속도로 뭔가를 한다면 그것은 확실하게 탄성에너지 저장 메커니즘이 작동하는 것임을 알게 될 것이다(이 현상에 대해서 7장에서 좀 더 이야기하겠다).

근육의 힘만 사용했든 저장된 탄성에너지로 보강되었든 간에 덫개미의 공격은 엄청나서 이 공격을 오로지 먹이를 잡는 데에만 사용한다면 최고의 동물 운동력 기록에 올라 영원히 영예를 누릴 만하다. 하지만 놀랍게도 이 개미는 그 뛰어난 아래턱뼈 공격을 다른 목적으로도 사용한다. 바로 탄도학적 이동이다. 덫개미의 공격이 또한 반포식자 방어용이기도 하다고 앞에서 언급했는데, 실제로 이들은 위험한 상황에서 벗어나기 위해 똑같은 공격 메커니즘을 사용한다. 이럴 때에는 똑바로 바닥으로 향하거나 직접 포식자를 향해 공격을 가하고, 즉각적인 위험의 근원 반대편인 허공으로 뛰어올라 상당한 거리를 이동한다.

파텍의 연구팀은 덫개미의 탄도학적 점프에 관해 운동학적으로 상세하게 분석해서 아래턱뼈 공격과 관련하여 두 개의 독특한 반포식자적 행동이 있음을 알아냈다. 첫째는 바운서 방어 bouncer defense라고 하는 것으로, 포식자를 공격하는 행동이다. 이 행동은 두 가지를 이룬다. 첫째로 포식자가 지구상에서 가장 빠르게 닫히는 아래턱뼈의 공격을 받고서 최소한 깜짝 놀라게 된다. 그리고 둘째로 모든 힘에는 크기가 같고 방향이 반대인 힘이 존재한다는 뉴턴의 제3법칙에 따라 개미가 위험으로부터 반대편으로 빠른 속도(1.7m/s, 또는 6.12km/h)와 가속도(중력의 680배)로 밀려나 평균 22센티미터의 거리를 가게 된다… 이것은 조그만 곤충에게는 엄청난 거리다.

두 번째 방어는 단순히 탈출 점프라고 하는데, 개미가 아래턱을 벌린 채 머리를 똑바로 땅으로 숙이고 턱을 당겼다가 턱의 걸쇠 메커니즘을 풀어버린다. 이렇게 하면 개미가 평균 76도의 각도로 허공으로 날아올라 최대 7.3센티미터 높이까지 이른다. 개미가 탈출하기 위해 턱을 사용하는 고속 비디오를 보게 된다면 분명히 O. 바우리의 영상일 것이다. 여러 마리의 개미가 이 행동을 동시에 하게 되면 그 효과는 더욱 대단하다. 파텍은 “팝콘처럼 허공으로 튀어오르는 개미들”이라고 말한 바 있다. 다음번에 살짝 솟아오른 둔덕에 발이 걸리면 이 생각을 해보라. 덫개미가 둔덕을 만들었을 수 있고, 무려 턱으로 그것을 만들었을 가능성도 있다.

3
연인과 싸움꾼

Lovers and Fighters

다른 종의 경우에 섹스는 목표를 위한 수단이고, 성공적인 번식이 환경에 적합한 자손을 만드는 데 대단히 중요하기 때문에 이를 이루기 위한 불편함, 불쾌함, 상처까지도 감수한다. 특정 종의 경우에는 수컷이 싸우고, 죽이고, 심지어는 자기 목숨을 내놓기까지 한다.

인간은 기묘한 동물이다. 지구상의 대부분의 다른 동물 종에 비교할 때 우리가 평범하다고 생각하는 많은 일이 실은 꽤 이상하다. 그런 것 중 다수가 특히 섹스와 연관되어 있다. 예를 들어 인간은 번식뿐만 아니라 즐거움을 위해서 섹스를 하는 몇 안 되는 종 중 하나라는 사실은 이미 여러 차례 주목되었다. 실제로 우리는 섹스를 몹시 즐겨서 가계 예산이 텅 비거나 인구과잉이 되거나 조그만 아기 신발을 사러 갈 걱정 없이 섹스의 자손 생산 부분을 피하기 위해 종종 온갖 노력을 쏟는다. 적합한 후손을 생산한다는 섹스의 유용성을 고의로 피하는 이런 행동은 다른 동물들 대부분이 당황해서 고개를 설레설레 저을 만한 일이다. 그 동물에게 제대로 된 머리가 있고, 또 확실하게 구분이 되는 목이 있을 경우에 말이지만 말이다. 다른 종의 경우에 섹스는 목표를 위한 수단이고, 성공적인 번식이 환경에 적합한 자손을 만드는 데 대단히 중요하기 때문에 이를 이루기 위한 불편함, 불쾌함, 상처까지도 감수한다. 특정 종의 경우에는 수컷이 싸우고, 죽이고, 심지어는 자기 목숨을 내놓기까지 한다.

까다로운 암컷과 밀어붙이는 수컷

암컷과 수컷은 성선택sexual selection이라는 과정을 통해 자연에서 짝짓기 상대를 찾는다. 평생 동안 번식을 성공시키는 것이 목표인(앞에서 보았듯이 생존을 포함해서) 자연선택과 달리 성선택은 다른 모든 것을 배제하고 짝짓기와 번식에만 집중한다.

자연선택은 같은 종에서(악어든 청두루미든 코끼리든 간에) 다른 개체에 비해 개체의 적합성을 높일 수 있는 방향을 선호하지만, 성선택은 종 내에서 동성의 다른 개체에 비해 그 개체가 환경에 더 적합하도록 만드는 특성을 선호한다. 예를 들어 자연선택은 다른 모든 청두루미와 비교할 때 가장 능력이 뛰어난(가장 적합한) 청두루미를 고를 테지만, 성선택은 다른 수컷 청두루미에 비해 가장 건강한 수컷 청두루미를 선호한다. 그래서 자연선택은 종종 동물이 먹이를 먹거나 포식자를 피하는 데 도움이 되는 특성을 고른다. 둘 다 이 동물이 최소한 번식을 할 수 있을 때까지 목숨을 유지해주는 결과를 불러오기 때문이다. 하지만 짝을 찾기 위한 수컷이나 암컷 사이의 경쟁이 대단히 치열하기 때문에 성선택은 생존과 장수를 희생해서라도 개체의 즉각적인 번식 성공률을 높일 수 있는 특성 쪽을 고른다. 이 말은 자연선택과 성선택이 평생의 번식 성공률을 높인다는 궁극적인 목표는 동일하지만, 서로 다른 방식으로 이를 추구하고 서로 상충될 수도 있다는 뜻이다.

1872년 찰스 다윈이 제시한 성선택이라는 개념은 수컷의 밝은 색깔, 긴 꼬리, 생존에 전혀 쓸모가 없고, 오히려 해가 될 수 있는 시끄러운 울음소리 같은 특성이 왜 존재하는지를 설명해준다. 이런 특성은 성기 같은 기본적 성 특성과 대체로 별개라서 부차적 성 특성secondary sexual trait이라고 불리고, 성선택의 두 가지 주요 과정 중 하나(혹은 드물게 둘 다)에 대한 반응으로 나타난다.

첫째는 암컷 선택female choice이다. 이것은 특정한 주파수의 울음소리나 특정 색깔의 깃털처럼 암컷이 더 관심을 갖거나 끌리는 진화적 특성을 고르는 것이다. 암컷은 이런 특성을 평가하고 이를 기반으로 이 특성을 가진 수컷과 짝짓기를 할지 말지 결정한다. 둘째는 수컷이 하나나 그 이상의 암컷을 다른 수컷들의 짝짓기 의도로부터 떼어내기 위해서 라이벌과 싸울 때 사용하는 무기나 신호의 진화를 불러오는 수컷 간의 싸움male combat이다. 이 부차적 성 특성 중 몇 가지, 특히 암컷의 선택 대상이 되는 것들은 각 개체가 가진 운동력에 영향을 미친다. 고전적인 예는 수컷이 대단히 긴 꼬리 깃털을 가진 천인조widowbird이다. 암컷이 짧은 꼬리보다 긴 꼬리를 가진 수컷 천인조를 더 선호하기 때문이다. 긴 꼬리에 대한 암컷의 선호도는 상당히 강하고, 긴 꼬리가 갖는 번식 이득이 아주 크기 때문에 수컷의 꼬리는 비행 능력을 저해할 정도로 길어져서 암컷의 선택 외에 생존과 관련된 모든 부분에서 문제를 일으킨다. 하지만 운동력은 수컷들이 암컷이나 암컷이 요구하는 자원에 접근하기 위해서 육체적 능력을 사용해서 다른 수컷과 싸우는 수컷 간의 싸움이라는 두 번째 성선택 분야와 훨씬 직접적으로 관계가 있다.

수컷 간의 싸움은 동물의 왕국 어디에나 존재하지만 항상 우리가 예상하는 것 같은 모습은 아니다. 결투를 떠올리면 우리 인간은 근육질의 사람들이 신체 일부나 싸움 목적으로 만들어진 무기를 이용해서 상대가 항복할 때까지 때리는 것을 생각한다. 동물들도 가끔 이런 식으로 싸우긴 하지만, 승자가 모든 것을 차지하는 주먹다짐은 대체로 예외적인 경우이다. 싸움이 두 참여자 모두에게 위험한 일이라는 결론은 새로운 것도, 대단한 통찰도 아니고 그저 당연한 사실이라서 부상을 입으면 좋지 않다는 부분을 지적할 필요조차 없다. 하지만 이런 뻔한 얘기는 수컷의 결투가 자연계에서 어떻게 일어나는지에 관한 중요한 암시를 담고 있다. 결투가 매번 어떤 제약도 없는 죽음의 시합까지 간다면 한 수컷이 라이벌을 상대로 승리를 거둘 수도 있다. 하지만 자연계의 동물들은 우리처럼 상처를 꿰매러 응급실에 갈 수가 없고, 승자가 승리를 얻기 위해서 감수해야만 했던 상처는 설령 앞으로 더 이상의 싸움은 피한다 해도 자신의 생존율이나 적합성을 쉽게 떨어뜨릴 수 있다. 결국에 이긴 후에 암컷과 짝짓기를 할 수 없을 정도로 부상을 입는다면 싸워 이기는 의미가 없는 것이다.

치열하고 격렬한 폭력은 누구한테도 좋지 않다. 이런 이유 때문에 많은 동물 종의 수컷들은 종종 과시행동과 신호로 이루어진 의례적 결투를 발전시켰다. 수컷들이 육체적인 싸움까지 가지 않고 특정한 방식으로 서로를 위협하는 것이다. 그래서 수컷 간의 싸움은 흔히 쿵푸 영화에서 말없이 보여주는 장면처럼 기묘한 행위 예술이나 현대 무용을 닮았고, 미국 고전 영화 〈록키 4〉에서 화려하게 차려입은 아폴로 크리드와 무뚝뚝한 얼굴의 이반 드라고가 시합 전 마주보고 있는 장면이나 심지어는 국제 럭비 시합 전에 뉴질랜드 올블랙 팀이 추는 전통 마오리 전투춤(하카)에 비견할 수도 있다.

수컷들이 어떻게 과시행동을 하는지는 동물 종에 따라 천차만별이고 꼭 시각적인 것일 필요도 없다. 서로 엄포를 놓고 길게 떠들어대기 위해서 동물들은 소리나 화학물질, 심지어는 촉각적 양상을 이용한다. 예를 들어 깡충거미jumping spider는 마른 나뭇잎을 다리로 두드려 다른 수컷이 들을 수 있는 빠른 스타카토 음을 내고, 영역을 지키는 물방개water beetle 수컷은 몸을 진동시켜 다른 수컷이 감지할 수 있는 특정 주파수의 파동을 만든다.

깨물어봐

하지만 이런 행동이 의미를 가지려면 상처를 입힐 수 있는 육체적 능력이 뒷받침되어야 한다. 개인이 서로 해를 입히지 않고 폼만 잡고, 논쟁이 절대로 육체적 싸움으로 격화되지 않는 사회는 조정의 도구로 기꺼이 폭력을 사용할 수 있는 사람이 손쉽게 악용할 수 있는 곳이다.[1] 그래서 과시행동은 의례적 과시행동으로 시작해서 각 개체의 운동능력을 바탕으로 하는 육체적 싸움으로 끝나는 정형화된 행동 순서로 나타나는 경향이 있다.

예를 들어 도마뱀에서의 결투는 대체로 순차적 평가 게임sequential assessment game이라고 묘사되는 일련의 규칙들을 따른다. 이것은 싸움이 표현하기 쉽고 각 개체의 육체적 능력에 관한 정보를 전달하는 과시행동으로 시작한다는 뜻이다. 목도리도마뱀collared lizard에서 이런 과시행동은 수컷이 입을 벌리고 상대방에게 물 때 쓰는 커다란 턱 내전근을 보여주는 것이다. 이 근육은 크고 튼튼하고, 전체적으로 커다란 머리와 함께 목도리도마뱀의 턱이 위험한 무기라는 사실을 알려준다. 이런 과시행동은 사람으로 치자면 해변가를 거들먹거리고 걸어가며 근육을 불끈거리고 다른 남자들에게 모래를 걷어차는 것과 같은 위협이자 경고 행동이다. 그러나 다른 수컷이 쉽게 겁먹지 않고 커다란 턱 근육을 갖고 있는 덩치 큰 수컷이라 위협을 느끼지 않는다면 싸움은 다음 단계로 넘어간다.

다음 단계는 측면 과시행동으로 수컷이 책 한가운데에 옆으로 누워서 그 위로 책이 덮인 것처럼 몸을 납작하게 만든다. 이 압축 행동을 할 때에는 상대를 옆으로 보는 특별한 자세를 취한다. 그 결과 그들은 원래보다 더 커 보여서 결국에 상대방이 물러서서 떠나게 만들 수 있다. 그래도 떠나지 않으면 싸움은 세 번

1 이 시나리오의 철학적 복잡함은 실베스터 스탤론Sylvester Stallone과 웨슬리 스나이프스Wesley Snipes의 영화 〈데몰리션 맨〉에서 폭탄을 이용해서 상세하게 분석된 바 있다.

째이자 마지막 단계인 육체적 결투로 발전한다. 이런 전면전 상황에서 도마뱀들은 서로를 턱으로 물고 입으로 씨름하거나 상대의 목 뒤쪽을 물려고 한다. 한동안 이런 싸움이 계속되다가 결국 한 수컷이 포기하고 물러난다. 많은 도마뱀 종에서 덩치에 비해 세게 물 수 있는 수컷들이 비교적 무는 힘이 약한 수컷보다 싸움에서 이길 가능성이 높다. 목도리도마뱀은 미니애폴리스의 세인트토머스대학교의 제리 후삭Jerry Husak과 그 동료들의 연구에 따르면, 더 세게 무는 수컷이 약하게 무는 수컷보다 자손을 더 많이 낳았다. 즉, 세게 무는 목도리도마뱀은 약한 수컷보다 더 많은 암컷을 만나 짝짓기를 할 수 있고, 수컷에서 무는 힘이 더 강해지는 방향으로 자연선택을 시킨다. 이런 관련성은 무는 힘이 사냥을 통해서 생존에 도움이 된다는 부분에서도 나올 수 있지만, 후삭과 동료들은 수컷의 무는 힘이 생존에 영향을 미치지 않는다는 것도 보여주었다. 게다가 암컷의 무는 힘도 수컷이 먹는 모든 먹이를 부술 수 있을 정도로 강하지만, 수컷의 무는 힘은 사냥 목적만이라고 보기에는 너무 세다. 그래서 모든 증거를 모아보면 커다란 내전근에서 나오는 수컷의 무는 힘은 목도리도마뱀에서(그리고 다른 많은 도마뱀 종에서도) 수컷 간의 싸움을 위해서 선택된 것이라는 결론이 나온다.

세게 무는 능력으로 도마뱀 사이에서 강자가 될 수도 있겠지만, 여기까지 싸움이 진전되는 경우는 드물고 과시행동이나 특히 몸 크기가 아주 비슷한 수준인 개체 사이에서만 일어나는 경향이 있다. 그러나 이런 싸움이 일어나면 몹시 난폭해서 한쪽이나 양쪽 모두가 심각한 부상을 입을 수도 있다. 자연계에서 나이 든 도마뱀이 과거의 싸움으로 머리나 몸통의 다른 부분에 흉터를 달고 다니는 모습은 그리 드물지 않다. 내 동료들과 내가 여러 도마뱀 종에서 목격한 것 가운데 아마도 수컷 간의 싸움으로 생긴 것으로 추정되는 또 다른 상처로는 부서진 턱, 부러진 꼬리, 잘린 발가락 등이 있다. 도마뱀이 가능한 한 폭력적인 싸움을 피하려 하는 것도 놀랄 일이 아니다!

심각하고 억제되지 않은 수컷 간의 싸움이 좋지 않은 일이라는 이런 논리적인 주장에도, 어떤 동물들은 어쨌든 이런 방식으로 싸운다. 하지만 언제나 그럴 만한 이유가 있다. 중앙아메리카에 사는, 이름도 딱 어울리는 검투사개구리gladiator frog(로젠버그청개구리)°는 세찬 비가 내린 후에 생겼다가 곧 없어지는 잠깐의 물웅덩이에서 알을 낳는다. 이는 검투사개구리에게 번식의 기회가 말 그대로 말라버리기 전에 짝을 찾아야 하는 시간이 극히 짧다는 뜻이다. 암컷 검투사개구리는 물에 알을 낳아야 하므로 이 수명 짧은 물웅덩이에 마음이 끌려서 웅덩이 주위에 여기저기 모여 있다. 수컷은 웅덩이의 주도권을 잡고 거기 있는 암컷들에게 다른 수컷이 접근하지 못하게 만들면 번식 성공률을 크게 높일 수 있기 때문에 웅덩이의 소유권을 차지하려고 한다. 하지만 짝짓기를 할 시간이 아주 짧으므로 과시행동과 의례적 전투 같은 세세한 행동은 하지 않는다. 수컷은 지금 당장 짝짓기를 해야 한다. 그러지 않으면 다음번에 비가 와서 다시 짝짓기 기회가 생길 때까지 살아남는다는 보장이 없기 때문이다. 그러므로 수컷은 이 웅덩이와 거기 있는 암컷들에 대한 접근권을 놓고 모든 것을 건 양서류 칼싸움처럼 팔 위쪽에 단검처럼 튀어나온 가느다란 돌출부를 이용해 죽을 때까지 싸운다. (울버린개구리wolverine frog라고 흔히 부르는 또 다른 개구리는 발가락 끝을 부러뜨려 살 바깥으로 튀어나온 날카롭게 부러진 뼛조각을 발톱으로 사용한다.)

상대를 죽이는 개구리는 수컷 간의 싸움이라는 범주에서 극단적인 끝에 있고, 그 반대편에는 수컷이 공격적으로 날개를 퍼덕이지만 절대로 서로를 건드리지 않고 그저 과시만 하는 나비 같은 종이 있다. 이 두 극단 사이로 색깔과 무늬를 빠르게 바꾸는 초반의 과시행동부터 붙잡고 사납게 깨무는 데까지 발전하는 공격적인 도마뱀부터 갑오징어에 이르기까지 물리적 폭력의 온갖 단계가 존재한다. 하지만 서로 치고받아 쓰러뜨리는 싸움이 되었든 공격적인 모리스 댄싱(영국 민속무용의 일종인 가장무도)의 동물판이 되었든 간에 이 모든 싸움은 몇몇 경우에는 특히나 직접적으로 동물의 운동능력 덕택에 가능한 것이다.

가졌으면 자랑하라

검투사개구리가 아닌 대부분의 동물은 가능한 한 상처 입는 것을 피하고 싶어 하기 때문에 수컷 간의 싸움이 점점 격화되는 것은 초반의 초급 신호에 달려 있다. 사실 이런 신호와 과시행동에 대해 보편적으로 인정받는 설명은 동물이 싸움에서 이기는 능력과 관련된 중요한 사실을 전달하는 수단이라는 것이다.

전통적인 개념은 과시행동이 몸의 크기에 대한 정보를 광고한다는 것이다. 몸 크기가 수컷의 싸움의 결과에 큰 영향을 미치기 때문이다. 더 큰 동물은 작은 동물보다 싸움에 이길 가능성이 더 높고, 그래서 우리 인간도 권투와 다른 격투 스포츠에서 체급을 나눈다. 이런 크기 효과는 굉장히 압도적이라 당신이 더 크다고 납득시키기만 하면 상대 수컷은 싸우지 않고 물러날 가능성이 높다. 그래서 앞에서 말한 것처럼 목도리도마뱀이 기묘한 측면 압축 행동과 누운 자세를 취하는 것이다. 도마뱀에서 서로 무는 직접적인 육체적 싸움인 세 번째이자 마지막 단계까지 싸움이 격화되는 것은 개체의 크기가 비슷한 경우뿐이고, 이 시점까지 수컷들이 둘 사이에 싸움 능력의 차이가 있는지를 판단하지 못했기 때문이다. 그래서 직접적인 방식으로 문제를 해결하는 방법밖에 없는 것이다.

하지만 이 시점까지 싸움이 발전하면 싸움에서 이기는 것은 단순히 몸 크기의 문제만이 아니다. 어쨌든 정확히 같은 크기의 두 수컷이 싸움에 돌입하면 승자와 패자를 가릴 방법이 있어야 한다. 자연계는 인간의 스포츠계와 달리 무승부로 끝낼 수가 없다. 적합성의 문제가 너무 중요하기 때문이다. 그래서 크기를 제외하고도 싸움 능력을 구성하는 다른 요소들이 있다. 목도리도마뱀의 경우처럼 우리는 점점 더 동물의 싸움 결과를 예측하게 해주는 진짜 지표가 다양한 종류의 전체유기체 운동력과 관련되어 있다는 것을 알아가고 있다.

정말로 그렇다면 신호는 몸 크기에 관한 정보 대신에, 혹은 그 정보에 더불어 싸움의 결과에 영향을 미치는 운동능력 정보를 전달하는 것으로 진화했어야 한다. 도마뱀이 다른 도마뱀이 보고 두려워할 수 있도록 턱 근육을 직접 보여주기는 하지만, 이는 두 라이벌이 서로 꽤 가까이 있는 경우에만 작용한다. 수컷들은 가능한 한 서로 거리를 유지하려 하고, 그래서 육체적으로 싸울 만큼 거리가 가까워지기 전에 라이벌에게 자신의 싸움 능력을 광고하는 시스템이 있으면 유용할 것이다. 이렇게 하면 수컷들은 서로의 싸움 실력을 가늠하고 싸움을 벌이는 것이 정말로 좋은 생각인지 평가할 수 있게 된다. 자기 영역과 암컷들이 있는 수컷에게 이런 장거리 광고 신호는 또한 라이벌에게 다른 데 가서 운을 시험하는 편이 나을 거라고 말하는 억제책이 될 수 있다. 이 말은 공격적인 신호나 과시행동에 개체의 싸움 능력과 연관성이 있는 어떤 특징이 있어야 한다는 뜻이다. 그리고 그런 고유의 특징은 신호와 몸 크기 사이의 일반적인 상관관계와는 독립적이어야 한다는 것도 중요하다.

운동력을 광고하는 이런 신호의 속성은 도마뱀 중에서 (어느 종류일까!) 아놀리스속의 몇몇 종의 군턱으로 예를 들 수 있다. 앞에서 말했듯이 아놀도마뱀은 형태학, 생태학, 행동 면에서 놀랄 만큼 다양하다. 이런 다양성의 한 예를 짝짓기 전략의 다양함에서 찾아볼 수 있다. 아놀도마뱀은 자기 영역을 확보하는 동물에 속하는데, 영역 의식이 아주 강해서 같은 종의 다른 수컷들을 자신의 영역에서 공격적으로 배제하고, 딱히 영역 의식이 강하지 않고 다른 수컷이 근처에 있는 것에 너그러운 다른 종들도 쫓아낸다.

아놀도마뱀에서 수컷 간의 격화된 싸움은 목도리도마뱀이나 다른 도마뱀 종에서 볼 수 있듯이 물기로 표현된다. 하지만 아놀도마뱀은 또한 상당히 시각적인 도마뱀으로 유명하며, 수컷은 눈에 잘 띄는 과시행동으로 영역을 지킨다. 수컷 아놀도마뱀에서 과시행동은 확장되는 목부채인 군턱이 이용되는데, 종에 따라 크기와 모양, 색깔이 아주 다양하다. 군턱은 암컷에 대한 구애부터 영역을 지키기 위한 과시행동에 이르기까지 다양한 생태적 환경에서 사용되지만, 가장 확실하게 이용되는 때는 다른 수컷과의 호전적인 대치 때이다. 아놀도마뱀의 군턱은 색색에 아름답고 무엇보다도 불가사의하다.

수컷 아놀도마뱀은 언제든지 군턱을 활용하곤 하지만, 연구자들은 군턱이 하는 일이 정확히 뭔지 알아내는 데 몹시 고생하고 있다. 이것이 사용되는 방식과 아놀리스속에서 그 모양의 다양성을 보면 이들이 신호 장치라는 것을 추측할 수 있다. 하지만 무슨 신호를 보내는 걸까? 한 가지 흥미로운 가능성은 이것이 운동력, 특히 무는 능력의 신호라는 것이다. 이 가설의 증거는 안트베르펜대학교의 비커 판호이동크Bieke Vanhooydonck와 그 동료들의 연구에서 나왔다. 이들은 아놀도마뱀의 여러 종에서 몸 크기와 상관없이 군턱의 크기가 무는 힘과 비례한다는 것을 알아냈다. 이 사실은 중요하다. 상대 성장 혹은 비례법이라는 현상을 통해 동물의 많은 특징이 몸 크기와 양의 상관관계가 있다는 사실을 바탕으로, 이 특징들끼리도 서로 양의 상관관계가 있다고 추측할 수 있기 때문이다. 더 큰 동물은 작은 동물에 비해서 더 큰 군턱

그림 3.1. 수컷 아놀리스 크리스타텔루스가 군턱을 과시하고 있다. 군턱의 크기는 다른 여러 종에서 그렇듯이 이 종에서도 무는 힘을 보여주는 것 같다. © Michele A. Johnson.

과 더 강한 무는 힘을 갖기 때문에 큰 동물이 큰 군턱과 강한 무는 힘 둘 다를 가졌다는 사실은 별로 놀랍지 않다. 하지만 통계학적 마법으로 이 크기 효과를 제거해도 군턱과 무는 힘 사이에 여전히 서로 양의 상관관계가 있다. 이 말은 몸 크기에 비해서 세게 무는 동물이 몸 크기에 비해 상대적으로 더 큰 군턱을 갖는다는 뜻이다(그림 3.1).

군턱을 무는 힘의 신호로 해석하는 이런 태도는 합리적이다. 영역 의식이 강한 특정 아놀도마뱀 종에서 같은 크기의 수컷들로 〈얼티밋 도마뱀 케이지 파이트Ultimate Lizard Cage Fights〉를 찍는다면 (내가 내 박사 논문의 일부로 했던 것처럼) 승자는 몸 크기에 비해 더 세게 물 수 있는 수컷이 되는 경우가 압도적이다. 그러니까 아놀도마뱀의 군턱은 라이벌 수컷에게 최소한 두 가지를 알리는 것 같다. 몸 크기와 양의 상관관계가 있는 군턱의 절대적 크기를 통해서 몸 크기를 알리고, 비례법과 상관없이 무는 힘과 관련되어 있는 군턱의 크기를 통해서 무는 힘을 알리는 것이다.[2]

아놀도마뱀의 군턱이 운동력의 신호라는 증거는 여기서 끝나지 않는다. 카리브해의 아놀리스속 전체에서 군턱과 무는 힘은 영역 의식이 강해서 수컷이 자주 싸우는 종에서는 서로 관련이 있지만, 영역 의식이 약해서 덜 싸우는 종에서는 관련이 별로 없다. 게다가 크기에 비해 세게 무는 수컷은 영역 의식이 강한 종에서 싸움에 자주 이기지만, 성질이 좀 유순하고 영역 의식이 없는 종에서는 무는 힘이 싸움의 결과에 영향을 미치지 않는다. 이런 결과는 영역 의식이 강한 수컷들이 서로에게 군턱의 상대적 크기를 통해 무는 힘에 관한 신호를 보낼 뿐만 아니라 영역 의식이 약한 종은 수컷 간의 싸움(그리고 물기)이 별로 중요하지 않기 때문에 이런 행동을 하지 않는다는 것을 암시한다.

수컷 간의 싸움을 할 때 운동력을 광고하기 위해 시각적 신호를 사용하는 도마뱀은 아놀도마뱀만이 아니다. 영역 의식이 강한 수컷 나무도마뱀tree lizard 우로사우루스 오르나투스*Urosaurus ornatus*는 아놀도마뱀의 군턱과 비슷하게 색깔 있는 턱살을 갖고 있다. 하지만 이들은 호전적인 대치 때 상대 수컷에게 보여주는 복부의 색

---

2 아놀도마뱀의 군턱에는 무는 힘과의 상관관계 이상의 것이 있고, 군턱은 여러 가지 환경에서 다른 다양한 선택적 압력에 영향을 받는다고 덧붙여야겠다. 또한 이것은 오로지 군턱의 크기하고만 관련이 있으며, 군턱의 색깔과 무늬 같은 다른 측면은 다른 경향을 보인다.

깔 있는 부분도 있다. 아놀도마뱀의 경우와 달리 나무도마뱀 목살의 크기는 무는 힘이나 다른 전체유기체 운동력에 관한 정보를 라이벌 수컷에게 알리는 것 같지는 않다(목살이 다른 식으로 의미가 있기는 하지만). 그러나 배의 색깔 있는 부분의 크기는 무는 힘과 관련이 있다. 이것은 복잡한 장식용 무늬가 있는 동물은 다른 개체에 운동력 외에도 여러 가지 것에 관해 신호를 보낼 거라는 사실을 의미한다. 물론 거기에 운동력도 당연히 포함되겠지만 말이다.

전투적인 게와 싸우는 쇠똥구리

운동력을 연구할 때 앞에서 말한 것처럼 도마뱀만 유일하게 훌륭한 생물체는 아니지만, 수컷 간의 싸움은 도마뱀 종에서 흔한 일이다. 그래서 도마뱀이 수컷 간의 싸움과 운동력 사이의 관계에 관심이 있는 나 같은 과학자들에게 완벽한 동물인 것이고, 연구자들이 이들에게 많은 관심을 쏟는 것이다. 하지만 이 사실은 중요한 의문을 불러온다. 운동력과 신호 사이의 이런 상관관계는 도마뱀에 특화된 것이고 다른 종류의 동물들은 서로의 차이를 다른 방식으로 해소하는 것은 아닐까? 싸움에 이기기 위해서 무는 힘 말고 다른 운동능력에 의존하는 다른 동물 종의 경우에는 어떨까? 그리고 동물의 신호가 지구력이나 달리기 속도처럼 다른 운동능력을 광고하는 경우도 있을까? 도마뱀에서도 튼튼함과 관련된 운동능력이 무는 힘밖에 없는 것은 아니다. 예를 들어 목도리도마뱀은 달리기 속도를 통해 자손의 숫자를 예측할 수 있다. 더 빠른 수컷이 느린 수컷보다 더 많은 자식을 낳기 때문이다. 아마도 느린 수컷보다 빠른 수컷이 침입자 수컷의 앞을 더 빨리 가로막고 물 수 있기 때문일 것이다.

수많은 연구를 통해서 다양한 동물 종에서 호전적으로 대치 때 수컷이 사용하는 신호와 과시행동이 종종 개체가 싸움에서 이기게 만들어주는 운동능력과 관련되어 있다는 증거가 나오고 있다. 도마뱀 외의 동물에서 이런 관계의 예는 암컷에 대한 접근권뿐만 아니라 껍데기의 소유권을 놓고 싸우는 집게hermit crab에게서 볼 수 있다. 집게는 스스로 껍데기를 만들지 못해서 버려진 것을 찾아 거기 거주하거나 달팽이처럼 다른 껍데기를 가진 동물의 유해에 산다. 이런 버려진 껍데기는 한정된 자원이고, 동물 집단 전체가 필요로 하는 자원이 한정되어 있는 경우에는 싸움이 벌어진다. 빈 복족류 껍데기는 굉장히 드물기 때문에 게는 그것을 이미 차지하고 있는 다른 동물을 쫓아내는 방법에 의존하곤 한다.

이것이 집게 파구루스 베른하르두스*Pagurus bernhardus*가 사용하는 전략이다. 이들은 껍데기를 가진 엘리트층에 대항해서 그 근사한 달팽이 껍데기를 자기 것으로 만드는 행동을 부끄러워하지 않는다. 어느 게가 자신이 껍데기와 관련해서 푸대접을 받고 있다고 생각하고 다른 게의 껍데기가 탐난다면(자신이 현재 거주하는 껍데기보다 더 근사하기 때문에) 빼앗으려고 할 것이다. 이 생물종에서 의례적 결투는 껍데기를 두드리는 형태로 나타난다. 공격하는 게가 자신이 원하는 껍데기를 다리로 붙잡고 자신의 껍데기로 상대의 껍데기를 두드린다. 싸우는 두 게는 싸움이 끝날 때까지 이런 식으로 번갈아 껍데기를 두드린다. 이 싸움에서의 승리는 라이벌보다 더 세게 더 오래 두드릴 수 있는 동물에게 돌아간다. 이렇게 하는 능력은 근육의 영향을 받기 때문에 이 게가 얼마나 강한지에 비례한다. 그러니까 승리한 게는 패자에 비해 더 강한 복근을 갖고 있고, 아마도 부차적인 부분이겠지만 패자에 비해 더 빠른 달리기 속도와 지구력을 갖고 있음 역시 보여주는 것이다. 껍데기 두드리기는 라이벌 게에게 힘과 전반적인 운동력을 보여주는 것이고, 상대에게 밀린다는 결론을 내리면 한쪽이 대체로 항복한다. 패자가 방어자라면 싸움을 그만두고 자발적으로 껍데기를 버리고 가거나 고집스러울 경우에는 승자에 의해 억지로 껍데기에서 쫓겨난다.

쇠똥구리 에우오니티켈루스 인테르메디우스*Euoniticellus intermedius* 역시 운동력을 바탕으로 한 싸움 전략을 사용한다. 성체의 최대 길이가 1센티미터가 못 되는 성난 E. 인테르메디우스 수컷은 그렇게 무시무시하게 보이지 않을 수도 있다. 하지만 이 작은 쇠똥구리는 싸움꾼이고, 다른 수컷과 호전적으로 대치할 때 사용하는 특별한 무기가 있다. 이 무기는 쇠똥구리의 외골격에서 자라나와 만들어진 뿔로 상대적인 크기와 위치 면에서 코뿔소의 뿔과 비슷하며, 전세계적으로 쇠똥구리가 휘두르는 많은 종류의 뿔 중 하나일 뿐이다. 쇠똥구리는 동물의 왕국에서 수컷 간의 싸움의 전형을 보여주고, 다양한 종이 E. 인테르메디우스의 코뿔소 같은 코부터 온토파구스 타우루스*Onthophagus taurus*의 야생 소 같은 뿔과 O. 하기*O. haagi*의 트리케라톱스 스타일 뿔, O. 랑기페르*O. rangifer*의 뒤로 향한 사슴뿔 같은 웅장한 타입에 이르기까지 뿔을 사용해서 싸워서 상대를 뒤집고 암컷과 암컷이 알을 낳을 똥 덩어리가 있는 좁은 지하 터널로 들어갈 접근권을 얻으려 한다.

터널을 지키는 것은 이 수호자 수컷들에게는 좋은 생각이다. 라이벌이 암컷과 암컷의 교배용 똥에 접근하지 못하게 막으면 알을 독점해서 자신들의 적합성을 높일 수 있기 때문이다. 가끔 라이벌 수컷들 간의 싸움은 거의 움직일 공간이 없는 좁은 터널 안에서 벌어지고, 수컷들은 라이벌을 터널 밖으로 밀어내거나 옆으로 밀치고 터널 안으로 들어가기 위해서 뿔을 사용한다. 뿔이 날카롭지 않고 비교적 뭉툭한 편인 E. 인테르메디우스 같은 종은(그림 3.2) 수컷이 이런 식으로 서로에게 상처를 입힌다는 걸 상상하기 어렵지만, 어쨌든 이 싸움은 너무 오래 끌면 에너지가 꽤 많이 소모될 수 있다. 다시금 서로의 싸움 능력을 길고 힘겨운 싸움을 벌이기 전에 알아낼 방법이 있으면 모두에게 좋을 것이다.

E. 인테르메디우스 수컷 간의 과시적 경쟁에서, 특히 덩치 큰 수컷은 뿔의 크기가 승리를 예측하는 가장 중요한 요인이다. 아놀도마뱀처럼 뿔의 크기는 쇠똥구리의 싸움에서 유용한 두 가지 운동능력, 즉 터널에서 밀려나거나 젖혀지는 데 저항하는 능력으로 측정되는 힘과 힘의 행사라는 능력과 긍정적으로 연관된다(몸의 크기와는 독립적으로). 이 생물들이 싸우는 똥이 가득한 어두운 터널 안에서도 상대 수컷의 뿔의 크기를 가늠할 수 있는 기회는 많다. 영역 의식이 강한 아놀도마뱀에서 군턱이 그렇듯이, E. 인테

그림 3.2. 에우오니티켈루스 인테르메디우스 수컷, 발정한 상태이다. ⓒ Rob Knell.

르메디우스에서 뿔의 크기가 싸움의 결과와 관계 깊은 운동능력을 알리는 명백한 신호라는 개념을 뒷받침하는 증거는 많다. 서로 관계가 상당히 먼 동물들 사이에 이런 식으로 비슷한 운동력 신호가 있다는 사실은 명백한 운동력 신호가 동물의 왕국 전역에 널리 퍼져 있으며 수컷 간의 싸움에서 보편적인 특징이라고 생각해볼 수 있다.

갑각류 동물을 믿지 마라

이런 신호와 비슷한 다른 신호들은 개체의 특성에 관한 정보를 다른 수컷에게 확실하게 전하는 것이기 때문에 정직하다고 여겨진다. 이런 신호의 중요한 특징은 가짜로 꾸며내기가 어렵다는 것이다. 어떤 종에서는 신호를 보내는 부위의 물리적 한계 때문에 정직해질 수밖에 없다. 예를 들어 수컷 붉은사슴은 서로를 향해 고함을 지르는데, 이 고함의 최고 높이가 후두의 크기에 좌우되기 때문에 아주 큰 수컷만이 저주파 소리를 낼 수 있다. 그래서 고함의 주파수가 붉은사슴에서는 몸 크기를 알리는 정직한 신호이다. 수사슴은 깊은 목소리를 가짜로 내서 다른 사슴에게 크기를 오해하게 만들 수 없다. 다른 동물에서는 신호를 표현하고(또는 만들고) 유지하는 데 드는 여러 가지 노력으로 인해서 정직함이 지켜지기도 한다. 상당한 노력을 들이지 않고 이런 신호를 낼 수 있는 동물은 별로 없기 때문이다.

그런 면에서 독자 다수가 광고와 정직함에 대한 이 이야기에 의심스럽게 눈을 가늘게 뜨고 있을지도 모르겠다. 회의적으로 생각하는 것도 당연하다. 인간 광고업자들은 속임수를 사용하는 것이 그들에게 이득이 되고, 소비자가 돈을 뿌리게 만드는 입증된 방법이기 때문에 속임수를 쓴다. 실제로 인간의 광고에서는 허위 설명, 진실의 왜곡, 노골적인 거짓말이 판을 치기 때문에 상식 있는 소비자라면 광고업자가 말하는 것을 거의 다 깎아서 들을 것이다. 그러면 동물의 세계에서는 광고가 왜 다른 걸까? 능력을 과장하거나 감추는 게 훨씬 나은 전략인데, 경쟁자에게 자신이 할 수 있는 것을 정직하게 신호해서 이득 보는 게 무엇이 있을까? 순차적 평가 게임에 대해 생각해보자. 이것은 잠재적 교전자들이 서로에게 싸움을 그만두고 주먹다짐을 하기 전에 패배를 인정하라고 설득하기 위해 신호나 과시행동을 하는 것으로 시작된다. 자신의 싸움 능력에 관해 거짓말을 해서 라이벌에게 당신이 일종의 싸움 기계라고 납득시켜 그들이 물러나게 위협하는 게 더 합리적이지 않은가?

이런 종류의 속임수가 자연계에서 흔히 일어나지 않는 데에는 여러 가지 이유가 있지만, 결론적으로는 거짓말쟁이임이 폭로되었을 때의 여러 가지 끔찍한 대가 때문이라고 말할 수 있다. 가짜로 신호를 보내는 것은 위험하다. 하지만 그렇다고 해서 동물들이 서로에게 허풍을 떨거나 속임수를 전혀 쓰지 않는다는 얘기는 아니다. 거짓 신호를 연구할 때 내재된 문제 중 하나는 당연하게도 거짓 부분이다. 이런 신호는 들키지 않는 것이 목적이기 때문에 이걸 찾아내는 것 자체가 몹시 어렵다. 어쨌든 우리는 일부 동물이 정확히 이런 식으로 거짓말을 한다고 믿을 만한 근거가 있는데, 갑각류에 관한 연구를 통해 싸울 때 정직하지 않은 신호를 보내는 사례를 발견했다.

농게fiddler crab는 수컷의 집게발을 사용해 시각적 신호를 정기적으로 보내는 카리스마 넘치는 조그만 생물이다. 수컷에서 두 개의 집게발 중 오른쪽이나 왼쪽 하나가 다른 발에 비해 훨씬 더 크다. 작은 집게발은 먹이를 먹거나 게가 집게발을 사용해서 하는 일반적인 일들을 하는 데 사용된다. 하지만 큰 집게발은 특별하다. 우세한 집게발 쪽이 몸무게의 3분의 1에서 2분의 1에 달할 정도로 클 뿐만 아니라 종종 다양한 색에 각 종마다 다양한 크기와 모양, 색깔의 집게발을 갖는다. 농게는 신호를 보낼 때 수컷이 큰 집게발을 몸 앞으로 내밀고 위아래로 흔들어 바이올린을 켜는 것과 비슷한 동작fiddle을 하는 방식 때문에 그런 이름이 붙었다. 농게의 이런 집게를 흔드는 행동은 자연계의 진짜 장관 중 하나이다. 특히 여러 마리의 게들이 암컷에게 과시행동을 보여주는 첫 번째 수컷이 되기 위해 경쟁적으로 동시에 이런 행동을 해서 거의 똑같이 집게발을 흔들며 이들이 선 개펄이 색색으로 움직이는 것처럼 보이게 만들 때 더더욱 그렇다.

큰 집게발은 암컷에게 신호를 보낼 때에만 쓰이는 것이 아니다. 전투에서도 사용된다. 수컷 농게 간의 싸움은 격투자들끼리 서로 큰 집게발의 크기를 비교하고 평가하며 신호를 보내는 초기 단계로 시작된다. 집게발의 크기 평가로 싸움이 끝나지 않으면 도마뱀의 싸움과 같은 방식으로 싸움의 단계가 격화되어 결국에 수컷들이 상대를 굴복시키기 위해 집게발로 잡고 몸싸움을 벌이는 육체적 싸움까지 간다. 캔버라의 호주국립대학교의 팻 백웰Pat Backwell은 농게의 행동과 생태에 관해 훌륭하게 연구했다. 그래서 내가 농게의 싸움에 관해, 특히 집게발의 힘에 관해 궁금해졌을 때 그녀의 실험실은 함께 연구할 곳으로 딱 적합한 선택지였다. 호주의 북부 지역 다윈 주변의 개펄에 사는 농게의 한 종인 우카 묘이베르기*Uca mjoebergi*에서 집게발의 크기는 몸 크기와 관계없는 두 가지 운동능력으로 예측할 수 있다. 무는 힘 측정기로 측정하는 집게발의 집는 힘(집게를 사용한다는 걸 제외하면 무는 힘과 비슷하다)과 E. 인테르메디우스에서처럼(같은 이유로) 터널에서 밀려나는 데 저항하는 능력(그림 3.3)이다. 라이벌 수컷은 이런 두 가지 운동능력을 통해

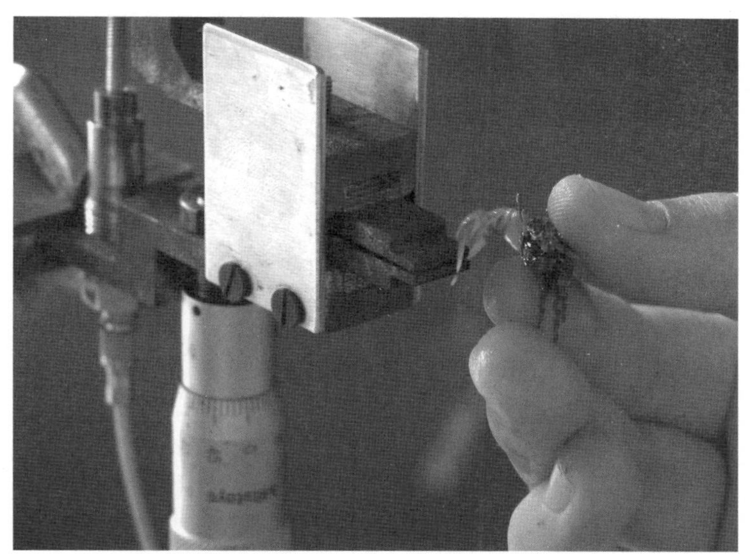

그림 3.3. 호주 다윈에 사는 수컷 우카 묘이베르기 농게의 집는 힘 측정하기.
ⓒ Leeann Reaney.

서 상대적인 집게발의 크기에 관해 거의 정확한 정보를 얻을 수 있고, 이 정보를 이용해서 영역 의식이 강한 아놀도마뱀의 경우처럼 싸움을 더 해야 할지 어떻게 해야 할지를 결정한다. 하지만 이 게들이 상당히 독특한 행동을 한다는 점을 알고 나면 상황이 훨씬 복잡해진다. 이들은 집게발을 잃으면 새것이 자라난다.

잃어버린 신체 일부를 재생하는 능력은 동물의 왕국에서 여러 가지 형태로 보편적이다. 예를 들어 어떤 도마뱀들은 자발적으로 꼬리를 자를 수 있고(자가절단이라고 한다) 대체로 반反포식 메커니즘으로 이런 행동을 한다. 잘린 꼬리는 모양은 달라져도 다시 자라날 수 있다. 새로 난 꼬리는 뼈보다는 연골로 지지된다. 도

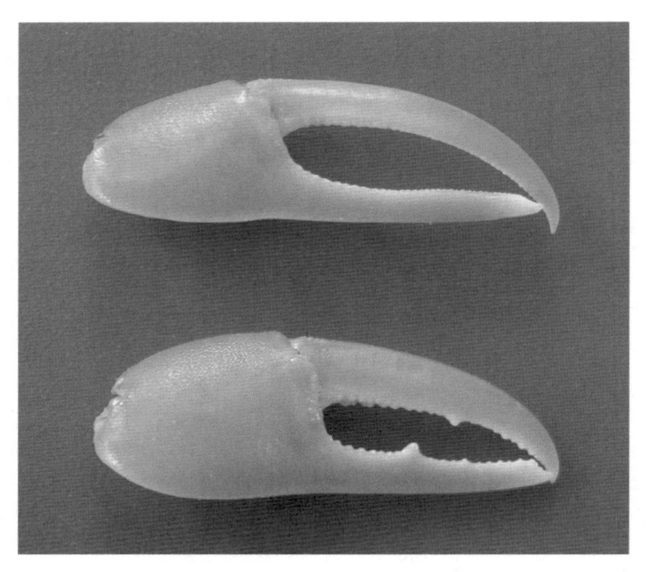

그림 3.4. 우카 묘이베르기 농게의 재생된 집게발(위)과 원래 집게발(아래). 원래 집게발만 운동력을 예측할 수 있다. © Tanya Detto.

롱뇽은 팔다리가 전부 새로 자라는 것으로 유명하지만 도마뱀은 그러지 못한다.[3] 농게도 재생을 할 수 있는데, 포식자와 너무 가까이서 만났거나 다른 수컷과 싸우다가 큰 집게발을 잃게 되면 새로 키울 수 있다. 하지만 재생된 집게발은 원래의 것과 약간 다르다. 더 가볍고 가늘며 집게발을 닫는 근육과의 연결 부위가 더 적고 결절이 없다. 결절이란 집게발이 닫히는 표면 안쪽에 있는 조

---

3 도마뱀의 재생 능력은 대단한데, 어떤 종은 피부, 시신경, 심지어 뇌의 일부까지도 재생할 수 있다. 어쨌든 스파이더맨 코믹스의 오랜 팬으로서 나는 항상 왜 닥터 커트 코너스(리저드)가 잃어버린 팔을 재생하기 위해서 도마뱀을 연구한 것인지 의문이었다. 실제로는 도롱뇽을 연구했어야 했는데 말이다. 코너스는 결국에 도마뱀 DNA를 갖고 성공을 거두었기 때문에 스탠 리가 나보다 더 나은 생물학자인 것 같다.

그만 혹 같은 것이다(그림 3.4.) 그러나 우리는 원래의 집게발과 재생된 집게발을 보고 앞에서 말한 세부사항을 바탕으로 둘을 구분할 수 있지만, 수컷 농게는 길이 같은 다른 기준을 바탕으로 집게발을 평가하는데, 원래 집게발과 재생된 집게발의 길이는 거의 비슷하다. 이런 관찰 기준은 또 다른 놀라운 사실을 설명해준다. 수컷 농게는 원래 집게발과 재생된 집게발의 차이를 구분하지 못한다.

수컷 게가 원래 집게발과 재생된 집게발을 구분하지 못한다는 것은 새로 자란 집게발을 휘두르는 수컷에게 속을 수도 있다는 뜻이다. 원래의 집게발은 U. 음요에베르기 개체의 운동능력을 정확하게 전달하지만 재생된 집게발은 그러지 못하기 때문이다. 사실 집게발의 크기와 재생된 집게발의 집는 힘, 또는 당기는 데 저항하는 힘 사이에는 원래의 집게발과 달리 예측 가능한 관계가 존재하지 않는다. 이 놀라운 상황 덕택에 재생된 집게발을 가진 수컷은 다른 수컷(실제로는 더 나은 싸움꾼일 수 있는)에게 사실상 허풍을 쳐서 싸움에서 물러나도록 함으로써 더 이상 싸움이 격화되지 않게 만들 수 있다. 재생된 집게발은 그러니까 실제로 가진 것보다 더 강한 운동력을 광고함으로써 라이벌을 위협하는 식으로 게의 시각 체계에 있는 명백한 결함을 이용하는, 다른 수컷 농게에게 치는 사기이다.

자연 상태에서 재생된 집게발을 가진 수컷의 숫자에 관한 데이터는, 이 허풍이 효과가 있지만 한계도 있음을 보여준다. 수컷 농게는 다른 많은 동물이 그러듯이 암컷이 있는 영역을 놓고 싸우는데, 첫째 장애물은 영역을 누군가에게서 빼앗는 것과 자기 영역을 지키는 것 사이의 차이에서 나타난다. 영역을 가진 상대에게 도전하는 재생된 집게발을 가진 수컷 U. 묘이베르기 게는 실제로 별문제 없이 영역을 포기하도록 상대 수컷에게 허풍을 칠 수 있다. 하지만 그들 자신이 영역을 지키다 다른 수컷의 도전을 받을 때에는 질 가능성이 훨씬 높다. 영역 없이 떠도는 재생된 집게발의 수컷은 적을 고르는 사치를 누릴 수 있지만, 영역을 지키는 재생된 집게발의 수컷은 영역을 빼앗으려고 하는 모든 수컷을 상대하는 수밖에 없기 때문이다. 결국에 물러나려 하지 않는 수컷을 만나게 되고, 그러면 싸움이 물리적 격투로까지 격화되어 수컷의 사기가 드러나게 될 수밖에 없다.

둘째 문제는 허풍이 인생의 다른 많은 것처럼 그 인기의 희생양이 될 수 있다는 것이다. 여기서 이야기하는 현상을 역逆빈도-의존성negative frequency-dependence이라고 한다. 이 말은 허풍이 소수의 개체만이 할 때에는 유용하지만, 더 많은 개체가 속임수를 쓰면 효율성이 빠르게 떨어진다는 것이다. 비유하자면 포커 게임에서 선수 한 명이 어떤 카드를 받든 간에 판마다 허풍을 친다고 해보자. 다른 선수들도 곧 이 전략을 알아채고 매번 허풍을 치게 될 것이다. 그러나 아주 낮은 빈도로 허풍을 칠 때에는 효과가 있을 가능성이 높다. 허풍 빈도의 이런 반비례가 농게에서도 존재한다. 개별일 때와 달리 전체적으로 볼 경우에만 그렇긴 해도 말이다.

다윈에 있는 U. 묘이베르기 모집단에서 재생된 집게발을 가진 사기꾼 수컷의 비율은 7퍼센트 정도이다. 이것은 거짓말을 하는 수컷이 상당히 드물어서 다른 게들의 의심을 별로 사지 않는다는 뜻이다. 하지만 전체 중 거짓 신호를 보내는 게의 비율은 얼마나 많은 개체가 집게발을 재생해야 하는지에 따라서 다양하다. 예를 들어 가까운 관계인 남부 아프리카의 농게 U. 안눌리페스*U. annulipes*는 세 개의 모집단에서 재생된 집게발의 빈도가 16퍼센트에서 놀랍게도 44퍼센트까지 나왔다. 부정직한 수컷이 많이 있는 모집단에서는 게들이 더 이상 운동력의 신호로 집게발의 크기를 신뢰하지 않았고, 그렇기 때문에 재생된 집게발의 숫자가 많은 모집단에서는 싸움이 쉽게 격화된다고 예측할 수 있을 것이다.

이것은 아직 단정할 수는 없지만, 증거에 따르면 이런 식이라고 한다. 예를 들어 농게 U. 보메리스*U. vomeris*(퀸즐랜드대학교에서 캔디스 바이워터Candice Bywater가 박사학위용으로 연구)에서 재생된 집게발을 가진 수컷의 비율이 2퍼센트에서 35퍼센트까지인 모집단 열 개가 있다. 이 중 거짓 신호를 보내는 수컷의 빈도가 더 높은 모집단에서 호전적 대치의 비율이 더 높게 나타났다. U. 안눌리페스에 관한 연구는 또한, 더 나이 들고 더 큰 게가 많은 모집단에서 재생된 집게발을 가진 수컷의 수가 더 많았다는, 직관적인 결과도 알려주었다. 이는 더 나이 든 개체가 어린 개체보다 생애 어느 시점에 집게발을 잃었을 가능성이 더 높기 때문이다. 이 게들은 집게발을 자가절단하지 않기 때문에 거짓말이 모집단의 개체통계학적 구성상 가능할 경우에 각 개체가 사용하는 기회주의적 전략이 아닐까 하는 흥미로운 가능성을 불러온다. 만약 그렇다면 특정 모집단에서 완벽하게 작동하는 거짓말 체계는 이유가 뭐든 간에 나이 구조, 포식 압력, 혹은 개체 수가 불리한 쪽으로 바뀔 경우에는 완전히 작동을 멈출 수 있다는 뜻이다.

거짓 신호의 두 번째이자 비슷한 예는 다른 종의 갑각류에서 볼 수 있다. 가재인 케락스 디스파르*Cherax dispar*이다. 수컷 가재는 영역 의식이 강하고 호전적이며, 수컷 농게가 큰 집게발을 사용하는 것처럼 두 개의 커다란 앞쪽 집게발을 위협과 싸움에 사용한다. 또한 수컷 농게와 굉장히 비슷하게 이런 싸움이 실제 싸움으로 격화되는 경우가 대단히 드물다. 싸움의 80퍼센트 이상이 두 개체가 물리적 싸움까지 벌이지 않고 해결되며, 집게발의 크기가 수컷 간의 싸움 결과를 예측하는 가장 중요한 요소이다. 다시금 가재는 이 집게발을 사용한 과시행동을 통해 싸움 능력에 관한 정보를 라이벌 수컷에게 전달한다. 하지만 집게발의 크기는 C. 디스파르에서 집게발의 힘을 알려주는 믿을 만한 지표가 아니고, 수컷의 집게발 안쪽 근육의 힘을 측정해보면 놀랄 만큼 약하다. 사실 수컷의 집게발 근육은 암컷의 집게발 근육 힘의 절반밖에 되지 않는다. 암컷의 경우에는 집게발의 크기와 집게발의 힘 사이에 예측 가능한 관계가 성립한다! 이런 증거는 집게발에 관한 거짓말에 깔린 메커니즘이 수컷, 특히 집게발을 잃고 농게와 마찬가지로 새 집게발을 키운 수컷의 경우에 에너지를 많이 소모하는 고급의 집게발 근육을 키우는 것보다 큰 집게발을 만드는 데 더 많이 투자한다. 그래서 에너지를 저축하는 한편 허풍을 통해 다른 수컷이 그들의 거짓말을 알아채기 전에 싸움에서 물러나게 만드는 것임을 설명해준다.

우리가 가장 잘 이해하는 거짓 신호의 두 가지 예가 갑각류에서 발견된다는 것은 우연이 아니다. 근육이 내부의 뼈에 연결되고 그 주위를 둘러싸고 있어서 근육의 강한 정도와 그 운동능력을 명백하게 알 수 있는 척추동물군과 달리, 갑각류의 근육은 단단한 외골격 안쪽에 감추어져 있다. 갑각류는 또한 커다랗고 기능적인 집게발을 갖고 있고, 특히 집게발 자체의 크기를 통해서만 집게발 근육의 크기를 추측할 수 있다. 그러므로 갑각류가 근육질이기보다는 크기만 큰 집게발을 발달시켜서 집게발의 힘을 속이는 것은 쉬운 일이다. 가재 연구 프로그램의 주도자인 로비 윌슨은 이 상황을 윌슨 자신처럼 간단하면서도 통찰력 넘치는 한 문장으로 요약했다. "안에 뭐가 있는지 감추고 있을 때에는 거짓말을 하기가 쉽다."

운동선수는 섹시할까?

운동능력은 수컷의 싸움 과정과 거기 관련된 신호 양쪽 모두의 바탕이 된다. 하지만 암컷의 선택은 어떨까? 이런 과시행동이 수컷이 의존하는 운동능력 일부를 라이벌에게 보여준다는 사실은 분명하지만, 수컷이 운동능력을 암컷에게 신호로 알리거나 암컷이 거기에 신경을 쓰는지 어떤지는 훨씬 불분명하다.

많은 종에서 수컷은 특정한 지역에 모여서 동시에 암컷에게 과시행동을 보인다. 이런 수컷들의 모임을, 아이들 놀이를 부르는 스웨덴어에서 따서, 레크lek라고 한다. 레크가 일어나는 장소는 경기장arena이라고 한다. 경기장의 목적이 암컷에게 운동능력을 보여주는 것이라면 아마 이 이름이 완벽할 것이다. 하지만 자연은 우아한 은유에 별로 관심이 없고, 암컷이 수컷을 강한 운동능력을 바탕으로 고른다는 가설에 관한 증거는 서로 반대다. 문제는 암컷이 운동력이 뛰어난 수컷과 짝을 지어서 무엇을 얻을 수 있는지가 불명확하다는 것이다.

암컷이 특정 수컷과 짝을 지을 때 잠정적으로 기대하는 이득은 두 종류가 있다. 직접적인 이득은 암컷 자신에게 생기는 것으로, 짝을 지은 수컷(들)이 암컷에게 자원과 보호를 제공하거나, 또는 자식을 돌볼 때 도와주는 것이다. 이것은 암컷이 아니라 자식에게로 향하는 간접적인 이득과는 대조적이다. 예를 들어 암컷이 특정한 자질, 뛰어난 체력이나 속도를 가진 수컷과 짝을 지었고, 이 수컷이 암컷을 보살피거나 자식을 돌보는 임무를 돕기 위해 옆에 있지 않는다면 암컷이 이 수컷과 짝을 지어 얻는 유일한 이득은 자식이 아버지로부터 똑같이 높은 운동력을 물려받을 수도 있다는 것뿐이다.[4] 목도리도마뱀 같은 동물에서 운동력과 적합성 사이의 양의 상관관계를 고려할 때 이런 간접적인 이득도 클 수 있다. 훌륭한 운동선수이고 암컷에게 잡은 먹이를 가져다주거나 보호해줄 수 있는 수컷은 암컷에게 상당히 유용할 것이다. 하지만 동물 종

---

4 매력적인 수컷과 짝을 지은 암컷이 매력적인 아들이라는 간접적인 이득을 얻을 가능성도 있다. 이 두 가지 개념, 즉 '좋은 유전자'와 '섹시한 아들'이라는 이득은 각각 이 책의 범위를 넘어서는 성선택의 복잡하고 논란 많은 역사를 안고 있다.

에서 대부분의 경우에 수컷들은 교미를 마치자마자 쏜살같이 도망치곤 하기 때문에 간접적인 운동력이라는 이득은 (정말 있다면) 직접적인 것에 비해 별로 중요하지 않을 것이다.

암컷이 훌륭한 운동력을 가진 수컷을 선호할 것이라는 가설을 시험하는 연구들은 특히 근거가 희박하고, 존재하는 몇몇조차도 논란을 불러일으킨다. 예를 들어 암컷 솔잣새crossbill finch는 먹이를 빨리 모으는 수컷과 짝짓기를 선호하고, 이렇게 함으로써 직접적인 자원을 얻게 된다. 하지만 뛰어난 운동력을 가진 수컷과 짝을 지어도 간접적인 이득밖에 볼 수 없는 암컷 녹색아놀도마뱀은 점프를 잘하거나 잘 무는 수컷에 대해 딱히 선호도를 보이지 않는다. 퍼시픽블루아이pacific blue-eye 같은 물고기에서는 수컷들이 비슷하게 형편없는 부모이지만, 암컷은 긴 등지느러미를 가진 블루아이 수컷에게 끌린다. 등지느러미의 길이는 수영 속도와 긍정적으로 관련되어 있고, 암컷이 훌륭한 수영선수를 확실하게, 또는 부수적으로나마 선호한다는 사실을 강력하게 의미한다. 비슷하게 암컷 거피guppy는 몸에 특정한 색깔 무늬가 조합된 게으름뱅이 수컷에게 끌리고, 매력적인 색깔 조합 중 일부는 수컷 거피에서 뛰어난 수영 능력과 관계가 있다.

물고기에서 이런 발견은 고무적이었지만, 간접적인 수영 능력의 이득에 관한 실험은 최소한 거피에서는 별로 긍정적인 증거가 되지 못했다. 매력적인 수컷 거피들의 자손은 매력적이지 않은 수컷들의 자손보다 더 나은 수영선수가 아니었다. 이런 사실의 원인은 아마도 복잡할 것이고, 전혀 다른 동물에 대한 연구가 그 이유에 대한 힌트를 제시한다.

호주 검은초원귀뚜라미Australian black field cricket(텔레오그릴루스 콤모두스*Teleofryllus commodus*)에서 수컷의 매력은 우는 능력(수컷이 얼마나 자주 우는지)으로 결정된다. 자주 우는 수컷이 덜 우는 수컷보다 암컷에게 더 매력적이다. 능력 면에서 싸움에 이기기 위한 특정 수컷의 능력은 어느 정도 점프 능력에 달렸다. 훌륭한 점프 선수는 무능한 점프 선수보다 크기나 무는 힘 같은 다른 자질들까지 이용해서 더 많은 싸움에서 이긴다. 그러니까 훌륭한 점프 능력은 수컷에게 유용하고, T. 콤모두스 수컷이 암컷이 확실하게 임신을 하고 나면 암컷에게 흥미를 잃는다는 사실이 그리 놀랍지 않을 것이다. 암컷은 뛰어난 운동력을 가진 수컷과 짝을 지음으로써 뛰어난 운동력을 가진 아들이라는 간접적인 이득을 얻을 수 있지만, T. 콤모두스에서 이런 자질에 관한 유전적 관계를 밝히기 위한 교배 실험에서는 우는 능력과 매력이 점프 능력과는 음의 상관관계를 가졌음이 드러났다. 이 말은 암컷이 자주 우는 매력적인 수컷과 짝을 지으면 자손은 형편없는 점프 선수가 될 가능성이 농후하다는 뜻이다. 사실 이런 자질에 대한 유전적 상관관계의 특성 때문에 수컷이 매력적이면서 훌륭한 점프 선수일 수는 없고, 매력적인 수컷과 짝을 짓는 암컷은 전부 다 운동력이 떨어지는 자식이라는 간접적인 유전적 대가를 치르게 될 것이다!

최소한 대부분의 경우에 이것은 사실이고, 여기에서 문제가 발생한다. 똑같은 실험이 매력과 우는 능력, 점프 능력에서 두 가지 다른 유전적 조합에 대한 증거를 보여주었다. 쉽게 말하자면, 꼭 점프를 못하지 않아도 매력적인 수컷 귀뚜라미를 만드는 다른 방법이 두 가지 있다는 것이다(이 다른 조합이 주된 매력 요소인 점프보다 훨씬 덜 중요한 것은 사실이지만 말이다). 이 말은 암컷이 실제로 운동선수 수컷과 짝을 지을 때 간접적인 운동력이라는 이득을 얻을 수는 있지만, 이 이득은 몹시 적다는 이야기다. 수컷 거피에서 암컷이 선택하는 무늬 패턴 역시 비슷하게 복잡하고, 암컷 거피가 실제로 수컷에게서 무엇을 보는지 이해하기 위한 거피 연구는 매력적인 거피가 되는 방법이 여러 가지임을 보여준다. 그러니까 수영 능력을 반영하는 이런 색깔 조합 특성은 여러 가지 방식으로 매력과 관련되어 있고, 그중 몇 가지는 다른 것들보다 더 중요할 수도 있다. 암컷이 운동선수 수컷과 짝을 지어서 얻는 간접적인 이득이란 다시 말해 명확하지도 않고 딱히 보편적이지도 않으며, 여러 종류의 운동력과 매력, 수컷의 장식과 과시행동 사이의 유전적 상관관계를 구분하는 것은 꽤 힘든 일이다.

암컷이 훌륭한 운동선수를 고른다는 선택지에 대한 더 많은 잠정적인 증거는 당신이 전혀 예상도 못한 동물에서 나온다. 바로 인간이다. 엑서터대학교의 에릭 포스트마는 암컷의 선호와 운동능력에 대한 이런 의문에 관심을 갖고 교묘한 방식으로 이것을 시험해보기로 했다. 그는 8백 명 이상의 여자들에게 2012년 투르 드 프랑스 자전거 경기에 나온 80명의 선수들의 얼굴 사진을 주고 매력과 남성성, 호감도에 따라 순위를 매기라고 했고, 이 결과를 분석해서 잠재적으로 중요한 요소들 여러 가지를 통계학적으로 설명해보려고 했다. 실험에 참가한 여자들은 자전거 선수들의 기록을 몰랐지만, 포스트마는 투르 드 프랑스에서 더 좋은 성적을 기록한 선수들이 더욱 높은 매력 순위에 올랐음을 발견했고, 자전거 능력에 대한 이런 선호도는 호르몬성 피임약을 복용하지 않은 여자들에게서 더 강하게 나타났다. 에릭은 또한 매력적인 자전거 선수들이 더 호감도가 높게 여겨진다는 사실도 발견했다. 이 결과는 여자들이 자전거 선수를 직접 만나서 끝없이 계속되는 자전거 경주에 대한 이야기를 듣지 못했기 때문에 나온 거라고 생각할 수도 있을 것이다. 인간의 짝짓기 결정이 얼마나 복잡한지를 고려할 때 (포스트마는 실험에 참가한 여자들이 당시에 술을 마셨는지 어땠는지는 기록하지 않았다) 운동능력이 여자들이 집중한 유일한 부분은 아닐 것이다. 어쨌든 이런 발견은 지구력이 남자 자전거 선수들의 얼굴 특징에 어떻게 반영되었으며, 다른 동물들의 과시행동에는 어떻게 관련되는지 흥미로운 의문을 제기한다.

4

여자와 남자

Girls
and Boys

암컷과 수컷은 다르다. 동물의 왕국을 하나로 볼 때 성별 간의 이런 차이는 종종 상당히 놀랍고, 가끔은 의아하고, 언제나 흥미롭다. 종에 따라서 암컷과 수컷은 크기나 형태, 색깔, 행동, 심지어는 이 모든 것이 다 다를 수 있다. 어떤 경우에는 성별 간의 차이가 아주 극심해서 암컷과 수컷이 서로 거의 닮은 데가 없기도 하고, 생김새를 바탕으로 같은 종의 암컷과 수컷이 각기 다른 종으로 분류된 경우도 있다.

암컷과 수컷은 다르다. 동물의 왕국을 하나로 볼 때 성별 간의 이런 차이는 종종 상당히 놀랍고, 가끔은 의아하고, 언제나 흥미롭다. 종에 따라서 암컷과 수컷은 크기나 형태, 색깔, 행동, 심지어는 이 모든 것이 다 다를 수 있다. 어떤 경우에는 성별 간의 차이가 아주 극심해서 암컷과 수컷이 서로 거의 닮은 데가 없기도 하고, 생김새를 바탕으로 같은 종의 암컷과 수컷이 각기 다른 종으로 분류된 경우도 있다고 분류학자 사이에서는 종종 이야기된다.

이런 성적이형性的異形, sexual dimorphism의 가장 극단적인 예는 아마 거의 암흑인 심해에 사는 아귀의 경우일 것이다. 이 기묘한 동물에서 암컷은 심해 생물체의 특징이자 의무 같은 무시무시한 치아와 기이한 특성을 제외하면 형태적으로는 평범한 물고기 같다. 하지만 수컷은 암컷과는 상상도 할 수 없을 정도로 다르다. 수컷 아귀는 암컷과 전혀 닮지 않았을 뿐만 아니라 물고기처럼 생기지도 않았다. 고환을 담은 조그만 살덩어리에 불과한 모양

새다. 아주 작거나 거의 완전한 암흑 속에서 영원히 사는 다른 많은 동물처럼 수컷 아귀는 짝을 지을 암컷의 위치를 찾는 것이 몹시 어렵다. 기적적으로 수컷이 암컷을 하나 찾는다면, 조만간 아니 앞으로 영원히 다른 암컷은 만나지 못할 가능성이 높다. 그러니까 수컷 아귀는 마주치는 첫 번째 암컷에게 찰싹 달라붙어서 절대로 놓아주지 않는 극단적인 들러붙기쟁이가 된다. 아귀의 크기와 형태가 극단적으로 다르기 때문에 처음에는 암컷에게 기생동물이 붙어 있다고 여겨졌는데, 어느 정도는 그렇기도 하다. 운 좋은 수컷은 암컷에게 영원히 달라붙은 채 암컷의 혈액에서 영양소를 빨아 먹고 살기 때문이다. 하지만 그들은 어쨌든 이 종의 수컷이고, 절대로 떠나지 않는 짝이다.

암컷과 수컷 사이의 크기 차이는 동물 사이에서 흔하고, 운동능력에 미치는 크기의 영향 때문에 이런 차이는 기능을 명백하게 암시한다. 예를 들어 인간의 경우에 남자는 평균적으로 더 크고, 무겁고, 근육이 더 많고, 여자와 다르게 생겼다. 이런 차이와 거기에 바탕이 되는 생리학적 요인들은 전체적으로 남자와 여자 사이의 운동능력의 큰 차이를 설명한다. 남자는 여자보다 단거리, 중거리, 장거리 운동에서 5퍼센트 내지 10퍼센트 정도 빠르고, 특히 단거리 육상 시합에서 세계 기록은 지금까지 남자가 여자보다 확실하게 빠르다. 수년간 훈련, 영양 섭취, 다른 요소들의 발전으로 이 차이는 결국에 사라지게 될 것으로 예측되는데, 그림 4.1에 있는 것 같은 곡선들은 통계적 분석에서 약간 위험한 일이긴 하지만 육상 부문에서 조만간 남자와 여자의 차이가 없어질 것이라는 주장의 기반이 된다. 이것은 마라톤(그림 4.1d)처럼 장거리나 초장거리 지구력 시합에서만 합리적으로 보인다(여전히 미심쩍은 부분은 있지만). 하지만 다른 많은 운동 경기에서 이런 동등함은 남자와 여자 운동선수가 크기와 몸의 형태, 생리학적인 면에서 동일해지지 않는 한은 이루어지기 어려울 것 같다.

그러나 운동력과 운동력에 영향을 미치는 요인에 관해 성적 차이의 의미와 기원을 이해하기 위해서는 우선 왜 두 성별이 서로 다른지에 관해 알아야 한다. 앞장에서 나는 성선택과 수컷이 얼마나 자주 암컷을 놓고 경쟁을 하는지에 대해서 이야기했다. 이제 왜 이런 일이 벌어지는지 그 이유를 간단히 요약해서 설명하겠다. 왜 암컷과 수컷이 다른지를 정말로 이해하려면 이 문제를 다루고 넘어가야 하기 때문이다(이 거대하고 중요한 주제는 이것만으로도 책 한 권을 쓸 수 있을 정도이기 때문에 여기서 이야기하는 내용은 상당히 피상적일 뿐이라는 것을 명심하라).

거의 모든 경우에 성적 차이와 성선택은 유성생식의 본질에 뿌리를 두고 있다. 구체적으로는 이형배우자접합anisogamy이라는 현상의 직접적, 또는 간접적인 결과다. 이 말은 수컷이 평생 동안 수없이 많은 조그만 정자를 생산하는 반면에, 암컷은 비교적 소수에 상대적으로 큰 난자를 생산한다는 뜻이다. 그래서 암컷과 수컷의 생식세포에서 평생 동안 생식에 투자하는 에너지는 똑같다고 해도, 암컷과 수컷 간 주어진 생식 기회에 있어서 암컷이 훨씬 더 많이 투자하며 그렇기 때문에 매 생식 사건에서 암컷이 수컷보다 훨씬 많은 위험부담을 안게 된다. 어쨌든 수정란을 품

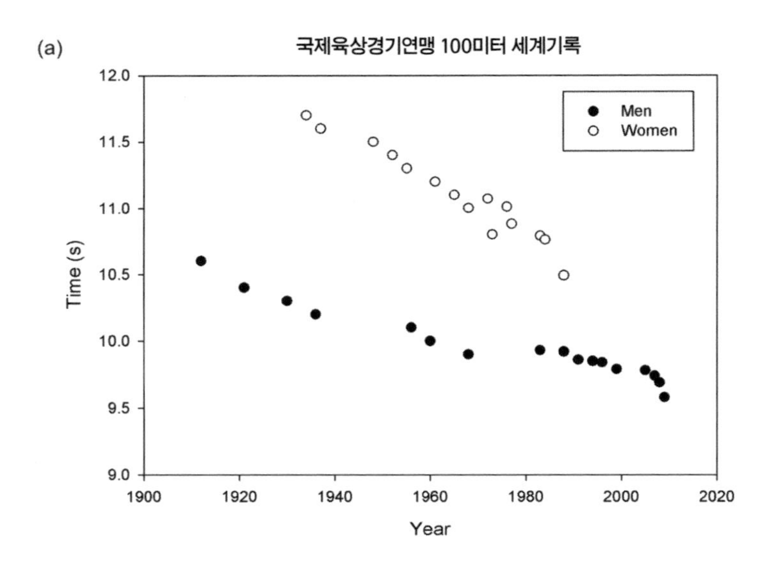
(a)
국제육상경기연맹 100미터 세계기록
Men
Women
Time (s)
Year
12.0
11.5
11.0
10.5
10.0
9.5
9.0
1900
1920
1940
1960
1980
2000
2020

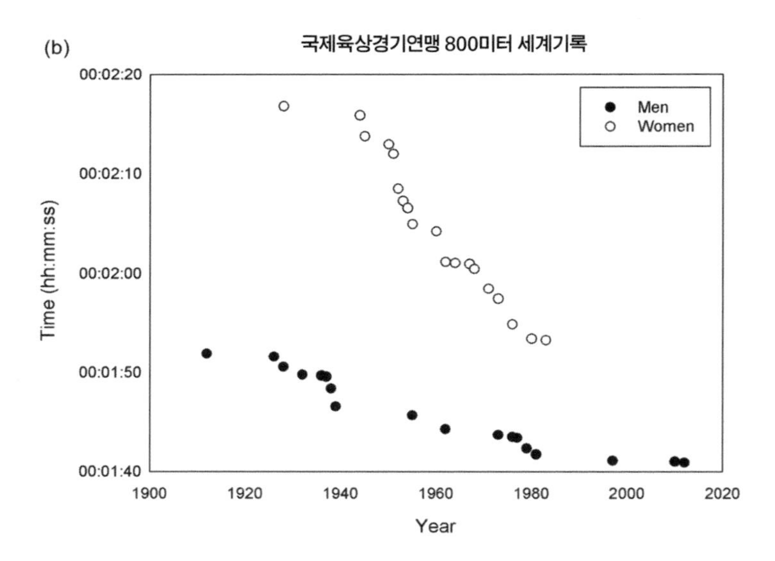
(b)
국제육상경기연맹 800미터 세계기록
Men
Women
Time (hh:mm:ss)
Year
00:02:20
00:02:10
00:02:00
00:01:50
00:01:40
1900
1920
1940
1960
1980
2000
2020

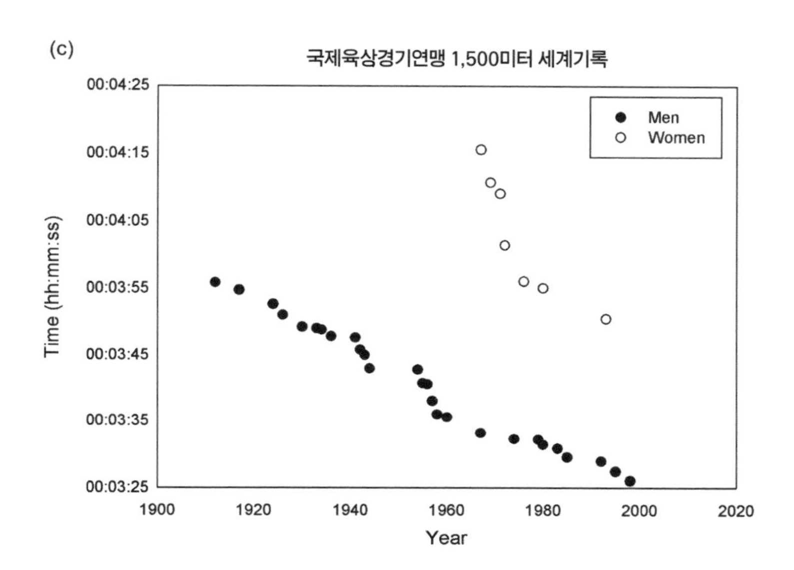

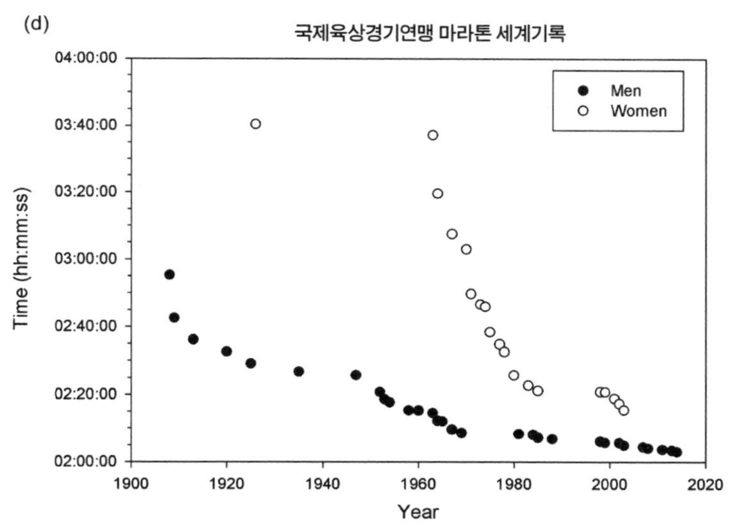

그림 4.1. 시대에 따른 공식적인 국제육상경기연맹의 남녀 선수 세계기록의 변화. (a) 100미터, (b) 800미터, (c) 1,500미터, (d) 마라톤. (a)에서 1970년대 중반의 기묘한 부분은 1975년에 더 정확한 전자 측정기로 바꾸었기 때문이다. 여러 개의 기록이 있는 해의 경우에는 가장 빠른 것만 표시했다.

고, 종종 이 수정란에 엄청난 에너지 자원을 쏟아부어야 하는 것은 암컷이기 때문이다. 설령 암컷이 자식을 부모로서 보살피지 않는다 해도 말이다(대체로는 암컷이 보살피기까지 한다).

이런 간단한 사실은 엄청난 결과를 불러오고 동물의 짝짓기 체계에서 보편적인 여러 가지 경향을 불러일으킨다. 성별 특이적 생식 투자에 관한 결과에서 가장 중요한 통찰 중 하나는 베이트먼 구배Bateman gradient라는 개념이다. 베이트먼 구배는 각 성별에서 짝짓기 횟수와 새끼의 숫자 사이의 관계를 설명하는 것으로, 1940년대에 앵거스 존 베이트먼Angus John Bateman이 수행했던 초파리 실험에서 그 이름이 유래되었다. 베이트먼이 보여주었고, 그 후 많은 다른 동물 종의 짝짓기 체계를 조사해서 나온 결과는 수컷이 대체로 양의 베이트먼 구배를 보인다는 것이다. 다시 말해 더 많은 짝짓기를 한 수컷은 더 많은 새끼를 본다. 이것은 합리적이다. 수컷이 더 많은 암컷과 교배한다면 잠재적으로 더 많은 암컷을 임신시킬 수 있을 것이다. 하지만 암컷의 경우에 베이트먼 구배는 일반적으로 평평하고, 이것은 암컷이 많은 수컷과 짝짓기를 한다고 해서 딱히 이득을 보지 않는다는(짝짓기에 따른 새끼의 숫자라는 부분에서) 뜻이다. 실제로 수컷이 한 번 사정하는 걸로 일정 시간 동안 암컷의 모든 난자를 수정시키기에 충분하다. 암컷은 수컷이 하듯이 많은 개체와 교배하는 것이 별로 유용하지 않다(3장에서 논의했던 것처럼 다양한 유전적 특성을 가진 여러 수컷이 난자를 수정시키면 더 많은 새끼 대신에 더 훌륭한 새끼라는 면에서 간접적인 이득을 볼 수도 있지만 말이다).

이 말은 수컷은 아무렇게나, 아무 데나, 아무한테나 사정을 해서 자신의 씨를 퍼뜨릴 수 있고 또 그렇게 하지만, 암컷은 훨씬 신중한 번식적 결정을 내려야 한다는 뜻이다.[1] 이런 관찰 결과는 또한 왜 성선택이 암컷보다 수컷에 대해 더욱 강하게 작용하는지를 설명한다. 수컷은 암컷을 놓고 다른 수컷들과 경쟁해야 하는데, 이는 더 많은 암컷과 교배하는 수컷이 더 많은 새끼를 낳을 수 있기 때문이다. 난자라는 제한된 자원을 가진 암컷은 그 자원에 누구를 접근하게 해줄지 통제한다.

이형배우자접합과 생식이라는 사건에서 수컷보다 암컷이 더 많은 것을 투자한다는 결과적 사실은 암컷과 수컷이 일상생활을 어떻게 영위하는지에 관해 커다란 암시를 담고 있다. 이런 암시 중 다수가 1970년대에 로버트 트리버스Robert Trivers에 의해 밝혀졌고, 이 주제에 관한 그의 논문은 다윈 이래 진화생물학에서 가장 영향력 있는 내용이 되었다. 한 가지 예를 들어보면, 투자량의 차이가 각 성별의 크기와 형태에 영향을 미칠 수 있다. 몇몇 경우에 암컷은 수컷보다 더 큰데, 이는 암컷의 크기가 생식력에 직접적으로 관련되기 때문이다(더 큰 동물이 작은 동물보다 새끼에게 즉각적으로 쏟을 수 있는 자원을 더 많이 갖고 있다). 또는 수컷이 더 커지는 방향으로 진화를 몰아갈 수도 있다. 모든 것을 수정시키려는 지칠 줄 모르는 목표를 가진 수컷은 다른 수컷을 물리치고 암컷에게 접근하기 위해

---

1 이는 수컷이 번식에 관해 아무런 대가도 치르지 않는다는 의미는 아니다. 수컷도 대가를 치르고, 이 대가는 사실 꽤 높을 수 있다. 하지만 수컷이 치르는 번식의 대가는 종종 암컷을 유혹해서 짝을 짓는 데 걸리는 긴 시간이나 힘겨운 노력 같은 것이고, 새끼 자체에 직접적으로 에너지를 쏟는 경우는 거의 없다.

서 더 커져야 하기 때문이다. 더 큰 암컷이 생식에 더 많이 투자할 수 있다는 사실은 또한 암컷이 짝을 고르는 데 까다롭다는 뜻이고, 그래서 수컷은 과시행동과 계속해서 암컷의 관심을 사로잡기 위한 노력이라는 대가를 치러야 한다. 이 경우에도 더 큰 개체가 대체로 성공할 가능성이 더 높다. 보통 곤충들이 앞의 패턴을 따르는 반면에 파충류와 포유류는 뒤의 패턴을 선호한다. 하지만 그렇다고 해서 이게 꼭 규칙이라는 것은 아니고, 수많은 예외가 존재한다.

성별 간의 크기 차이의 방향성이 어떻든 간에 크기와 형태에 있어서 성별 간의 차이, 그리고 암컷이 수정란을 품거나 새끼를 키우느라 번식에 엄청난 에너지를 들인다는 경향성은 그들의 운동능력에도 확실하게 영향을 미친다. 그러나 앞으로 곧 보겠지만, 항상 우리가 예상하는 방향으로 영향을 미치는 것은 아니다.

왜 수컷 거미가 되어서는 안 되는가

거미는 성적이형의 표본으로 여겨지는 종이다. 특히 거미줄을 치는 거미들은 성별 간의 크기 차이라는 연속체 위에 존재하고, 성별 간의 크기 차이가 작은 것부터 꽤 큰 것까지 다양하게 있다. 그러나 거미에서 성적이형이 나타나는 거의 모든 사례에서 암컷이 더 큰 모습으로 나타난다. 가끔은 훨씬 더 클 때도 있다.

이런 크기 면에서의 큰 차이는 이런 성적이형을 가진 종의 수컷에게 여러 가지 독특한 문제를 일으킨다. 이 문제 중 가장 큰 것은 수컷에게 거미의 교배가 굉장히 위험천만한 행위라는 것이다. 암컷이 수컷보다 훨씬 크기 때문에, 그리고 많은 수컷과 교배하는 게 암컷에게 별로 이득이 되지 않기 때문에 암컷은 종종 눈앞에 있는 조그만 모든 생명체를 기쁘게 잡아먹는다. 수컷 거미까지 포함해서 말이다. 자신과 같은 종의 수컷, 잠재적 짝짓기 상대이자 자식들의 아버지일 수도 있는 수컷을 잡아먹는다는 사실이 암컷에게는 전혀 신경 쓰이지 않는 일이다. 암컷에게 수컷은 작은 한입거리일 뿐이고, 암컷은 먹어야만 한다. 주위에는 어차피 수컷이 많으니까 암컷이 다른 수컷을 먹느라 바쁜 사이에 하나쯤은 암컷의 관심에서 벗어날 것이고, 그러면 암컷에게 사정을 해서 난자가 수정될 것이다. 수컷이 어떻게 이렇게 할지는 암컷이 걱정할 일이 아니다. 암컷을 찾는 것은 수컷이 할 일이지, 그 반대가 아니니까.

그러므로 극단적으로 암컷에 치중된 성적이형을 가진 거미 수컷의 관점에서 교배는 이런 것이다. 첫째, 자신을 보자마자 잡아먹으려 하는 이 거대한 거미에게 접근할 방법을 찾아야 한다. 그다음에 암컷과 교미해야 한다. 그다음에는 교미에서 살아남아야 한다. 그리고 마지막으로 교미를 마친 다음, 마찬가지로 잡아먹히지 않고서 이 무시무시하게 큰 암컷 거미에게서 도망쳐야 한다. 이것은 상당히 어려운 임무이기 때문에 몇몇 수컷은 마지막 두 단계에 이르지도 못한다. 하지만 어떤 종의 수컷들은 이것을 해내고, 이를 위해서 다양한 전략을 개발했다.

수컷 사막거미desert spider는 사실상 암컷을 데이트 강간 한다. 자신이 원하는 행동을 할 수 있을 만큼 오랫동안 암컷을 꼼짝 못하게 마비시키는 화학물질을 암컷에게 뿜어낸다. 마다가스카르에 서식하는 다윈의나무껍질거미Darwin's bark spider 수컷은 암컷이 훨씬 더 매력적으로 여길 만한 행동을 한다. 암컷이 털갈이를 하느라 비교적 무해할 때 암컷과 교미하는데, 그들의 구애 행위에는 수컷이 "암컷의 성기에 윤활유를 문지르고 잘근잘근 깨문다"는 행위가 포함된다. 〈뉴사이언티스트New Scientist〉에서 이 종을 연구하는 연구자들이 한 인터뷰에 따르면, 이 행위는 암컷의 "긴장을 풀어주고" 수컷을 잡아먹지 않도록 만든다고 한다. 반면에 수컷 검은과부거미black widow spider는 가망이 없기 때문에 더 큰 암컷 먹이가 되는 걸 피하려는 노력조차 하지 않는다. 반대로 검은과부거미 수컷은 아주 놀라운 일을 한다. 교미를 하고 나서 암컷 위로 올림픽 체조선수도 놀랄 정도로 멋지게 몸을 날려서 암컷의 송곳니에 똑바로 떨어진다! 이것은 자기희생으로 직행하는 행동이라고밖에는 해석할 수가 없다. 이것은 아마 지구상에서 가장 극단적인 부모의 투자 행위라고 할 수 있을 것이다. 수컷이 암컷에게, 궁극적으로는 곧 암컷이 낳게 될 알에 음식을 제공하는 것이니까. 자신이 방금 전에 수정시킨 알을 위해서 말이다.

수컷 검은과부거미의 자살 뜀뛰기가 아무리 멋있어 보인다 해도, 이것은 성적 운동능력의 차이에 있어서 내가 거미에 관해 이야기하려는 부분이 아니다. 그보다는 다른 종을 예로 들고 싶다. 거미줄을 치는 거미인 티다렌 시시포이데스*Tidarren sysyphoides*이다. 수컷 거미줄거미cobweb spider는 암컷이 다른 거미들에 비해서 수컷을 잡아먹는 경향이 덜하기 때문에 운이 좋다. 하지만 대신 이들은 다른 문제를 갖고 있다. 수컷이 암컷 질량의 약 1퍼센트밖에 되지 않을 정도로 몹시 작다. 예를 들어 보통 크기의 남자가 자신보다 100배쯤 큰 여자와 성행위를 하려는 것을 상상해보라.[2] 그러면 이 수컷들이 마주한 문제를 이해할 수 있을 것이다. 암컷 거미가 훨씬 크기 때문에 성기 입구 역시 결과적으로 훨씬 크다. 그래서 암컷과 성공적으로 교미하기 위해서는 이 조그만 수컷 거미가 암컷의 입구에 맞을 만큼 큰 성기를 가져야 한다.

거미의 성기는 당신이 상상하는 것과는 아마 다를 것이다. 거미의 성기는 다리를 변화시켜놓은 것 같은 촉지 형태로 암컷의 생식관 안에 정자 덩어리인 정포spermatophore를 놓도록 되어 있다. 암컷과 결합하기 위해서는 이 촉지가 수컷의 덩치에 비해 불균형적일 정도로 커야 하기 때문에, 각 촉지는 수컷 몸무게의 거의 10퍼센트를 차지한다. 게다가 촉지는 두 개가 있다. 이것이 수컷 거미줄거미에게는 문제가 된다. 암컷과 교미하기 전에 우선은 암컷을 찾아야 하기 때문이다. 그 말은 종종 엄청나게 무거운 성기를 매달고서 (조그만 거미에게는) 먼 거리를 움직여야 하는데, 이 성기가 속도를 느리게 만들 뿐만 아니라 수컷을 지치게 만든다.

수컷 티다렌 거미는 이 문제를 아주 실용적인 방법으로 해

2 인터넷의 성인용 내용들을 좀 보면, 누군가는 해봤을지도 모르겠다.

결했다. 자신의 거대한 촉지 하나를 떼어버리는 것이다. 그들은 완전한 성체가 되기 직전에, 자신의 오래되고 너무 조그만 외골격에서 탈피한 직후에 촉지를 잘라낸다. 새로운 외골격이 아직 부드럽고 점차 단단해지는 동안에 수컷은 두 개의 촉지 중 하나를 실크로 된 교수대에 매달고 둥글게 빙빙 돌리면서 촉지의 둥근 부분을 세 번째와 네 번째 다리로 민다. 이런 식으로 촉지를 비틀어 떼어내고, 비트는 동작이 상처를 아물게 하는 부차적 기능을 수행해서 과도한 체액의 손실과 감염을 막는다.

이런 놀라운 자기절단의 결과 역시 대단히 놀랍다. 촉지를 떼어내고 나면 수컷의 달리기 속도는 44퍼센트 증가하고, 지구력은 63퍼센트가 증가하는 것이다! 촉지를 떼어낸 수컷 거미는 그러지 않은 수컷에 비해 더 빨리, 더 오래 달릴 수 있고, 이는 그들이 짝을 지을 암컷을 찾는 데 있어서 확실한 이점이 된다. 하지만 가장 놀라운 것은 그들이 지칠 때까지 달릴 수 있는 거리가 두 개의 촉지를 가진 수컷에 비해서 약 300퍼센트 증가한다는 것이다. 이것은 엄청나다. 조그만 수컷 티다렌 거미가 겨우 2미터 거리를 가는 것은 자기 몸길이의 약 1,400배를 가는 거고, 인간으로 치면 2.5킬로미터를 가는 셈이다. 그러니까 이 거리가 세 배가 된다는 건 상당한 업적이다. 사실 이 동물에 있어서 지친다는 것 역시 아주 중대한 일이고, 두 개의 촉지를 가진 수컷은 하나만 가진 수컷에 비해서 피로로 인해 종종 더 많이 죽는다. 소름 끼치는 일 같겠지만 촉지 제거는 이동 속도와 거리를 높이고, 짝을 찾고 경쟁하고, 심지어는 살아남는 데 있어서 대단히 큰 이점을 부여한다.

엄마가 된다는 힘겨움

이미 보았듯이 순발력에서 추가 질량이 주는 부정적 영향은 몹시 크다. 하지만 크고 무거워서 이동 능력을 저해할 정도의 성기를 가진 수컷은 데이트 웹사이트에서 남자들이 여자들에게 광고하는 것과는 다르게 아주 드물고, 이동에 있어서 질량의 영향은 임신한 암컷의 경우에 더 큰 문제가 된다.

임신을 하면 암컷 동물은 몸 안에 자라나는 조그만 동물을 품고 다니게 되고, 이렇게 하는 데 드는 대가는 엄청나다. 달리기부터 수영에 이르기까지 임신한 암컷에서 운동능력이 종종 저해되는 것은 생물학자들의 관심을 사로잡았다. 예를 들어 커다란 일련의 알들을 낳는 암컷 금화조zebra finch는 더 작은 알을 낳는 새에 비교하면 임신했을 때 더 느리게 날아오른다. 하지만 이런 이륙 속도의 저하가 오로지 추가된 알의 무게 때문이라는 사실이 당연하고 직관적으로 보인다고 해도, 임신한 암컷의 운동력이 떨어지는 데에는 다른 이유들도 있다. 예를 들어 임신은 암컷에게 다른 생리학적·호르몬적 변화를 가져오고, 이 중 어느 것이든 새끼나 알의 무게보다 운동능력에 더 중대한 영향을 미칠 수 있다. 금화조의 경우에는 알을 낳고 난 후에도 운동력이 떨어진 채로 유지되는데, 이는 비행 근육의 양이 변화한 탓이다. 정확히 말해서 커다란 알들을 낳은 암컷의 비행 근육은 작은 알을 낳은 암컷과 비교할 때 더 많이 수축되고, 이것이 알을 낳은 후에 이륙 속도가 떨어진 것을 설명해준다. 이것은 생활사 균형life history trade-off(8장에서 더 알아볼 것이다)의 예이고, 보통은 모체의 비행 근육 기능을 돕던 자원들이 분산되어 대신 알에 투입되었기 때문에 생기는 일이다.

전혀 다른 동물에 관한 우아한 실험에서 알들의 무게와 다른 요인들의 상대적 중요성을 비교해보았다. 시드니대학교 연구진은 호주 정원도마뱀garden skink의 복강(배 속에 알이 저장되는 부분)에 체중의 25퍼센트만큼(한 번에 배는 알들의 무게 정도) 멸균액을 주입하면 실제 임신에 따르는 생리적 상태와는 관계없이 도마뱀의 달리기 속도가 감소한다는 사실을 발견했다. 즉, 임신으로 인한 물리적 무게 그 자체만으로도 다른 추가적인 (그러나 분명히 중요할) 생리적 요인이 없어도 운동력에 확실하게 영향을 미친다는 사실이 입증되었다.

임신한 상태에서 늘어난 체중으로 인해 암컷에게 가해지는 이동에 대한 부담은 몹시 크고, 어떤 경우에는 이를 보상하기 위한 선택을 하게 되는 것 같다. 이런 경우 중 한 가지가 현재 캘리포니아 주립대학교 스타니슬라우스에 있는 제프 스케일스Jeff Scales의 논문 연구의 일부로 밝혀졌다. 암컷 녹색이구아나green iguana가 한 번에 배는 알들의 무게는 임신하지 않았을 때 체중의 31퍼센트에서 63퍼센트까지 이른다. 이것은 엄청난 무게이고, 임신한 암컷 이구아나의 운동능력을 상당히 감소시킬 수밖에 없다. 그런데 놀랍게도 이런 일은 일어나지 않는데, 임신한 암컷 이구아나는 정지 상태에서 시작하면 임신하지 않은 암컷과 똑같은 가속도를 보인다.

뉴턴의 제2법칙은 우리에게 가속도가 힘을 질량으로 나눈 것임을 알려준다. 이 말은 임신한 이구아나의 가속도가 임신하지 않은 암컷의 가속도와 똑같기 위해서는 알 때문에 무거워진 무게만큼 팔다리 근육의 힘이 증가해야 한다는 뜻이다. 이것은 꽤 힘든 일일 것 같다. 임신하지 않은 암컷의 팔다리가 이미 가속도를 낼 때 엄청난 기계적 힘을 생산하고 있기 때문이다. 힘force이 물체에 가해져서 물체가 일정 거리를 움직이면 물체에 일을 한 것이고, 일률power은 일이 일어나는 비율이다. 임신하지 않은 암컷 이구아나가 내는 최대 총일률을 측정하면 뒷다리 하나당 667w/kg이다. 이것은 NBA 규정 농구공 무게의 약 두 배 정도 나가는 동물치고는 꽤 훌륭한 것이다! 하지만 임신한 이구아나의 뒷다리가 내는 기계적 일률의 최대량은 거의 그 두 배에 달한다.

어떻게 이런 일이 생기는 걸까? 정지 상태에서 가속하려면 이 이구아나의 경우에 연속적인 이동 상태(즉, 일정한 속도로 이동하고 있는 경우)에서보다 더 많은 힘이 필요하다. 그러니까 가속할 때 어떻게 그 일률의 양을 두 배로 만들 수 있는지 추측하기가 매우 어렵다. 가장 그럴 듯한 설명은 두 가지 이유 때문에 추가된 알의 무게 그 자체에서 필요한 여분의 힘이 나온다는 것이다.

첫째 이유는 외부의 하중이 단기적으로 일률을 증가시킨다는 것이다. 여분의 질량은 근육을 신장시키고, 적극적인 신장은 근육에서 만드는 힘을 증가시키기 때문이다. 어떤 동물에서든 일률을 높이기 위한 최적의 하중이 있고, 임신하지 않은 이구아나가 기계적인 일률을 최대한으로 생산할 만한 상태가 아니라면, 추가된 알의 무게가 이동 근육에 부하를 걸어 신장시켜서 걸어가는 동안 더 강한 힘과 일률을 생산하게 만들 수 있다. 이것은 암컷과 수컷 이구아나의 몸 형태가 다르게 생겼다는 사실을 바탕으로 한 주장이다. 암컷이 수컷보다 상대적으로 더 짧은 다리를 갖고 있어서 이런 하중에 있어서 기계적 이득을 보기 때문이다.

둘째 이유는 이구아나가 다리를 더 빠르게 움직여서 근육 기능의 내재적인 제약을 극복한다는 것이다. 일률을 다르게 생각하자면 속도와 힘을 곱한 것이고, 골격근이 작동하는 방식 때문에 근수축의 속도와 힘 사이에서 기본적인 교환이 생긴다. 근육을 아주 빠르게, 또는 아주 강하게 수축할 수 있지만 두 가지를 동시에 할 수는 없다. 그러니까 근육의 일률을 최대한으로 내기 위해서는 특정 수축 빈도로 근육을 중간 속도와 힘으로 수축해야 한다. 그러므로 여분의 무게 때문에 아래쪽으로 더 강한 근육의 힘을 내는 임신한 암컷 이구아나는 어쩔 수 없이 더 오랜 시간 동안 더 강한 힘을 내지만, 임신하지 않은 암컷보다 다리를 21퍼센트 더 빠르게 들어 올려서 이를 보충한다. 이를 통해서 임신한 암컷은 걸어가는 시간을 늘리지 않고서도 더 강한 힘을 더 오래 쓸 수 있고, 임신하지 않은 암컷과 비교할 때 주어진 거리에서 힘을 더 오랫동안 생산할 수 있다. 이 모든 것이 물론 대가를 지불해야 하는 일이고, 임신한 암컷들이 내가 설명한 것처럼 완벽한 운동력을 유지할 수 있다고 해도 이런 조정은 이동에 드는 에너지를 상당히 증가시키고, 그래서 이들은 임신하지 않은 암컷과 비교할 때 달리는 시간과 횟수가 훨씬 제한적이 된다.

하지만 녹색이구아나를 제외한 대부분의 동물에서 임신한 암컷은 운동력이 떨어지는 경향을 보이고, 이 암컷들은 이동에 의존하지 않고 포식자에게서 도망치는 다른 행동 전략을 쓸 수밖에 없다. 암컷 목도리도마뱀은 임신하면 행동 방식이 바뀌어 나다닐 때에도 레퓨지아refugia(생태적 피난처)° 근처에 머물며 위협이 나타나면 안전한 지역으로 쉽게 돌아올 수 있도록 한다. 하지만 이러면 식량 공급원을 찾는 것이 어려워진다. 임신한 암컷 조오토카 비비파라*Zootoca vivipara* 도마뱀 역시 포식자를 피하기 위해서 이동 능력보다 은신에 더 의존하는데, 임신한 암컷 가터뱀garter snake이 그러듯이 도망치는 대신에 모습을 숨긴다.

성적 갈등의 형태

유성생식에서 암컷과 수컷이 지불해야 하는 대가가 다른 것은 전에는 별로 명백하게 고려하지 않았던 사실을 떠올리게 만든다. 암컷과 수컷의 생식에 관한 관심사가 일치하는 경우가 거의 없다는 부분이다.

겉보기에는 이 말이 기묘하게 들릴 것이다. 암컷과 수컷이 교미를 하는 목표가 함께 아기를 만들기 위한 것 아닌가? 그렇긴 하지만, 무심한 관찰자의 눈에는 암컷과 수컷이 둘 모두에게 이득이 되는 번식 행위를 하기 위해서 기꺼이 협력하는 것처럼 보일지 몰라도, 이런 안이한 관찰 아래로는 엄청난 갈등의 세계가 소용돌이친다. 많은 동물 종에서 교미는 결코 협조적인 행위가 아니고, 암컷과 수컷 사이의 다툼은 예외가 아니라 규칙적인 일에 가깝다. 이런 갈등은 두 가지 주된 문제에서 일어난다. 암컷이 함께 아기를 만들고 싶어 하는 특정한 수컷의 신원, 그리고 암컷과 수컷이 공유하지만 각기 다른 방식으로 사용하는 공통된 특성의 표현이다. 이 두 가지 문제 중 두 번째 것이 내가 여기서 이야기하려는 것이다. 이것이 첫 번째보다 더 중요해서가 아니라, 이것이 운동능력에 관련이 있기 때문에 우리가 이런 형태의 성적 갈등에 관해 더 많이 알기 때문이다.

성적이형은 어디에나 존재하지만, 특정 종의 암컷과 수컷은 어쨌든 대체로 닮아 있고 많은 특징을 공유한다. 이는 암컷과 수컷 모두가 어떻게 조직되어 특정 종의 동물로 자라나야 하는지를 지시하는 유전적 명령 모음인 하나의 유전체$_{genome}$에서 발생했기 때문이다. 이런 공통 유전체는 왜 남자에게 하등의 필요가 없는데도 젖꼭지가 있는지 같은 진화적 수수께끼를 설명해준다. 여자는 젖을 먹이기 위해 젖꼭지가 필요하고, 모든 인간 태아는 남자의 Y 염색체에 있는 SRY 유전자가 일을 시작해서 다량의 테스토스테론을 만들어내기 전까지는 여자 상태이기 때문에 남자든 여자든 모든 태아가 발달의 초기 단계에서 젖꼭지를 갖고 있는 것이 한쪽 성별에서만 이 유전자를 발현시키는 것보다 훨씬 더 간단한 일이다. 이런 일이 가능한 이유는 젖꼭지를 갖고 있는 것이 남자에게 딱히 불리한 일이 아니기 때문이다. 별로 하는 일은 없지만, 젖꼭지를 갖고 있다고 해서 남자에게 위험하거나 엄청난 에너지가 소모되는 것도 아니다. 그래서 없애는 쪽으로 가지 않은 것이다. 그러니까 "왜 남자에게 젖꼭지가 있는가?"라는 질문에 대한 답은 간단하게 "여자한테 필요하고, 남자도 갖고 있어도 되니까"이다.

하지만 다른 공통의 특성의 경우에는 꼭 이렇지 않다. 어떤 동물 종에서 암컷과 수컷의 동일한 구조가 전혀 다른 일을 하는 경우가 있다. 그래서 선택이 각 성별에서 다른 식으로 일어난다. 이것은 문제를 일으키는데, 이 특성에 영향을 미치는 똑같은 유전자가 수컷에게 최적인 경우와 암컷에게 최적인 경우라는 두 방향으로 당겨져서 서로 상반된 결과를 불러올 수 있기 때문이다. 이런 식으로 벌어지는 진화적 줄다리기는 어느 쪽 성별도 질 수 없는 싸움이다. 선택이 수컷의 특성을 더욱 강화하는 쪽으로 간다면, 암컷은 최적의 상태가 아니게 되고 심지어는 부적응 상태가 될 수도 있다. 그 반대의 경우도 마찬가지이다. 암컷과 수컷의 성별특이적 요구로 인한 이런 긴장 상태는 내부적 성적 갈등intralocus sexual conflict이라는 수컷-암컷의 중대한 유전적 갈등의 원동력인데, 이는 예를 통해서 설명하는 것이 가장 좋을 것 같다. 운 좋게도 이 책이 갑자기 진화론에 관한 설명서가 되었을까 봐 걱정하는 사람을 위해서 동물의 운동능력과 관련된 아주 좋은 사례가 있다.

새에서 날개의 길이는 수많은 선택적 환경에서 공기역학

과 비행 능력에 영향을 미치는 중요한 특성이다. 개개비great reed warbler는 유럽산 철새로 수컷이 노래할 때 머리 위의 깃털을 세운다는 것을 제외하면 성적이형이 아주 작은 동물이다. 어쨌든 이 새에서 날개 길이는 암컷과 수컷에서 반대 방향으로 향한다. 수컷은 더 긴 날개를 선호하지만, 암컷은 더 짧은 날개를 선호하는 방향으로 진화했다. 날개 길이의 선택은 몸의 크기와는 관계가 없고, 그 말은 수컷이 암컷보다 더 크다는 진화적 발전을 반영한 것이 아니라는 뜻이다. 그보다는 덩치가 어떻든 간에 수컷은 긴 날개를 가졌을 때 더 잘 살아남고 암컷은 짧은 날개를 가졌을 때 더 잘 살아남는다는 것이다.

이렇게 암컷과 수컷에서 날개 길이 선택의 반대적인 성향은 각 성별이 비행 능력을 사용하는 방식에 근거한다. 암컷과 수컷은 봄철 이주하는 시기가 다르다. 수컷은 암컷보다 2주 먼저 번식지에 도착한다. 일찍 도착하는 것은 수컷에게 중요하다. 번식지에 도착해서 좋은 영토를 먼저 차지한 수컷이 늦게 온 수컷보다 더 많은 암컷 개개비와 짝을 지을 수 있기 때문이다. 긴 날개를 가진 수컷이 더 효과적으로 이주 비행을 할 수 있고, 수컷의 날개 길이에 긍정적인 선택이 일어나게 만들었다. 반면 암컷은 번식지에 도착하기 위한 경쟁을 하지 않지만, 도착한 다음에 개개비들이 밀집한 지역에서 음식을 찾는 데에 수컷보다 더 많은 시간을 쏟는다. 여기서는 기동성이 대단히 중요하고 긴 날개는 방해만 될 뿐이다. 암컷에게는 이 밀집된 환경에서 돌아다니기 쉬운 짧은 날개가 필요하다.

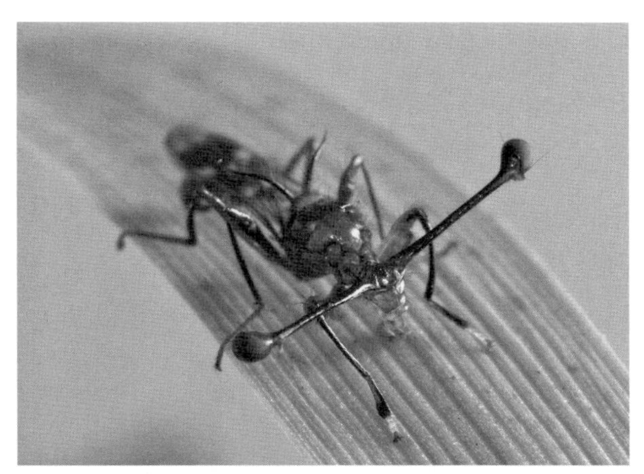

그림 4.2. 텔레옵시스 달만니*Teleopsis dalmanni* 대눈파리 수컷.
ⓒ Rob Knell.

개개비의 날개는 내부적 성적 갈등의 전형적인 사례이다. 암컷과 수컷이 같은 유전자를 통해 만들어진 같은 특성을 갖고 있지만, 그 유전자가 발현되는 성별에 따라서 최적의 크기가 달라지는 것이다. 야생 개개비의 경우에 수컷에서의 선택이 현재 암컷에서의 선택보다 더 강하고, 이는 암컷이 수컷과의 유전적 줄다리기에서 패배하고 있어서 그 결과 기동성이 감소하는 대가를 치르게 될 수 있다는 것이다.

내부적 성적 갈등이 어느 한쪽 성별에 차선의 결과를 가져오게 된다면 선택에서 패배하고 있는 성별 쪽에서 이런 대가를 보상하기 위한 선택이 이루어져야 하지 않을까? 실제로 그렇다. 성적 갈등은 여러 가지 방법으로 해소되거나 최소한 감경될 수 있다. 그중 한 가지는 이런 대가를 보상하는 진화를 통하는 것이다. 이것은 흔히 대눈파리stalk-eyed fly라고 하는 파리과 디옵시다이Diopsidae라는 놀랍고 매력적인 조그만 곤충의 여러 속에서 볼 수 있다. 대눈파리라는 이름 그 자체가 이 곤충에 관해 어느 정도 설명해준다. 수컷 대눈파리는 기묘하게 생긴 머리에 두 개의 길고 가느다란 눈자루라는 대가 양옆으로 가로로 튀어나와 있다(그림 4.2). 이 동물의 눈은 이 눈자루의 가장 끝에 위치한다. 문자 그대로 머리 옆에서 튀어나온 대에 위치한 것이다! 암컷과 수컷 대눈파리 모두 눈자루를 갖고 있지만 성적이형을 보이는 여러 종에서 수컷의 눈자루가 암컷보다 훨씬 더 길다. 수컷이 더 긴 눈자루를 갖고 있는 이런 종에서 수컷은 동형의 종보다 눈자루의 대가 두 배까지 더 길다.

이런 기이한 배치를 갖게 된 이유는 대체로 성선택 때문이다. 이 수컷의 눈자루는 사실은 장식이고, 암컷은 수컷의 눈자루 길이에 신중하게 주의를 기울이고 짧은 눈자루보다 긴 눈자루를 가진 수컷을 선호한다.[3] 수컷은 또한 수컷끼리의 싸움에서 눈자루를 평가의 신호로 사용하는데, 라이벌 수컷 사이에서 종종 눈자루를 비교하는 흥미로운 행동을 벌인다. 대체로는 눈 사이가 더 먼 수컷이 승리한다. 하지만 대눈파리는 또한 잘 날아야 하

3 그러나 눈자루는 묘하게도 기능적이기도 하다. 대부분의 디옵시드diopsid 종은 수직으로 된 식물의 줄기나 뿌리털에 달라붙어 시간을 많이 보낸다. 이 파리들을 잡으러 가면 이들이 가장 선호하는 탈출 전략이 줄기 반대편으로 빙 돌아가서 자신과 당신의 사이에 줄기가 위치하도록 만드는 것임을 알 수 있다. 그런 다음 시야에서 벗어난 자리에 숨은 채 눈자루로 줄기를 빙 돌아서 당신을 주시한다. 처음 두어 번은 꽤나 매력적이지만, 금세 지루해질 것이다.

고, 수컷 천인조의 긴 꼬리가 비행 능력을 저해하는 것처럼 머리 옆에 두 개의 아주 기다란 대가 튀어나와 있으면 허공으로 날아오를 때 별로 도움이 되지 않는다. 예를 들어 성적이형을 가진 종인 키르토디옵시스 우히테이*Cyrtodiopsis whitei* 수컷은 같은 속의 동형 종의 수컷과 비교할 때 상승 각도가 더 낮고 수직상승 속도가 더 느리며 더 힘들게 이륙한다. 눈자루는 또한 기동성에도 영향을 미친다. 더 긴 눈자루를 가진 이형의 종 수컷은 몸을 돌리고 기울일 때 더 많은 관성을 겪게 되고, 이는 짧은 눈자루를 가진 수컷에 비해(또는 더 좋게도 눈자루가 아예 없는 종에 비해) 비행 중에 몸을 돌리거나 방향을 바꿀 때 더 많은 회전력을 가해야 한다는 뜻이다.

이런 운동력 문제에 대처하기 위해서 이 수컷들은 긴 눈자루에 더불어 더 큰 날개(날개의 길이와 면적 모두에서)를 갖도록 진화했다. 더 큰 날개는 눈자루로 인해 비행 능력이 저하되는 것을 보상해줘서 실제로는 능력의 감소를 거의 볼 수 없다. 내부적 성적 갈등과의 관련성은 이 상황을 암컷의 관점에서 보았을 때 나타난다. C. 우히테이처럼 성적이형이 매우 큰 종의 경우에 수컷은 다른 수컷과 경쟁하고 암컷을 유혹하기 위해서 긴 눈자루가 필요하지만, 암컷은 그런 눈이 거의 필요치 않다. 암컷도 수컷과 똑같은 비행 능력의 감소를 겪지만 이득을 보는 것은 전혀 없다. 그러나 그냥 눈자루를 없애버릴 수도 없다. 번식 실험을 통해서 실험실에서 대눈파리를 키워서 수컷에서 더 긴 눈자루를 가진 것들만 고르면, 암컷의 눈자루 역시 길어지는 모습을 볼 수 있었다. 이는 눈자루가 사실상 암컷과 수컷에서 동일한 유전적 통제를 받는다는 것을 암시한다. 눈의 거리와 날개 길이는 이런 종들 여럿의 암컷에서 서로 양의 상관관계를 갖고 있고, 이것은 수컷의 눈 사이 거리에 관한 선택이 생체역학적으로 최적을 넘어설 정도가 되었을 때 보상을 받는 것처럼 암컷도 보상을 받는다는 뜻이다. 그러나 수컷에 비해 암컷의 날개 면적이 그리 늘어나지 않는다는 사실은 암컷에서 이런 보상이 불완전하다는 것을 보여준다. 눈 거리에 관한 내부적 성적 갈등의 보상에 있어서 대눈파리의 종과 속 사이에 여러 가지 차이가 있다. 몇몇은 내가 방금 설명한 것처럼 보상을 받고, 어떤 종은 받지 않는다. 보상을 받는 종 사이에서도 다양한 보상 전략이 있음을 암시하는 증거가 있다. 그러니까 특정 디옵시드 종의 암컷들은 보상 방식에 따라서 수컷의 눈자루에 대한 선호도 때문에 다른 종보다 훨씬 더 크게 운동력에 있어서 대가를 치르게 되는 것이다.

이 주제를 끝마치기 전에 생존과 번식 사이의 갈등에 관한 사례가 되는 이런 현상의 예를 하나 더 들고 싶다. 척추동물 종의 상당수에서 알이나 새끼를 낳는 것이 암컷이기 때문에 골반의 최적의 형태는 암컷과 수컷이 다르다. 여기서 문제는 직관적이다. 암컷이 알이나 새끼를 그 종에 주어진 어떠한 생식구를 통해서 몸 밖으로 밀어낼 때 알이나 새끼는 골반 입구를 통과해야만 한다. 동물들은 이동 방식과 걸음걸이가 다양하지만, 많은 육상동물의 경우에 보편적으로 골반이 좁은 편이 좋다. 골반이 넓으면 뒷다리가 양옆으로 벌어지는데, 그러면 걸을 때 비효율적이기 때문이다. 다리가 벌어졌다는 것은 각 사지四肢에서 옆으로 더 많은 힘이 방출되어야 하고, 직선으로 앞으로 나아가려고 할 때 아래쪽으로 더 많은 힘을 주어야 한다는 뜻이다. 엉덩이가 작은 것이 수컷에게는 더 좋지만, 엉덩이가 작으면 알이나 조그만 동물을 밀어내야 하는 골반 입구도 작아지는 셈이기 때문에 암컷에게는 문제가 된다. 최적의 특성이 암컷과 수컷에 있어서 또 다른 상황인 것이다.

그러니까 암컷은 선택의 문제를 맞이한다. 골반 입구가 좁으면 효율적으로 이동할 수는 있지만, 새끼나 알도 작아야만 한다. 또는 골반 입구가 넓으면 알이나 새끼가 커도 되지만 이동에 저해된다. 이런 상황은 특히 출산의 역설obstetric dilemma이라고 해서 인간의 경우에 더 많은 관심을 받는다. 우리의 유인원 친척들과 비교할 때 장기적으로 더 큰 뇌를 선택해온 결과, 인간의 아기 머리가 훨씬 더 크기 때문에 여자들이 출산하는 것이 훨씬 더 힘들다. 인간은 더 늦게 태어나면 머리가 골반 입구에 맞지 않을 만큼 커지기 때문에 발달 단계에서 꽤 일찍 태어난다. 그래서 인간 아기는 아주 어린 나이부터 자고, 울고, 토하는 것 외에 다른 행동들을 할 수 있는 대부분의 동물 새끼에 비해서 그렇게나 쓸모가 없는 것이다. 이 상황은 아마 우리의 이족보행 방식 때문에 더 악화되었을 것이다. 이족보행으로 진화하면서 우리의 골반 구조가 광범위하게 재편되어야 했고, 이로 인해서 출산과 이동의 대조적인 형태학적 요구로 인해 여성에게 더 큰 갈등이 생기게 되었다. 출산의 역설이 몹시 심각한 문제라서 여성의 몸매에 대한 남성의 선호도를 설명하는 기반이 되기도 한다. 남성은 넓은 엉덩이를 가진 여성에게 끌리고, 이런 여성이 엉덩이가 좁은 여성보다 더 쉽게 출산할 수 있기 때문이라는 논란 많은 추론이 있다. 물론 모래시계 형태의 몸매를 한 여자들은 달리기를 할 때 느리다는 기능적 대가를 치르고 있다. 아니, 한때는 그렇게 생각되었다.

도마뱀과 거북이 같은 생물체에서 내가 설명한 것과 똑같이, 이 갈등이 작용한다는 증거에도 불구하고 하버드대학교의 애너 워러너Anna Warrener가 이끈 연구에서는 인간이 출산의 역설로 인한 기능적 결과를 극복했고, 여성에 있어서 더 큰 골반 너비가 물론 이동 역학에 영향을 미치지만 남성에 비해 여성에서 엄청나게 크게 이동력을 떨어뜨리는 것은 아니라고 주장한다. 워러너와 그 동료들은 골반의 역학을 다시 조사하고 남성과 여성이 이동할 때 엉덩이에 걸리는 힘의 원래 모형에 문제가 있었음을 발견했다. 좀 더 적합한 생체역학적 분석에 더불어 이전에 했던 것처럼 추정치를 쓰는 대신 정상 상태에서 이동에 걸리는 힘까지 제대로 측정한 결과, 이런 힘이 이전에 생각했던 것보다 남녀 사이에서 그리 크게 차이가 나지 않았음이 밝혀졌다.

이 발견에는 중요한 주의사항이 있다. 처음에 이 연구자들은 이동의 효율성에서 성별 간의 차이에 주목한 것이지, 속도에 주목한 것이 아니었다. 그러니까 모든 개인이 똑같은 속도로 걷고 뛰는 상태에서 데이터를 측정했다. 게다가 이 결과가 실험실 바깥에서의 상황, 즉 개인이 오르막을 오르거나 짐을 메고 있을 때에도 적용되는지는 불분명하다. 어쨌든 출산의 역설이 전통적으로 생각했던 것보다 이동 능력 면에서 여성에게 그렇게까지 역설은 아닌 것 같다. 대눈파리와 암컷 녹색이구아나의 경우처럼 여성이 이런 영향에 관해 보상을 받기 때문인지, 아니면 인간의 이동에 골반의 너비가 미치는 영향이 그저 환상에 불과했기 때문인지는 아직도 확실하게 알 수 없지만 말이다.

운동능력 높이기

암컷과 수컷의 크기, 형태, 행동의 차이 대부분은 각 성별의 서로 다른 생식 역할과 직접적·간접적으로 관련된 생리학적 차이에 기반을 두고 있다. 생리학적인 성별 간의 차이는 놀랄 만큼 관심을 받지 못했고, 감지하기가 무척 힘들 수 있다. 예를 들어 수컷 악어는 번식 시기에 암컷 악어보다 더 활동적인 미토콘드리아(산소를 이용해서 세포에 에너지를 공급하는 조그만 세포조직)를 갖고 있다. 아마도 수컷에게 이 기간에 더 많이 필요한 이동 능력을 뒷받침하기 위한 것으로 보인다. 하지만 이 중에서 가장 강력하고 명확한 것은 다양한 호르몬의 생산과 유지에서의 차이이다. 이 호르몬들은 대체로 스테로이드 호르몬이고, 그중에서도 테스토스테론으로 척추동물에서 가장 중요한 호르몬이다. 이 호르몬들은 운동능력 분야에서 아주 유명한데, 주로 인간 운동선수들이 이 호르몬을 남용해서이다.

운동능력 향상제로서 다양한 형태의 테스토스테론 보충제를 처음에 이용했던 것은 딱히 나쁜 의도는 아니었다. 테스토스테론은 운동능력과 관련된 동물의 특성에 명백하게 여러 가지 영향을 미친다. 수컷 척추동물에서 테스토스테론은 조직화 효과organizational effect와 활성화 효과activational effect라고 하는 것을 통해서 1차적·2차적 성적 특성의 발달을 자극한다. 조직화 효과는 발달의 초기 단계에서, 아주 특정한 발달 기회에서만 생기는 영구적인 변화를 촉진하지만, 활성화 효과는 성인에게서 일어나는 일시적인 것이다. 테스토스테론의 조직화 효과는 우리가 자연계에서 볼 수 있는 광범위한 성적 차이의 대다수의 기반이 된다. 수컷이 암컷보다 종종 더 크고, 더 근육질이고, 더 공격적인 것은 많은 종의 수컷에서 발달 과정 동안에 테스토스테론의 수치가 훨씬 높기 때문이라고 설명할 수 있다. 하지만 활성화 효과도 마찬가지로 중요하고, 수컷이 특정한 시기에 테스토스테론 생산을 늘리는 것도 흔한 일이다. 예를 들어 새와 도마뱀의 많은 종에서 수컷들은 번식 시기 직전인 초봄에 테스토스테론 생산량이 갑자기 증가한다. 이것은 다가오는 몇 달 동안 암컷에 대한 접근권을 놓고 싸워야 하는 동물들에게 도움이 된다.

테스토스테론의 가장 잘 알려진 활성화 효과 중 하나는 이 호르몬이 골격근을 키울 수 있다는 것인데, 이것은 확실하게 운동능력을 높여준다. 이런 현상은 인간에게서 가장 잘 알려져 있지만, 이 호르몬이 작동하는 상세한 세포적 기제는 모든 동물에서 똑같이 불명확하다. 우리가 아는 것은 테스토스테론이 근세포에서 단백질 합성을 증가시키고, 그래서 근섬유가 자라고, 결국에 근육량이 늘어나게 된다는 것이다. 테스토스테론은 또한 작용하는 양에 비례해서 근섬유 단면적을 늘리는데, 이것은 힘을 내는 능력과 직접적으로 비례하는 근육의 중요한 기능적 특성이다(더 자세한 것은 6장을 보라). 세포 차원에서 이런 변화는 운동능력에 명백하게 영향을 미치고, 테스토스테론 보충제를 복용한 사람들의 경우에 힘이 5퍼센트에서 20퍼센트까지 증가했다고 연구에서 보고되었다. 그러니까 스테로이드 호르몬은 실제로 개체가 더 강해지고 더 근육질이 되도록 만드는데, 둘 다 많은 스포츠에서 경쟁하는 운동선수들이 바랄 만한 특성이다. 그래서 스테로이드 보충제가 대부분의 프로 운동 리그에서 금지된 것이다.

테스토스테론이 근육 발달에, 그리고 궁극적으로 운동능력에 미치는 이런 드라마틱한 효과는 또한 왜 여자들이 헬스장에서 남자보다 근육을 만드는 것이 더 힘든지를 알려준다. 남자에 비해서 여자들은 테스토스테론 생산량이 현저히 낮고, 그 결과 순환하는 테스토스테론의 수치도 낮기 때문에 여자들이 근육량과 힘을 얻기 위해서는 남자들보다 훨씬 더 많은 시간과 노력을 들여야 한다. 이것은 여자가 스테로이드 보충제를 통해 남자보다 더 많은 것을 얻을 수 있다는 의견으로 이어지기도 한다. 그러나 남자의 경우조차도 테스토스테론으로 만들어지는 근육은 공짜가 아니고, 근육량과 운동능력의 엄청난 증가는 스테로이드 보충제와 저항성 운동 요법을 함께 수행한 사람에게서만 볼 수 있다. 실제로 운동만으로 얻은 힘은 테스토스테론 보충제만으로 얻은 힘과 대략 비슷한 정도이다. 어쨌든 엄청난 효과인 셈이다.

인간에 관한 스테로이드 연구에서 마지막으로 중요한 교

훈은 스테로이드가 힘에 확실하게 영향을 미친다고는 해도, 지구력 면에서는 영향을 미치지 못한다는 것이다. 이것은 순발력 대 지구력의 바탕이 되는 일반적인 생리학적 원리와 일치한다. 힘을 바탕으로 하는 운동능력은 힘의 생산량, 즉 근육에 의존하지만, 지구력은 산소의 전달에 더욱 크게 의존한다. 그러니까 운동선수가 지구력 시합에서 능력을 인공적으로 높이고 싶다면 스테로이드 보충제로는 어떠한 이득도 얻지 못할 것이다. 대신에 산소를 운반하는 적혈구 세포의 양과 수명을 늘릴 방법을 찾거나 아니면 다른 방법으로 산소 전달량을 늘릴 방법을 찾아야 한다. 높은 고도나 산소 분압이 낮은 고도를 따라 만든 인공적인 환경에서 지구력 훈련을 하면 환경 적응을 통해서 자연스럽게 이것을 달성할 수 있다. 심장이 커지고 적혈구 세포의 숫자가 많아지는 등 생리적 변화가 일어나서 산소 섭취량이 늘어나기 때문이다. 하지만 적혈구 세포 생산을 늘리는 호르몬인 EPOerythropoietin(적혈구 생성소) 보충제를 통해서 비슷한 효과를 얻을 수도 있고, 혈관을 성장시키는 HIFhypoxia-inducible factor(산소결핍 유도인자) 안정제를 주입하거나 혈액도핑이라고 하는 식으로 적혈구 세포를 빼서 저장해뒀다가 시합 전에 혈관에 주입하는 방법도 있다.

테스토스테론 보충제는 인간 외의 동물에서도 인간에서처럼 운동능력에 명백하게 영향을 미치는데 물고기, 개구리, 새, 작은 포유류, 도마뱀 등 다양한 척추동물에서 근육량을 늘리는 결과를 낳았다. 물론 개구리와 새 같은 동물은 테스토스테론 연고와 주사로 은밀하게 근육을 부풀리지 않지만(우리가 아는 한은), 어쨌든 호르몬 수치는 많은 종에서 계절에 따라서 달라진다. 우리는 이런 계절적 변화를 이해하고 실험을 통해서 호르몬 수치를 조작하고 각기 다른 특성에 호르몬이 미치는 영향을 특정할 수 있다. 인간에게서 볼 수 있는 스테로이드 보충제의 영향은 비인간 척추동물 종에서도 전반적으로 똑같이 나타나지만, 더 크게 비교해보면 테스토스테론 수치와 기능에 있어서는 동물 종들 사이에서 매우 다양한 결과가 나타난다. 예를 들어 테스토스테론 보충제는 인간의 경우와 다르게 수컷 스켈로포루스 운둘라투스*Sceloporus undulatus* 도마뱀에서 달리기 속도와 지구력 둘 다 증가시킨다. 하지만 갈색 아놀도마뱀 수컷에서 테스토스테론은 지구력이나 달리기 속도에 영향을 미치지 못하는 대신에 수컷 도마뱀 사이의 싸움에서 중요한 요소였던 무는 힘에 긍정적인 영향을 미친다. 갈로티아 갈로티*Gallotia galloti* 도마뱀의 경우에는 반대로 테스토스테론 보충제가 일반적인 근육량을 증가시키지만 달리기 속도나 무는 힘에는 영향을 끼치지 않는다. (테스토스테론을 보충한 수컷들의 성기가 더 커지는 경향이 있지만, 무슨 의미가 있는지는 모르겠다.)

다양한 종에서 테스토스테론이 이렇게 선택적으로 영향을 미치는 것은 수컷과 암컷의 운동능력 차이를 몇 가지 특성에서는 호르몬의 영향으로 설명할 수 있지만 일부에서는 아니라는 것을 보여주는데, 테스토스테론이 이런 차이를 전부 다 설명해주는 해결사가 아니라는 것을 의미한다. 어떤 경우에는 한쪽 성별이 다른 쪽보다 더 우수한 운동능력을 보이는 것을 형태나 크기, 심지어는 행동의 동기 때문이라고 더 잘 설명할 수도 있다(물론 수많은 증거가 행동의 동기 그 자체는 부분적인 호르몬 통제하에 있음을 증명하고 있지만 말이다). 그뿐만 아니라 보충제 연구는 동물들이 그리 좋은 성과를 내지 못하는 실험실 환경에서 수행되기 때문에 미묘한 효과를 감지하기가 좀 어렵다.

이런 종간 다양성에도 불구하고 테스토스테론의 조직화 및 활성화 차이가 특정한 운동능력에서 성별 간의 차이를 설명하고, 이런 차이가 성별특이적 테스토스테론 수치와 일치한다는 것은 분명하다. 그러나 여기서도 우리는 동물 종 사이에서 크게 차이가 나는 것을 볼 수 있다. 예를 들어, 사회적으로 일부일처제인 새의 몇몇 종에서 암컷은 수컷보다 확실하게 더 높은 테스토스테론 수치를 보인다. 수컷이 아니라 이 암컷들이 번식지와 수컷을 놓고 경쟁해야 하기 때문이다. 암컷의 운동능력에 있어서 인공적으로 테스토스테론을 늘렸을 때의 효과에 관해서는 별로 알려진 것이 없지만,[4] 일부 새에서 테스토스테론 보충제가 체중과 근골격의 양을 실제로 증가시켰다. 수컷에서 테스토스테론이 증가한 것에 반응해서 암컷에서도 테스토스테론 수치가 변화를 일으켰다는 증거도 있다. 개개비의 날개 길이같이 내부적 성적 갈등의 많은 사례처럼 수컷에서 테스토스테론 발현량이 늘면 암컷에 부정적인 결과를 가져올 수 있다. 테스토스테론은 근육량과 운동능력 외에도 많은 영향을 미치기 때문이다. 예를 들어 테스토

---

4 1970년에서 1986년 사이에 동독 체제에서는 여성 운동선수들에게 약물을 투여해서 여러 개의 올림픽 메달을 땄다. 선수들의 건강과 사생활을 엉망으로 만들었던 사례 기록이 있지만, 이것은 제대로 된 과학이 아니다.

스테론은 면역기능을 억제하기로 악명이 높아서 종종 기생 수치를 높이는 결과를 가져오고, 장기적으로 가면 성장을 저해하고 생식을 망치고 에너지 저장량을 감소시킨다. 이런 부정적인 효과는 수컷이 높은 테스토스테론을 갖도록 진화한 금화조 같은 종의 암컷에서 확인된다. 수컷의 높은 테스토스테론이라는 해결되지 않은 성적 갈등으로 암컷에서도 높은 테스토스테론 수치가 나타나고, 그 탓에 암컷의 성장이 저해되고 생식력이 감소하는 모습을 보인다.

테스토스테론의 이런 다양한 특성과 성별특이적인 효과는 살아 있는 생명체에서 호르몬이 미치는 영향의 복잡함을 반영한다. 물론 테스토스테론이 동물의 이동 능력에 영향을 미치는 유일한 호르몬은 아니다. 한 가지 예를 들어보자면, 스트레스를 받을 때 나오는 호르몬인 코르티코스테론을 주입하면 저장해두었던 탄수화물과 지방을 지구력의 연료로 사용하게 만들어서 포유류, 새, 도마뱀, 거북이에서 체력이 증가한다. 코르티코스테론은 또한 어떤 종에서는 테스토스테론을 억제한다. 즉, 다양한 호르몬이 서로에게, 그리고 여러 특성에 미치는 영향은 그것이 발현되는 동물에 따라서 상충되거나, 증가하거나, 혹은 아무 상관이 없을 수도 있다.

그러므로 특정 호르몬의 영향은 전체적인 호르몬 환경에 무척 상호의존적이다. 각 성별의 생식 역할이 다르기 때문에 이런 호르몬 환경은 암컷과 수컷에서 종종 서로 다르고, 그래서 호르몬은 자연계에서 성별 간의 다양한 차이를 이루는 운동능력과 기타 관련 특성에 복잡하지만 어쨌든 강력한 성별특이적 영향을 미친다.

5 뜨겁고 차갑고

Hot and Cold

온도는 세포와 조직, 장기의 기능부터 전체 종의 분포에 이르기까지 생물학의 많은 측면에 영향을 미친다. 에어컨과 난방기를 만들 능력이 없는 다른 많은 동물의 경우에 기온의 변화를 알아채는 것은 매우 중대한 일이고, 이런 변화에 대응하지 못하면 심각하거나 죽음에 이르는 결과를 맞게 된다.

이 책의 전제는 자연선택 및 성선택이 환경 및 사회적 장애물을 성공적으로 헤쳐나갈 수 있도록 동물의 운동능력을 변화시킨다는 것이고, 그래서 지금까지 나는 신중하게 고른 여러 가지 사례와 상황을 통해 이를 설명했다. 하지만 운동능력은 또한 문제의 동물에서 생리적 역량(그리고 한계)에 깊이 뿌리박고 있다. 이런 역량 중 몇 가지는 성별에 기반을 두고 있지만, 나머지는 훨씬 더 근본적이다. 인간을 제외한 동물 가운데 우리가 관심을 기울이는 동물의 운동능력에 영향을 미치는 가장 중요한 요인 중 하나는 다양한 온도에 대한 생리적, 즉 운동능력적 반응이다.

온도는 세포와 조직, 장기의 기능부터 전체 종의 분포에 이르기까지 생물학의 많은 측면에 영향을 미친다. 인간으로서 열적 생태학에 관한 우리의 인식은 특정한 환경의 경우로 제한되어 있다. 예를 들자면, 집에서 나갈 때 코트가 필요한지, 요리에 적합한 오븐 온도는 얼마인지, 누가 뜨거운 물을 다 썼는지 같은 것들이다. 특별히 우리가 극단적인 날씨를 겪는 세계의 일부 지역에 살거나(일반적으로 아주 고도가 높거나 적도 근처) 아프지 않은 한은 7월의 뉴올리언스나 7월을 제외한 모든 시기의 미니애폴리스, 또는 아무 때나 남극을 방문하는 경우가 아닌 한 우리 몸의 체온에 관해 생각해보는 경우가 거의 없다.

인간이 온도에 무심하다는 뜻으로 말하는 것은 아니다. 우리가 현재 지구 전체에 지리적으로 광범위하게 흩어져 살 수 있는 이유 중 하나가 우리의 목적에 맞게 근처의 열적 환경을 조절할 수 있는 능력 덕택이다. 국지적 기온의 변화가 우리에게 종종 불편을 끼친다 해도 극단적인 상황이 아닌 한 우리의 일상생활이나 무언가를 하는 생리적 능력에는 거의 영향을 미치지 않는다. 하지만 에어컨과 난방기를 만들 능력이 없는 다른 많은 동물의 경우에 기온의 변화를 알아채는 것은 매우 중대한 일이고, 이런 변화에 대응하지 못하면 심각하거나 죽음에 이르는 결과를 맞게 된다.

왜 나비가 날개를 떨고 도마뱀이 눈 위에서 일광욕을 할까

코스타리카 같은 열대 지역의 숲을 방문한다면 분명히 놀랄 만큼 다양한 나비를 보게 될 것이다. 그리고 어쩌다가 아직 날이 서늘한 아침 이른 시간에 일어나서 숲을 돌아다닌다면 (특히 높은 고도에서) 이 곤충들이 몹시 특이한 행동을 하는 것을 발견하게 될 것이다. 나무둥치나 이파리에 앉아 날개를 빠르게 떠는 모습 말이다.

처음에는 이게 일종의 과시행동이나 인시목鱗翅目(날개와 몸이 비늘가루로 덮인 나비와 나방 무리)판 파킨슨병 같은 것이라고 생각할지도 모르겠다. 사실은 둘 다 아니고, 이 곤충들이 실제로 하는 것은 우리가 몸을 떠는 것과 똑같은 방식으로, 똑같은 이유로 몸을 떠는 것이다. 즉, 반복적인 근육수축을 통해서 열을 발생시켜 몸을 데우려는 것이다. 하지만 인간은 냉기를 느끼면 몸을 떨긴 해도, 좀 춥다고 해서 딱히 운동능력이 저해되지는 않는다. 그저 좀 불편할 뿐이다. 얼어붙을 듯이 추운 기온만 아니라면 우리는 여전히 뛰고, 점프하고, 산을 오르거나 운동할 수 있고, 특별한 몇몇 사람은 얼음장 같은 물에 자발적으로 몸을 담그는 걸로 하루를 시작하는 게 기분 좋다고 생각하기도 한다. 하지만 나비 같은 작은 곤충들의 경우에 새벽의 냉기는 훨씬 더 심각한 결과를 가져오고, 그중에서 우리의 목적에 맞는 가장 중요한 사실은 이것이다. 추운 나비는 날지 못한다.

왜 나비가 날개를 떨어 몸을 데워야 하는지를 이해하려면 우선 동물의 몸을 이루는 근육과 다른 조직들이 작동하는 방식과 온도 사이의 관계에 관해서 알아야 한다. 이를 위해서는 우리의 주된 경로인 운동능력이라는 화창한 초원 대신에 열생리학이라는 더 어두컴컴한 숲 지역에 잠깐 들러야 한다. 대체로 그다지 어렵지 않으면서도, 여기서 우리가 얻게 될 동물의 운동능력에 관해 온도가 미치는 영향이라는 식견은 상당히 심오하다고 내가 약속하겠다.

근육이든 신장이든 간 조직이든 간에 가장 기본적인 차원에서 조직과 장기 기능의 바탕이 되고 작동하게 만드는 기제는 서로 상호작용하는 분자들과 연관된 화학적 반응이다. 모든 화학반응이 그렇듯이 이런 생리적 반응이 일어나는 속도는 온도에 영향을 받는다. 살아 있는 유기체는 믿을 수 없을 정도로 수많은 생리적 반응에 관련되는 효소라는 특별한 단백질들을 갖고 있다. 효소의 임무는 이런 반응을 촉진하고, 효소가 없을 때보다 반응을 더 빨리 진행시키는 것이다. 효소의 공통적인 특징은 이들이 온도에 극도로 예민하다는 것이고, 그래서 특정한 온도 범위 내에서만 최적으로 기능한다. 그 범위를 넘어서면 효소는 제대로 작동하지 못하고 보통 이들이 처리하던 반응의 속도가 느려진다.

그러므로 유기체는 이런 효소들이 최적의 효과를 발휘할 수 있는 온도 범위에 있도록 체온을 유지하는 것이 최우선 과제이고, 이렇게 하는 최적의 방법은 문제의 동물에서 체온이 너무 높아지거나 낮아지지 않게 심부深部 체온T_b을 통제하는 것이다. 아침 일찍 일어나는 우리의 나비처럼 밤사이에 T_b가 최적 범위에서 너무 많이 벗어나게 놔두는 동물들은 그들의 비행 근육(여러 가지 중에서)에 힘을 공급하는 반응이 이 근육들이 제대로 기능하기 어려울 정도로 느리게 일어난다는 사실을 깨닫고 비행 전 몸을 데우기 위해 몸 떨기를 시행한다. 비행 전 몸 데우기의 효과는 대단히 크고, 어떤 나비들은 무척 빠르게 몸을 데워서 6분 사이에 23℃나 올릴 수 있다. 꿀벌은 그보다 더 빨리 데울 수 있는

데, 이런 능력을 자신들의 벌집에 들어오는 장수말벌을 뜨겁게 만들어 죽이는 방어 전략으로 사용한다. 그들은 침입자 주위에 단체로 모여서 비행 근육을 빠르게 떨어 열기 구슬을 만들어 목표물인 말벌이 과열되어 죽게 만든다.

자, 그러니까 나비는 대체로 최소한 28℃ 정도로 따뜻해져야 하고, 근육이 효율적으로 능력을 발휘하려면 33~38℃ 정도가 좋다. (언제나처럼 예외가 있어서 몇몇 작은 곤충은 매우 낮은 Tb에서도 날 수 있긴 하지만, 그리 잘 날지는 못한다.) 인간도 마찬가지여서 몸을 떨긴 해도 우리는 아주 운이 나쁜 경우를 제외하면 너무 추워서 근육이 기능을 못할 정도의 상황에 처하지는 않는다. 그렇다면 이런 면에서 인간과 나비 사이의 차이점은 무엇일까?

간단하게 대답하자면 나비는 근육이 활동적일 때에만 간간이 열을 만들어내지만, 우리 인간은 몸을 떨든 떨지 않든 항상 체내에서 다량의 열을 만들어낸다. 이렇게 많은 열을 만들어내는 것은 우리의 생리에서 무척 유용한 특징으로, 다른 포유류 및 조류와 함께 우리는 온혈동물이라는 범주에 들어간다. 온혈동물은 모든 생물학적 체계에 내재된 비효율적인 부분을 이용해서 열을 생산한다. 어떠한 반응 과정이 100퍼센트 효율적이라면, 이 반응에 들어간 모든 에너지가 일로 전환되고 어떤 것도 낭비되지 않는다는 뜻이다. 하지만 현실적으로 완전한 효율성이란 아무리 잘해도 이루기 어려운 것이고 에너지는 거의 항상 소실된다. 그리고 대체로는 열의 형태로 소실된다. 이것은 다른 분야와 마찬가지로 생물학적 체계에서도 사실이고, 몸을 떠는 것이 동물의 체온을 높일 수 있는 이유는 움직이는 동안에 생긴 마찰을 극복하고 이런 빠른 수축이 일어나는 동안 근육과 힘줄에 탄성을 보충하느라 열에너지가 발생하기 때문이다. 그 결과 근육을 수축하는 것 같은 생리적 과정에 투입되는 화학적 에너지 중에서 일부(평균적으로 약 25퍼센트)만이 일로 전환된다. 나머지 에너지는 열로 나타난다.

온혈동물은 고의적으로 여러 번의 "낭비적인" 생리적 과정(몸 떨기 같은 것뿐만 아니라 그 외에 여러 가지)을 수행한다. 이것들은 전체적으로 몸을 데우기 위한 열을 생산한다는 궁극적 목적을 갖고 있다. 이런 과정 다수는 추운 환경에서 일어날 뿐만 아니라 계속해서 상당한 에너지를 소모시킨다. 그러므로 온혈동물은 높은 기초대사율이 특징이고, 이것은 다시 말해 그들이 매일 기초적인 생리적 활동을 하는 데에도 엄청난 에너지를 사용한다는 뜻이다. 이것은 엔진이 가동되지 않을 때에도 회전속도가 높은 차가 엔진 회전속도가 낮은 차보다 연료를 더 많이 쓰는 것과 똑같다. 온혈동물의 이런 열 발생은 왜 조그만 사막의 포유류들이 차가운 밤이 지나고 해가 뜨면 일어나서 움직일 수 있을 만큼 몸이 따뜻해질 때까지 옆으로 누워서 움찔움찔 하는지를 설명해준다. 사실 이런 특성 덕택에 대부분의 온혈동물들은 주변 기온에 어느 정도 독립적으로 움직일 수 있고, 몸에서 열의 손실을 제한하는 특별한 적응 기제와 잃은 체열을 즉각 대체할 수 있는 능력 덕택에 극단적으로 추운 환경에서도 살 수 있다.

체내의 열을 직접 생산하는 것은 대단히 유용한(에너지가 많이 소모되긴 하지만) 전략이다. 하지만 나비가 보여주었듯이 이런 방법만 있는 것은 아니다. 다른 동물들, 정확히 말해서 약간 의견 차이가 있긴 하지만, 어쨌든 포유류나 조류가 아닌 거의 모든 동물은 열을 직접 만들기보다 주변에서 열을 흡수하는 방법으로 몸을 데우는 더 싼 에너지 방식을 선호한다. 변온동물이라고 하는 이런 동물들은 주변 기온과 훨씬 더 복잡한 관계를 맺는다.

변온동물은 외부 환경과 열을 교환하는 방식으로 T_b를 배타적으로 통제해야 하기 때문에 T_b가 동물의 행동에 크게 좌우된다. 여기에는 그들이 서식지에서 어디에, 어떻게, 얼마나 오래 위치하고 있는지가 포함된다. 예를 들어 많은 변온동물이 주변에서 열을 흡수하기 위해서 특별한 자세를 취한다. 이것을 동물의 일광욕이라고 부른다. 특히 도마뱀은 그 나름의 T_b를 유지하기 위해서 따뜻한 곳과 찬 곳을 번갈아 계속해서 옮겨 다니고, 바다이구아나marine iguana는 뜨거운 돌에서 일광욕을 하다가 바닷속에 뛰어들어 몸을 식히는 행동을 번갈아 하기는 것으로 유명하다.

일광욕과 왕복 이동은 변온동물이 필요한 만큼 체온을 조절하는 데 사용하는 행동적 체온조절behavioral thermoregulation이라고 하는 수많은 행동에 포함되며, 상당히 효과적이라서 일부 변온동물은 놀라운 장소에서조차 살아남아 활동할 수 있다. 한 가지 예를 들자면, 엄청나게 고도가 높아서(4,000미터 정도) 무척 기온이 낮은 안데스산맥에 사는 도마뱀 리올라이무스 시그니피에르*Liolaemus signifier*는 아래 있는 차가운 땅과 단열된 식물들 위에서 일광욕을 하고, 태양과 눈에 반사된 햇빛에서 열을 흡수해서 이동할 수 있을 정도로 체온을 통제한다. 확실하게 다시 한 번 말하겠다. 이 도마뱀들은 눈 위에서 일광욕을 해서 몸을 데우는데, 이 사실은 생각할 때마다 여전히 감탄스럽다. 반면에 온혈동물들은 행동적 체온조절에 덜 의존하고 대신 생리적 체온조절physiological thermoregulation이라고 부르는 순환 및 다른 적응 방법들을 사용해서 T_b를 통제한다. 이런 제한된 열 손실과 획득은 온혈동물이 놀랄 만큼 정확하게 T_b를 조절해서 비교적 일정한 수치를 유지하고 아주 좁은 범위 내에서만 움직이게 만든다(그 범위는 문제의 온혈동물이 태반류 포유동물인지 유대목 동물인지 조류인지에 따라서 달라지겠지만). 그러나 분명히 말하자면, 온혈동물이 생리적으로 체온을 조절하고 변온동물은 행동적으로 조절한다는 개념은 또 다른 일반화일 뿐이고, 예외는 많다. 예를 들어, 바다거북green turtle과 악어 같은 일부 변온동물은 심혈관계의 적응을 통해서 온혈동물은 할 수 없는 방식으로 순환 방식을 조절해 생리적으로 체온을 통제한다. 일부 유대목 온혈동물은 매일 아침에 일광욕을 해서 몸을 데우고 일본짧은꼬리원숭이Japanese macaque는 겨울의 냉기를 피하기 위해서 온천에서 목욕을 한다. (내가 시드니 동부 해안 근처에 살던 시절에 여름이 오는 것은 언제나 본다이비치로 몰려와 갈라파고스의 이구아나들과 놀랄 만큼 비슷하게 일광욕을 하는 창백한 영국인 관광객 무리로 알 수 있었다.)

대부분의 동물들이 변온동물이나 온혈동물의 범주 안에 확실하게 들어가지만, 동물이 특정한 시간에만, 혹은 신체의 일부분에서만 열을 발생시키는(이온성이라는 전략이다) 중간적 형태도 존재한다. 어떤 연구자들은 여기서 나비를 변온동물로 분류한 나의 정의를 문제 삼고, 근육을 떨어서 간헐적으로 내부에서 열을 생산하는 것은 내온성의 일종이라고 주장할지도 모른다. 나도 그것을 부정하지는 않지만, 열 발생의 주된 기제는 포유류와 조류 같은 진짜 온혈동물에서 볼 수 있는 것처럼 명백해야 한다고 반박할 것이다. 이것이 이런 일을 직업으로 갖고 있지 않은 독자 여러분이 여기에 신경을 쓸 필요가 없는 이유다. 마지막 경고를 했으니까 이제 다시 운동능력에 대한 이야기로 돌아가보자.

진짜 변온동물은 곡선을 갖고 있다

동물들은 적절한 T_b를 꼭 유지해야 하기 때문에 눈 위에서 일광욕을 하는 도마뱀 같은 변온동물들은 차가운 환경에서 몸을 데우기 위해서 특이할 정도로 긴 시간을 쓰게 된다. 주변 기온이 다양한 것은 변온동물에게 몹시 중요하다. 이들이 행동을 바꾸어서 T_b를 통제하는 데에 능숙하긴 하지만, 변온동물은 결국에 주변 환경에 있는 열의 양에 제한된다. 그 결과 날씨가 너무 추우면 동물의 몸도 차가워지고, 그러면 동물의 발달과 성장부터 음식을 소화하는 능력에 이르기까지 여러 가지 생리적 과정이 느려진다. (몇몇 파충류에서는 알이 배양되는 온도가 배아의 성별에 영향을 미친다.) 반면 동물이 너무 더워지면 이런 반응의 기반을 이루는 생리적 기제가 손상되고 기능이 제대로 작동하지 못한다. 이 화학반응 중에서 가장 명확하고 강력하게 영향을 받는 것은 운동능력을 촉진하는 것들이다.

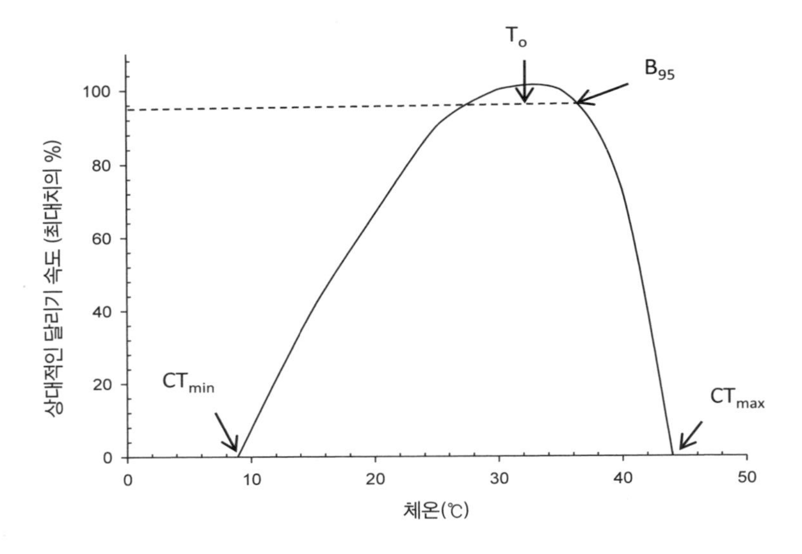

그림 5.1. 일반화한 열적 능력 곡선. CT_{min}과 CT_{max}는 동물이 움직이는 능력을 잃는 T_b와 관련된 상대적인 속도=0인 부분이다. 최적의 달리기 온도(T_o)는 최대 속도의 최소한 95퍼센트에 도달할 수 있는 범위(B_{95}로 표시된다)의 중간지점이다.

변온동물의 전체유기체 운동력에 온도가 미치는 영향은 위에서 설명한 다른 생리적 특성들과 같은 일반적인 패턴을 따르고, 열적 능력 곡선thermal performance curve, TPC으로 요약된다. 이 곡선은 관심 있는 운동능력과 T_b 사이의 관계를 설명하는 간단한 그래프로 그릴 수 있다. 그림 5.1은 변온동물에서 달리기 속도에 관한 일반화된 열적 능력 곡선을 보여준다(달릴 수 있는 동물임은 분명하지만 그 이상의 사항은 중요치 않다). 이 동물의 T_b가 아주 낮아서 15℃쯤 될 때 이 동물은 최고 달리기 속도의 겨우 40퍼센트밖에는 도달할 수가 없다. 하지만 변온동물이 따뜻해지면서 점점 더 빨리 달릴 수 있게 되다가 마침내 최고속도에 도달할 만큼 따뜻해지게 된다. 그림 5.1은 또한 이 동물의 최고 달리기 속도의 최소한 95퍼센트에 도달할 수 있는 좁은 T_b 범위도 보여준다. 관례적으로 이 범위의 중간점이 이 능력치의 최적의 온도(T_0)로 여겨진다. 하지만 체온이 T_0보다 더 높아지면 능력치는 가파르게 하락한다.

열적 능력 곡선은 동물이 아주 따뜻해지거나 아주 차가워져서 근육이 기능을 멈추고 더 이상 운동능력을 발휘할 수 없는(실제로는 아예 움직일 수 없는) 아주 높고 낮은 극단적인 온도까지 나와 있다. 이런 것을 각각 최대 임계열(CT_{max})과 최저 임계열(CT_{min})이라고 한다. 열적 능력 곡선의 또 다른 특징은 이 곡선이 비대칭적이고, 최고 능력치가 CT_{min}보다 CT_{max}에 더 가까운 온도에서 나타난다는 것이다. 열적 능력 곡선의 모양은 종들 간에 비슷하지만, 자연선택이 많은 변온동물의 열적 민감성을 바꾸어놓았다. 그러니까 CT_{min}과 CT_{max}, T_0의 수치 같은 곡선의 세세한 부분은 종 특이적이고, 각 동물마다 신중하게 측정해야 한다. 예를 들어 열대 시클리드 어류인 아스트로노투스 오켈라투스(*Astronotus ocellatus*)는 13.6℃ 이하에서는 움직이는 능력을 잃지만, 남극의 트레마토무스(*Trematomus*) 어류는 6℃ 이상에서는 아예 살지 못한다.

2016년 8월에 미디어에 뉴욕시티에 바퀴벌레가 날아다닌다는 기사가 나오기 시작했다. 이 바퀴벌레들이 장기간의 무더위 때 허공에 날아다니기 시작했던 것은 우연이 아니다. 바퀴벌레의 비행에 관한 TPC를 측정한 연구는 나오지 않았지만, 비행 바퀴벌레가 덥고 습한 미국 남부에서 매년 나타나는 삶의 특성을 고려할 때(그 지역에서는 아마도 그 정체를 부정하고 싶기 때문인지 야자나무 벌레라고 부른다) 한 가지 가능한 설명은 2016년 8월 뉴욕시티의 기온과 습도 수치가 대단히 높아서 처음으로 이 지역에서 바퀴벌레가 날아다닐 수 있었다는 것이다(또는 사람들이 눈치 챌 수 있을 정도로 자주 날게 만들었다고 말하는 게 더 정확할 것 같다). 습도는 특히 중요한데, 연구에 따르면 바퀴벌레는 건조도에 예민하고 습도 수치가 이들의 열적 선호도에 영향을 미칠 수 있다. 이런 경우라면 기후변화로 기온이 계속해서 올라가고 있으니 뉴욕 시민들은 날아다니는 새로운 바퀴벌레를 인정하고 받아들이는 법을 배워야 할 것이다.

열적 능력 곡선은 운동력과 관련된 적합성 관련 임무에 관해 중대한 사실들을 암시한다. 내가 앞에서 설명했던 운동 특성들이 어떻게 적합성과 관련된 사례들, 즉 포식자로부터 도망치는 것이나 두 수컷 사이의 싸움 같은 결과에 영향을 미치는지 생각해보라. 그리고 이제 문제의 동물이 승리하게 만드는 운동능력을 충분히 발휘할 수 없는 T_b에서 행동해야 된다면 결과가 어떻게 달라질까 상상해보라.

민물 동부모스키토피시eastern mosquitofish의 짝짓기 체계는 성적 강압에 의해 통제된다. 수컷이 신사적인 행동이라는 개념을 포기하고 모든 짝짓기를 강압적으로 해치우며, 암컷의 짝짓기 선호도를 무시한다. 하지만 암컷 모스키토피시도 수동적인 희생양은 아니라서 부적절하게 교미를 원하는 수컷에게 공격적으로 행동한다. 이들이 물고기이기 때문에 수컷의 강압적인 행동과 암컷의 강압에 대한 저항 모두 수영 능력에 좌우되고, 이것 역시 T_b에 영향을 받는다. 이는 T_b를 변화시키면 암컷과 수컷의 이런 짝짓기 행동에 각각 영향이 있을 것임을 의미하는데, 퀸즐랜드 대학교의 운동능력 실험실에서 모스키토피시를 상대로 한 연구에서 실제로 이 사실이 입증되었다. 수컷이 암컷에게 강압적으로 짝짓기에 성공하는 것과 암컷이 강압에 저항할 가능성 둘 다 12℃와 비교할 때 32℃에서 훨씬 더 크게 증가했다. 따뜻한 온도의 수컷이 차가운 온도의 암컷을 만난다면, 암컷이 따뜻해서 자기방어를 할 능력이 더 높을 때보다 훨씬 강압적으로 행동하기가 쉬울 것이라고 생각할 수 있다. 작아서 열적 환경에서 큰 변화를 겪지 않는 이 물고기에서 이런 일이 일어날 가능성은 거의 없지만, 높은 고도에 사는 가터뱀 종에서는 정확히 이런 일이 벌어진다. 이 종에서는 오랜 겨울잠에서 깨어나 나온 차가운 암컷이 더 오래 활동해서 몸을 데울 기회가 충분했던 따뜻한 수컷에게 공격을 당한다. 똑같은 운동능력의 한계 때문에 도마뱀의 일부 종은 몸이 차가울 때 은신처 근처에 머무른다. 그래서 갑자기 포식자와 마주쳤을 때 도망칠 수 있을 뿐만 아니라 숨을 수도 있다.

자정의 달리기

변온동물이 행동적으로 체온조절을 할 때 이들은 일종의 목표 T_b에 도달하려고 한다. 열적 능력 곡선을 바탕으로 하면 이 목표 체온이 하나 이상의 핵심 능력 특성의 최적온도와 같거나 거의 비슷하다는 것을 예측할 수 있다. 그렇게 되면 최고의 운동능력을 발휘할 수 있기 때문이다. 하지만 변온동물이 유지하고 싶어 하는 T_{b}(Tpref라고 부르자)는 대체로 T_{0}보다 조금 낮다. 사실 변온동물이 생리적으로 유연하다는 것은 변온동물이 종종 최적 범위 내로 T_{b}를 올리거나 올리지 않을 수 있다는 뜻이고(주변 기온이 허용하는 한), 이렇게 하지 않는 데에는 여러 가지 합리적인 이유가 있다.

선호하는 T_{b}와 최적의 T_{b}는 최소한 어느 정도는 에너지 문제 때문에 완벽하게 겹치지 않는다. 달리기에 최적의 온도에서 T_{b}를 가진 변온동물은 높은 달리기 속도에 도달하는 부분에서 확실하게 이득을 보지만, 이것은 더 낮은 T_{b}를 가질 때보다 에너지가 더 많이 소모된다. 따뜻한 변온동물은 몸이 차가울 때보다 더 빠른 속도로 에너지를 소모하기 때문이다. 에너지를 방탕하게 사용하는 것은 이 동물들이 에너지의 한계를 맞을 일이 없고 식량 자원이 항상 풍부한 곳에서 산다면 별문제가 안 되지만, 자연계에서 이런 경우는 대단히 드물다. 하지만 T_{pref}가 종종 T_{0}보다 낮은 또 다른 이유는 열적 능력 곡선의 모양이 비대칭적이기 때문이다. 변온동물은 완벽한 체온조절계가 아니라서 항상 정확하게 T_{0}를 이루지는 못한다. 그러나 너무 높은 T_{b}를 유지하게 되면 그 결과는 최적보다 낮은 T_{b}를 유지할 때보다 훨씬 심각하다. 몸이 너무 차가우면 그저 운동력이 저하될 뿐이지만, 몸이 너무 뜨겁고 CT_{max}에 가까워지면 심각한 생리적 피해를 입고 심지어 열적 죽음을 맞을 수도 있다.

하지만 고려해봐야 할 또 다른 사실은 행동적 체온조절이 수많은 대가를 요구한다는 점이다. 여기에는 딸려오는 시간과 기회비용도 포함된다. 왕복 이동과 일광욕 같은 행동적 체온조절 임무에 쓰는 시간은 먹이를 탐색하거나 짝을 짓는 등 다른 적합성에 관련된 임무를 수행하는 데 쓸 수도 있는 시간이기 때문이다. 하지만 밤에 활동적인 변온동물은 또 다른 문제를 맞이한다. 바로 절대로 최적의 온도에 도달할 수 없을 수도 있다는 것이다.

주변 기온에 의존하는 변온동물의 경우에는 기온이 따뜻한 낮에 활동하는 것이 합리적이다. 예를 들어, 대부분의 도마뱀은 주행성이라서 설령 눈 덮인 안데스에 산다 해도 가장 활동적인 시간에 T_b의 범위 내에 도달할 수 있다. 하지만 도마뱀붙이들은 이런 경향과는 정반대이다. 거의 모든 도마뱀붙이는 야행성이고, 따라서 기온이 낮고 변동이 심할 때 활동적이다. 예를 들어 개구리눈도마뱀붙이frog-eyed gecko는 평균 T_b가 15.3℃일 때 활동적인데, 이 온도는 이 종의 열적 능력 곡선에서 거의 아래쪽 끝부분 온도라서 최대 지구력의 25퍼센트밖에는 도달하지 못한다. (반면 주행성 도마뱀 플라티사우루스 인테르메디우스*Platysaurus intermedius*는 여름에 평균 T_b 27~30℃에서 활동적이고, 이것은 T_0와 같거나 거의 근접한 온도로 활동 및 달리기 양쪽 모두에서 최대 능력의 최소한 95퍼센트를 달성할 수 있는 범위 내이다.)

이런 상황을 볼 때 열적 능력 곡선의 모양이 이 동물들이 접할 수 있는 주변 기온의 범위와 일치하도록 발달할 것이라고 예측할 수 있다. 어쨌든 남극의 물고기가 남극에서만 존재하는 엄청나게 낮은 주변 기온에서 살아남을 수 있다면,[1] 자연선택이 도마뱀붙이가 그들이 일반적으로 가장 활동적인 더 낮은 T_b에서 최대 능력치에 도달할 수 있도록 변화시켰을 수도 있지 않을까? 사실 이런 일은 생기지 않았는데, 실험 대상이 된 대부분의 도마뱀붙이들은 행동적 체온조절의 도움을 받는다 해도 야행성 환경에서는 도달할 수 없는 더 높은 기온이 최적의 이동 온도임을 입증했다. 이 말은 도마뱀붙이가 가장 활동적인 시간 동안에는 자연계에서 자신들의 진짜 최고속도를 절대로 알아내지 못할 것이라는 뜻이다.

도마뱀붙이의 운동능력에서 이런 제약이 왜 중요한지는 당장 명백하지 않다. 어쨌든 도마뱀붙이는 대단히 성공한 동물로 8,500만 년 이상 존재했고, 살아 있는 모든 도마뱀 종의 25퍼센트를 이루고 있다. 모든 도마뱀붙이 종이 전부 이런 열적 제약을 받는 것은 아니지만 다수가 그러하다. 집단으로서 도마뱀붙이의 성공에도 불구하고 그들의 열적 생리는 야행성 생활방식을 보완하는 방향으로 바뀌지 않은 것 같다(야행성 도마뱀붙이가 낮은 T_b에서 움직이는 것이 주행성 도마뱀이 동일한 T_b에서 움직이는 것보다 에너지적으로 더 저렴하다는 증거가 있긴 하지만, 이것은 엄격하게는 사실이 아니다). 8,500만 년은 그들의 열적 생리가 낮은 T_b에서 최적으로 작동하도록 변화하기에 충분한 시간으로 보이는 만큼, 왜 이렇게 되지 않았는지에 관해 근본적인 이유가 있거나[2] 또는 최대 운동능력에 도달하는 것이 이 동물들에

---

1 이런 것을 가능케 하는 생리적 기제는 이 책을 통한 우리의 목적보다 너무 깊은 지식이다. 간단히 말해서 여기에는 높은 온도에서 작용하는 효소와 똑같지만 다른 버전과 열충격유전자라는 유전자 집단이 관련된다.

게 그렇게 중요한 일이 아닐 수도 있다.

열적 생리의 근본적인 측면을 변화시키는 대신에 야행성 변온동물들은 행동을 바꾸는 다른 전략을 도입할 수도 있다. 예를 들어 야행성 곤충들은 낮은 야밤의 기온에 도마뱀붙이보다 더더욱 속박되어 있다. 이 곤충들은 대체로 작고, 작은 생물들은 몹시 낮은 열적 관성thermal inertia을 갖고 있기 때문이다. 이것은 작은 물체가 큰 것보다 더 빠르게 열을 얻고 잃는다는 것과 같은 말이다. 그 결과 아주 작은 동물의 심부 체온이 몇 초 안에도 바뀔 수 있다. 그래서 야행성 나방이 종종 털 같은 비늘로 뒤덮여 있는 것이다. 털은 외부 환경에 열을 잃는 속도를 낮춰주는 단열재 역할을 하고, 그래서 상대적으로 차가운 밤 기온에도 동물의 비행 능력을 보존해준다. 단열, 앞에서 말한 근육 떨기, 몸의 특정 부분을 통해 제한적으로 열을 잃는 특별한 열교환 덕택에 미국 북동부의 쿠쿨리아*Cucullia*속 나방은 주변 기온이 거의 0℃에 가까운 겨울에도 T_b가 30~35℃ 정도에 머무른다! 하지만 다른 많은 야행성 곤충에게는 이런 특별한 적응력이 없고 대신에 아직 따뜻한 저녁 이른 시간에만 활동하는 식으로 차가운 밤 기온에 더 실용적으로 대처한다.

---

2 레이 휴이와 다른 사람들이 제기한 한 가지 가능성은 야행성 도마뱀붙이가 낮에 은신처에 들어가 있는 사이에, 즉 체온조절을 할 수 없는 때에 높은 T_b에 노출될 수도 있기 때문이라는 것이다. CT_{max}와 T_o가 연결되어 있다면, 높은 T_o는 낮의 높은 기온을 견딘다는 필요성에서 나온 부수적인 결과일 수도 있다.

왜 도마뱀은 냉기 속에서도 당신을 무는가

지금까지 대부분의 운동력 특성들이 명백한 열적 능력 곡선을 갖고 있는 것으로 알려진 반면에 기온의 영향에서 독립적인 것으로 유명한 특성이 하나 있다. 도마뱀에서 무는 힘은 핵심적인 운동력 특성이다. 무는 힘은 다양하고 이질적인 생태학적 시나리오에서 사용되기 때문이다. 도마뱀의 무는 힘은 그들이 섭취하는 먹이의 종류, 영역을 얻거나 유지하는 능력(이미 본 것처럼), 그리고 가끔은 포식자를 위협하고 쫓아버리는 중요한 상황에 영향을 미칠 수 있다. 사실 무는 힘은 도마뱀에게 상당히 중요해서 열에 의존한다는 규칙에서 예외가 되도록 진화했고, 무는 행동은 도마뱀의 다른 종류의 운동력들과 달리 체온에 영향을 받지 않는다.

이런 관찰 결과는 폴 허츠Paul Hertz, 레이 휴이, 에비아타르 네보Eviatar Nevo의 1982년 연구에 근원을 두고 있다. 허츠와 그의 동료들은 아가미드도마뱀agamid lizard 두 종이 몸이 따뜻할 때는 인지된 포식자의 위협으로부터 빠르게 도망치지만, 체온이 낮을 때는 그 자리에서 버티고 싸운다(도마뱀의 경우에 이것은 무는 것이다)는 사실을 입증했다. 이런 행동은 탁 트인 서식지에 살며, 숨을 곳이 거의 없고, 추위 속에서 포식자를 떨치고 도망칠 가능성이 적어서 스스로를 지키는 수밖에 없는 도마뱀의 적응 행동일 가능성이 높다. 이런 상황에 처한 몇몇 변온동물은 죽은 척하기도 한다. 많은 포식자가 갓 잡은 먹이를 선호하고 이미 죽은 것은 먹으려 하지 않기 때문에 이 방법은 효과가 있다. 반反포식 전략으로서 무는 행동도 사실 효과적이다. 이 연구에서 허츠는 도마뱀을, 휴이는 현명하게도 컴퓨터 조작을 담당했는데, 허츠는 아가미드도마뱀에게 계속해서 고통스럽게 물리며 차가운 도마뱀의 공격성 앞에 손이 망가지는 대가를 치렀다!

하지만 이 동물들의 몸이 상당히 차갑다면 그들의 이동 능력이 제한될 텐데 어떻게 계속해서 포식자를 쫓아버릴 만큼 강하게 물 수 있는 걸까? 그 답은 파리 자연사박물관의 앙토니 에렐Anthony Herrel이 아가미드도마뱀 트라펠루스 팔리다*Trapelus pallida*에게 한 연구에서 밝혀졌다. 이 연구에서는 이 종의 경우에는 무는 힘이 체온에 영향을 받지 않지만 달리는 속도는 전통적인 도마뱀의 열적 의존 패턴을 따른다는 것을 보여줌으로써, 왜 이 동물들이 모든 T_b에서 자신을 지키기 위해 무는 힘에 의존하는지에 관해 훌륭하게 설명했다. 흥미롭게도 이 연구는 또한 무는 힘을 내는 턱 내전근의 특성이 이동의 바탕이 되는 다리 근육과 약간 다르다는 것을 보여주며, 이 도마뱀에서 턱과 다리 근육의 생리적 차이가 온도 의존의 기능적 근원에 관해서 궁극적으로 우리에게 통찰력을 줄 수 있다고 암시한다.

공룡!

외온성外溫性이 운동력에 미치는 결과에 관해서 이해했다면, 이제는 여러분 중 누구도 물어본 적 없는 질문에 관해 답할 준비가 된 셈이다. 공룡은 온혈동물이었을까, 변온동물이었을까? 그리고 그들의 열적 생리가 운동능력에 어떻게 영향을 미쳤을까?

살아 있는 동물을 보고 변온동물인지 온혈동물인지 알아내는 것은 쉽다. 대개는 포유류나 조류라면 온혈동물인 반면 그 외의 동물이라면 변온동물이기 때문이다(내온성內溫性과 이온성異溫性의 중간 정도도 있긴 하지만). 하지만 우리가 산 채 관찰하거나 측정할 기회가 없었던 멸종한 동물의 경우에는 좀 까다로워진다. 공룡의 신진대사 상태는 공룡이 발견된 이래로 계속해서 추론의 대상이었다. 빅토리아 시대 고생물학자 리처드 오언Richard Owen이 붙인 공룡dinosaur이라는 이름은 '끔찍한 도마뱀'이라는 뜻으로, 처음에는 공룡이 현대의 파충류와 비슷하고 그래서 변온동물일 것이라고 전반적으로 생각했었다. 초기에 인기가 있었던 공룡의 재현은 이것을 반영해서 공룡을 단순히 변온동물이 아니라 완전히 냉혈에 행동이 느리고 활발하지 않은 동물로 나타냈다(오언 자신은 이런 관점에 동의하지 않고 계속해서 공룡을 도마뱀보다는 포유류와 비교했지만 말이다). 공룡이 (a) 포유동물이 아니고 (b) 이미 죽었기 때문에 확실하게 열등하다고 가정하는 당시의 우월주의적 태도와 맞물려서 브라키오사우루스*Brachiosaurus*가 거대한 몸무게를 지탱하기에는 너무 허약했기 때문에 평생 물속을 헤엄치며 살았다는 말도 안 되는 추측 같은 것이 나오게 되었다. 전혀 그렇지 않았을 것이라는 깨달음을 얻기까지는 한참의 시간이 걸렸으나 실마리는 아주 처음부터 존재했다.

공룡이 실제로는 도마뱀이 아니었다는 최초의 증거는 1860년 독일에서 발견된 화석으로, 후에 아르카이옵테릭스*Archaeopteryx*라고 알려지게 된 것이다. 골격 전체의 화석이 결국에는 발견되었지만, 아르카이옵테릭스는 원래 딱 하나의 신체 일부 화석만을 바탕으로 해서 묘사되었다. 바로 깃털이다. 깃털은 거의 화석화되지 않기 때문에 이것만으로도 놀라운 일이었다. 특히 이 깃털은 석회암에 화석화되었는데, 이것은 더 연약한 조직을 보존하기에 이상적인 조건이었다. 이런 이유로 이 동물의 전체 학명은 아르카이옵테릭스 리토그라피카*Archaeopteryx lithographica*가 되었다.[3] 하지만 더욱 놀라운 것은 이 발견이 암시하는 것, 1억 4,500만 년가량 된 대략 까마귀 크기의 아르카이옵테릭스가 실은 까마귀를 포함해서 모든 새의 조상이라는 것이었다(시조새는 현생 새와는 아무런 상관이 없는 다른 계통이다. 저자의 오해일 가능성이 있다.)°. 사실 그 이래로 여러 개의 깃털 달린 초기 조류 화석이 발견되었는데, 상당수는 중국에서 나왔으며, 아르카이옵테릭스는 오랫동안 가장 오래된 새라는 특별한 지위를 누렸다.

최초의 새를 발견한 것이 이렇게 중요한 이유는 부분적으로는 시기 때문이었다. 다윈의 《종의 기원On the Origin of Species》이 출간되고 겨우 2년 후에 최초의 화석이 발견되었던 것이다. 그리고 일부는 아르카이옵테릭스가 비둘기와 벨로키랍토르*Velociraptor* 사이에서 태어난 잡종처럼, 명백하게 조류와 파충류의 특징이 뒤섞인 모습이었기 때문이다(그림 5.2). 아르카이옵테릭스는 특히 깃털 달린 날

3 다양한 상태의 다른 화석들(이 글을 쓰는 시점에서 총 열두 점)이 이후에 발견되었다. 전부 다 예전에 커다란 호수였던 것으로 추정되는 석회암 퇴적지인 바이에른 같은 지역에서 나왔다. 그러니까 종명인 리토그라피카는 인쇄에 사용되는 미세 석회암과 관련되어 있다. 속명인 아르카이옵테릭스는 '고대의 날개'라고 해석할 수 있다.

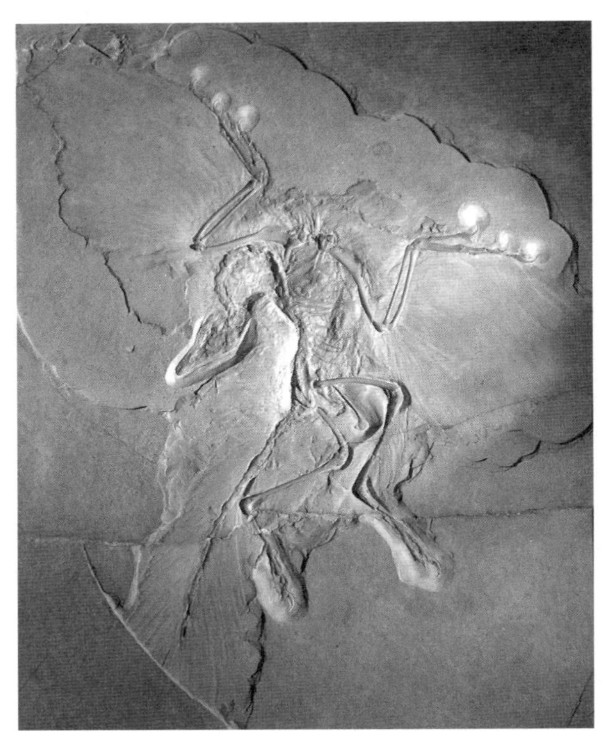

그림 5.2. 아르카이옵테릭스 리토그라피카의 화석. 현재 베를린의 자연사박물관에 소장되어 있다. 날개의 윤곽이 석회암에서 분명하게 보인다.
ⓒH. Raab

개, 깃털 달린 부채 모양 꼬리, 하나로 붙은 쇄골(창사골)이라는 상당히 새 같은 특징으로 가득했지만, 또한 날개에 달린 발톱과 치아, 길고 뼈대가 있는 꼬리 같은 파충류적인 특징도 보였다. 이런 혼합된 특성은 이 동물을 명백하게 새와 공룡 사이의 중요한 과도기적 형태로 위치시켰다. 깃털은 특히 오늘날까지 거의 해결되지 않은 길고 서로 연관된 두 가지 논쟁을 촉발했다. 첫째는 깃털 단열

재처럼 새 같은 특성을 가졌으며 온혈동물 혈통의 조상임이 분명한 공룡 자신은 온혈동물이었을까 하는 것이다. 그리고 둘째는 아르카이옵테릭스가 날 수 있었을까 하는 것이다.

아르카이옵테릭스가 온혈동물이었는지 변온동물이었는지에 관한 논쟁은 이 동물이 날 수 있었을까 하는 (우리의 목적에) 더 적절한 질문에 비하면 중요치 않아 보인다. 하지만 사실 이 문제들은 서로 연관되어 있고, 아르카이옵테릭스의 비행 능력에 관한 논쟁은 이 동물의 열적 생리의 본질에 크게 좌우된다. 아르카이옵테릭스의 몇 가지 특징은 현대의 날 수 있는 새들과 일치한다. 예를 들어 비틀림에 저항하고, 항력을 감소시키고, 부력을 발생시킬 수 있는 비대칭적인 비행 깃털과 현대의 새들에게서 발견되는 것과 비슷하게 널찍한 꼬리 깃털 같은 것들이다. 이런 것들은 아르카이옵테릭스가 공중에서 활공할 수 있었을 것임을 암시한다. 하지만 지상에서 이륙하는 것은 다른 문제다.

아르카이옵테릭스가 자가 비행을 할 수 없었을 것으로 보이는 이유는 커다란 (중앙을 받치는) 흉골, 즉 가슴뼈가 없기 때문이다. 이것은 현대의 새들에서 날개를 위에서 아래로 내리칠 때 동력원이 되는 큰 흉근을 잡아주는 부착점 역할을 한다. 비행을 할 수 없었을 것으로 여겨지는 둘째 문제는 어깨관절이 특히 불편한 방향으로 향하고 있다는 점이다(상호훼돌기근이라는, 새의 중요한 근육이 없는 것에 더불어). 이것은 아르카이옵테릭스가 현존하는 새들이 날갯짓을 할 때 그러듯이 위로 들어 올리는 행동을 하기 위해서 날개를 등 뒤에서 위로 들어 올릴 수가 없었을 것이라는 뜻이다. 이것은 비행의 진화에 관해 소위 위-아래 가설을 탄생시켰다. 이것은 아르카이옵테릭스 같은 원시조류가 발톱이 달린 날개로 나무 몸통을 기어 올라가 나무 꼭대기에 도착해서 (호아친hoatzin이라는 현대 아마존의 새가 어릴 때 하듯이) 높은 곳에서 활공했을 거라고(또는 뛰어내린 다음 나무 꼭대기 사이를 현대의 활공 포유류가 그러듯 활공했을 거라고) 가정하는 것이다. 왜냐하면 이들은 지상에서 이륙할 만큼 튼튼하지 못했기 때문이다. 또한 박쥐에게도 중앙 흉골이 없는데, 이들 대부분이 지상에서 이륙하지 못한다는 것도 흥미로운 사실이다.

여기서 신진대사 기제의 본질이 중요해진다. 오리건 주립대학교의 존 루벤John Ruben은 이러한 조류의 비행 적응 형태가 없음에도 불구하고 아르카이옵테릭스가 만약에 외온성으로 파충류 같은 생리를 갖고 있었다면 잘 날 수 있었을 것이라고, 지상에서 이륙도 할 수 있었을 것이라고 주장했다. 루벤의 핵심적인 관점은 파충류가 온혈동물의 내적 신진대사 화로를 지펴 많은 열을 생산하느라 대량의 에너지를 허비하지 않으니까 같은 크기의 포유류나 조류보다 특정 기온에서 에너지를 덜 사용한다는 것이다. 그래서 파충류 세포는 더 적은 수의 미토콘드리아가 필요하다. 미토콘드리아란 산소를 이용해서 탄수화물과 지방 같은 연료를 사용 가능한 에너지로 전환시키는 조그만 세포조직이라는 것을 기억하고 있을 것이다. 그리고 파충류는 조류나 포유류보다 근육세포 안에서 미토콘드리아가 차지하는 자리가 적기 때문에[4] 조류나 포유류보다 특정한 넓이 내에 무산소성 근섬유를 더 많이 채워 넣을 수 있다. 이 말은 같은 부피에서 파충류의 근육이 온혈동물의 근육보다 훨씬 더 강하다는 뜻이다. 뱀을 다뤄본 적이 있는 사람이라면 누구나 금방 알 것이다. 그러니까 파충류 아르카이옵테릭스에게는 현대의 새가 가진 커다란 흉근은 필요치 않았을 수도 있다. 녀석이 이미 갖고 있는 흉근이 최소한 잠깐 동안은 지상에서 이륙이 가능할 정도로 강했을 수 있으니까.

또 다른 가능성은 아르카이옵테릭스가 칼새부터 붉은발얼가니새에 이르기까지 현존하는 새들이 사용하는 '아래로만 내리는 날갯짓과 활공 비행' 기술을 도입해서 강력한 위로 올리는 날갯짓이 필요치 않았을 수도 있다는 것이다. 몬태나대학교의 켄 다이얼과 그 동료들은 아직 날지 못하는 현대의 어린 새들이 깃털 달린 날개를 사용해서 오르막을 달려가며 하향양력downforce을 만든다는 사실(레이싱카에서 스포일러가 하는 것과 같은 방식으로)을 보여주었다. 이 방식은 이런 조건에서 그들에게 더 큰 견인력을 부여하고, 후에 지상에서 이륙 비행을 하도록 진화하는 날개가 초기에 이동 발동기 기능을 했을 수도 있음을 보여준다. 아르카이옵테릭스도 이런 방법을 사용했을지도 모른다.

아르카이옵테릭스가 변온동물이었다는 사실을 우리가 받아들이든 아니든, 다른 출처에서 나온 증거가 이 동물이 동력 비행이 가능했다는 개념을 지지한다. 예를 들어, 연구자들은 아르

---

4 아주 특정한 예외가 몇 가지 있다. 예를 들어 미토콘드리아는 이구아나의 골격근 부피의 3퍼센트만을 이루고 있고 방울뱀의 몸 근육 부피의 2퍼센트를 이루고 있지만, 꽤 긴 시간 동안 초당 백 번씩 흔들리는 방울뱀 꼬리의 몹시 빠르게 수축하는 근육에서는 부피 밀도의 26퍼센트를 차지하고 있다.

카이옵테릭스의 발톱의 곡률을 나뭇가지에 앉거나 지상에서 대부분의 시간을 보내는 현대 새들의 발톱과 비교해보고서 아르카이옵테릭스의 발톱이 현존하는 나뭇가지에 앉는 새들과 더 비슷하다는 사실을 발견했다. 즉, 나무 위에서 생활했을 것임을 암시한다. 화석의 두개골과 내이內耳를 분석해보니 마찬가지로 아르카이옵테릭스가 커다란 소뇌(3-D 방향성을 담당하는 뇌의 일부분으로 대체로 새와 고래목 동물들에서 크다)와 균형을 잡기 위해 발달된 내이처럼 현대의 새들과 거의 비슷한 특성을 갖고 있었고, 이는 최소한 기초적인 비행 능력이 있었다는 개념을 더욱 뒷받침하는 것이다. 이런 발견 상당수가 비행하는 아르카이옵테릭스라는 개념을 강화하긴 하지만, 이 주제와 이 동물이 내온성인지 외온성인지는 여전히 열띤 논쟁을 불러일으키고 있으며 아직까지 해결되지 않았다.

달리는 공룡들은 온혈일까 냉혈일까

엄청난 논쟁에도 불구하고 아르카이옵테릭스가 온혈동물일 수도 있다는 생각은 일찍부터 존재했다. 그리고 현대의 새와 공룡 사이의 전환 단계가 온혈동물이라면, 공룡도 온혈동물일 수 있지 않을까? 이런 생각이 두 명의 고생물학자 존 오스트롬John Ostrom과 로버트 바커Robert Bakker의 연구 결과로 인해서 실제로 1970년대와 1980년대에 유행하기 시작했다. 오스트롬과 바커는 공룡이 당시에 그려지던 것처럼 느리고 멍청한 거대 괴물이 아니라 활동적이고 따뜻한 피를 가진 데다 정력적인 동물이었다고 주장했다. 온혈동물이었을 수도 있다고 말한 것이다. 이 주장은 바커의 1986년 책《공룡 이단설The Dinosaur Heresies》에 요약되어 있다. 당시 논쟁을 불러일으켰던 바커의 주장 대부분은 현재 과학계에서 인정받고 있으며, 바커가 처음 제시했던 개념들은 영화 〈쥬라기 공원〉의 바탕이 되었다(바커 자신이 영화 제작 때 과학 조언자로 일하기도 했다). 그 이래로 공룡이 온혈동물이라는 개념에 엄청난 수의 증거가 쌓였다. 몇 가지는 좋게 봐도 정황증거일 뿐이지만 말이다.

공룡이 내온성이라는 증거는 여러 출처에서 나왔고, 전부 다 이미 알려진 현존 온혈동물과 변온동물의 생리를 바탕으로 화석을 비교해서 공룡의 생리를 추정한 것들이다. 몇 가지 예를 들어보자면, 공룡의 뼈에서 여러 가지 산소 동위원소의 종류의 비율을 분석한 결과 티라노사우루스가 대부분의 온혈동물의 특징인 일정한 T_b를 갖고 있었을 것이라고 추측했다. 연구진은 또한 뼈의 특징을 통해서 공룡의 성장 속도를 계산하고 어떤 공룡들의 성장 속도는 현대 온혈동물과 동일하다는 것을 제시했다. 많은 공룡의 특징인 깃털 역시 비행 외에 다른 이유가 있었음을 암시한다. 깃털은 원래 단열 도구로 진화했을 가능성이 높고, 나중에야 비행을 하기 위한 자연선택으로 살아남았을 것이기 때문이다. 깃털 단열재를 가진 동물들은 변온동물일 가능성이 낮다(특히 이들의 덩치가 작다면). 단열은 양날의 검이기 때문이다. 단열이 되면 신진대사의 열을 유지하는 능력이 강해지지만, 주변 환경에서 열을 흡수하는 능력은 저해된다. 1958년 로스앤젤레스의 캘리포니아대학교의 레이먼드 콜스Raymond Cowles가 이 사실을 훌륭하게 보여주었다. 그는 고전적인 연구에서(내가 먼저 생각했더라면 정말 좋았을 것이다) 도마뱀에게 수제 밍크코트를 입혔다! 콜스는 따뜻해진 도마뱀이 실제로 자연 상태의 도마뱀보다 몸이 식기까지 더 오래 걸린다는 사실을 발견했으나, 털코트는 예상대로 몸이 차가운 도마뱀이 열을 흡수하는 것을 방해했다. 다시 말해서, 작고 깃털이 있으며 비행을 못하는 공룡들은 온혈동물이 아닌 한 깃털로 단열을 해서 얻는 이득이 별로 없다는 것이다.

이런 증거들이 설득력이 있긴 하지만, 대부분은 애매모호하다. 예를 들어 산소 동위원소 데이터는 두 가지 이유 때문에 온혈동물에 관한 확실한 증거가 되지 못한다. 첫째는 몇몇 변온동물 역시 대부분의 온혈동물처럼 비교적 일정한 체온을 유지하기 때문이다(항온성이라는 전략이다). 둘째는 티라노사우루스가 아주 컸기 때문이다. 작은 동물들이 낮은 열적 관성을 갖고 있어서 체온을 빠르게 바꿀 수 있는 것처럼, 큰 동물은 높은 열적 관성을 가져서 체온이 몹시 느리게 바뀐다. 사실 대왕고래blue whale처럼 아주 커다란 동물들의 경우에 과열되는 것은 대단히 위험한 일이고, 추운 환경에서조차도 열을 얻는 것보다 열을 잃는 것이 그들에게는 훨씬 더 중대한 문제다. 이 말은 커다란 티라노사우루스가 오로지 그들의 크기 덕택에 높고 일정한 체온을 유지했을 수도 있다는 뜻이다(이 현상을 관성에 의한 체온 유지, 또는 좀 더 멋지게 거대항온성이라고 부른다). 예를 들어 10톤의 외온성 공룡은 동일한 무게의 온혈동물과 같은 기후에서, 심지어 겨울에도 31℃의 T_b를 갖고 있었을 수 있다.

하지만 바탕이 되는 신진대사 과정의 차이 덕택에 같은 크기와 체온을 가진 온혈동물과 변온동물 사이에는 여전히 중요한 생리적 차이가 남아 있다. 이런 차이를 이용해서 다른 관점으로 공룡이 내온성인지에 접근한 다른 분석도 있다. 바로 운동능력이라는 관점이다.

이동의 역학은 이미 잘 알려져 있다. 그 결과 우리는 동물의 형태와 크기만으로 그 동물의 운동능력에 관해 꽤 합리적인 추측을 할 수 있고, 이것은 공룡의 경우에 꽤 유용하다. 우리가 아는 것이 그들의 형태와 크기밖에 없는 경우가 많기 때문이다. 그래서 우리는 이렇게 묻게 된다. "공룡이 얼마나 운동능력이 좋았을까?"

작고한 위대한 생물역학자 R. 맥닐 알렉산더R. McNeill Alexander가 바로 이 의문을 고민해보았다. 그는 심지어 여기에 관한 책도 썼다(슬프게도 절판되었지만 훌륭한 책인 《공룡과 다른 멸종한 거대 동물들의 역학Dynamics of Dinosaurs and Other Extinct Giants》이다). 알렉산더와 그의 뒤를 따른 다른 사람들 덕택에 우리는 지금 예를 들어 최고속도가 39km/h였던 벨로키랍토르가 확실하게 인간을 앞질러 달렸을 것임을 안다. 또한 싸우는 스테고케라스*Stegoceras*는 싸우다 머리로 박치기를 할 때 9,000N(0.9톤)의 힘을 내거나 버틸 수 있었다. 그리고 프테로사우루스pterosaurus는 상당한 거리를 날아오를 수 있었을 것이다. 현존 동물들의 운동능력도 놀랍지만, 한때 지구 위를 걸어 다녔던 이 굉장한 동물들은 더욱 감탄을 자아낸다. 우리가 종종 그들의 뼈의 형태와 크기, 물리학 법칙이라는 영리한 도구만을 바탕으로 그들의 운동능력을 예측할 수 있다는 사실도 놀랍다.[5] 하지만 공룡의 운동력에 관한 우리의 지식은 공룡의 생리에 대한 좀 전 우리의 질문을 공룡의 머리 쪽으로 옮겨가게 만든다. 다시 말해서, 공룡의 운동능력이 어떤 것이냐는 질문 대신에 특정한 열적 생리 상태에서 이렇게 물어볼 수 있다. "추정된 공룡의 운동능력을 고려할 때 이 동물들은 온혈동물이어야 했을까, 변온동물이어야 했을까?"

이 질문이 타당한 이유는 다시금 내온성과 외온성은 각기 다른 생리를 가지며 그래서 운동능력도 달라지기 때문이다. 가장 잘 알려진 것은 온혈동물과 변온동물이 유산소성, 즉 산소를 이용하는 운동능력에 있어서 다르다는 점이다. 예를 들어, 단거리 달리기와 마라톤을 생각해보면, 이 두 가지 운동능력은 속도와 지구력에서 서로 다를 뿐만 아니라 각기 다른 생리적 경로에 의해 뒷받침된다. 빠른 단거리 달리기는 짧고 극히 순식간에 일어나기 때문에 관련된 모든 근육과 장기에 저장된 연료를 에너지로 바꾸는 데 필요한 산소를 공급할 만한 여유가 없다. 대신 단거리 달리기는 산소를 전혀 사용하지 않고 에너지를 상당히 빠르게, 하지만 비교적 적은 양만을 공급하는 다른 생리적 경로에 의해 이루어진다. 여기서의 거래 조건은 에너지를 빠르게 입수할 수 있는 반면에 이런 빠른 달리기 속도를 오래 유지할 수 없다는 것이다. 인

5 하지만 늘 확실한 것은 아니다. 예를 들어, 연구자들은 티라노사우루스 렉스*Tyrannosaurus rex*의 달리기 능력에 관해 한동안 논쟁했고, 몇몇은 최고속도가 28km/h 정도일 거라고 대략 추측하긴 했지만, 또 다른 사람들은 이런 속도가 달리기에는 너무 크고 무거운 동물에게는 불가능했을 거라는 결론을 내렸다.

간 달리기 선수의 경우에 100미터 달리기에 들어가는 에너지 대부분(약 79퍼센트)이 이 무산소성 출처에서 나온다.

하지만 더 느리고 장거리인 지구력 달리기는 산소를 연료로 삼는 유산소 이동이고, 그 결과 엘리트 포유류 지구력 달리기 선수들은 더 큰 폐와 더 큰 심장을 가졌고 산소를 운반하는 적혈구 세포의 숫자도 더 많다. 이 모든 것이 산소를 공급받아야 하는 장거리 달리기를 하는 동안에 산소를 필요로 하는 근육과 다른 신체 일부에 빠른 속도로 산소를 공급하게 만들어준다. 외온성 생리의 주된 제약 중 하나가 유산소 능력이 몹시 제한적이라는 것이다. 이것은 예를 들어 파충류의 근육에는 온혈동물의 근육보다 산소를 이용해서 사용 가능한 에너지를 생산하는 미토콘드리아의 수가 더 적다는 사실에 어느 정도 기반을 두고 있을 것이다. 근섬유는 여러 종류가 존재하고, 파충류는 산소를 연료로 쓰는 근섬유가 더 적고 무산소 방식으로 연료를 얻는 종류의 근육(해당성 근섬유라고 부른다)이 더 많다. 그 결과 파충류가 뛰어난 단거리 달리기 선수이긴 해도 산소를 바탕으로 하는 지구력은 극도로 형편없다.[6]

워싱턴대학교 세인트루이스에서 2009년 허먼 폰처Herman Pontzer가 한 연구는 이런 제약을 이용해서 아주 작은 것에서 아주 큰 것까지 13종의 이족보행 공룡(네 다리 대신에 두 다리로 달리는 동물

---

6 도마뱀의 걸음걸이는 그들의 유산소성 운동능력에 있어서 또 다른 제약이 된다. 도마뱀은 영양처럼 다리를 바로 몸 아래 두는 것이 아니라 양옆으로 벌리고 움직인다. 그 결과 바닥에 납작하게 퍼진 도마뱀의 달리기 동작은 움직일 때마다 폐를 양옆에서 짓눌러서 움직이는 동안 숨 쉬는 능력을 제한한다.

들)에서 각기 다른 속도로 걷고 뛸 때 드는 에너지 소요량을 추정하는 것이었다. 그런 다음 그는 이 소요량이 제한된 유산소성 능력을 가진 변온동물에게서 나올 수 있는지를 질문했다. 폰처와 그의 동료들은 작은 공룡들은 변온동물이라 해도 유산소성 이동에 드는 에너지 소요량을 처리할 수 있지만, 20킬로그램이 넘는 큰 변온동물 공룡의 유산소성 능력은 움직임을 유지하는 데 필요한 에너지 요구량을 맞추기에는 부족했을 것이라는 사실을 깨달았다. 실제로 연구에 포함된 아주 큰 종, 즉 알로사우루스*Allosaurus*와 티라노사우루스의 경우에 이 소요량은 현대의 포유류의 유산소성 능력마저도 넘어설 정도였다! 이 사실은 이 커다란 종들은 (최소한) 유산소성 이동 능력을 광범위하게 사용하려면 온혈동물이어야만 한다는 것을 보여준다. 그렇게 움직였는지는 확실치 않지만 말이다.

이런 연구에 관해서 여러 가지 비판이 제기되었다. 예를 들어 알로사우루스나 티라노사우루스 같은 크기의 변온동물이 더 이상 존재하지 않기 때문에, 이 연구 결과는 직접적인 데이터가 아니라 작은 변온동물의 유산소 능력을 훨씬 큰 크기의 동물에 끼워 맞춘 추정치를 바탕으로 해서 그리 이상적이지 않다. 또한 대체로 지구력에 의존하는 현대의 동물들은 탄성에너지 저장(8장을 볼 것)처럼 이동에 드는 에너지 소요량을 줄이는 적응 진화에 성공했고, 공룡도 이런 모습을 가졌을 수 있으나 고려되지 않았을 수 있다. 그러나 우리에게 더 이상 특정해볼 살아 있는 비조류 공룡이 없다는 사실을 고려할 때, 공룡의 운동능력을 측정하는 연구는 뭐가 됐든 비슷한 가정과 타협을 거치는 수밖에 없고, 그래서 이 비판은 그리 공정하지가 않다. 이런 우려를 몇 가지라도 피해 가기 위해서 애들레이드대학교의 로저 시모어Roger Seymour는 확실하게 멸종하지 않았고 변온동물이며 공룡과 진화적으로 가까운 친척 관계이고 거대항온성의 기준이 될 수 있을 정도로 크게 자라는 악어의 유산소성 동력 발생 모형을 바탕으로 했다. 시모어의 목적은 거대항온성을 통해서 높고 일정한 T_b를 갖고 있으면 내온성을 통해 동일한 T_b를 갖고 있을 때와 똑같은 유산소성 이득을 보면서도 에너지 소모량은 더 적다는, 종종 나오는 개념을 시험해보는 것이었다. 결과는 이 가설을 뒷받침하지 않았다. 대신에 시모어는 거대항온성이 외온성 동물에 같은 크기와 T_b를 가진 온혈동물보다 훨씬 더 낮은 지구력을 부여한다는 사실을 알아냈다.

이 두 가지 독립적인 증거는 진정한 내온성이 일상생활에서 지구력에 의존하는 커다란 공룡이 존재했다는 사실에 있어서 핵심적인 전제조건임을 암시한다. 이런 발견은 또한 왜 내온성으로 진화하게 되었느냐 하는 더 큰 질문과도 관계가 있다. 내온성으로의 진화는 내가 여기서 할애하는 것보다 더 자세한 분석을 필요로 하는 또 다른 논쟁 가득한 분야이다. 하지만 어떤 선택적 요인들이 외온성 조상들을 내온성으로 진화시켰는지 정확하게는 모른다 해도 두어 가지 가설은 있다. 이런 연구들이 옳다면 그 결과가 특히 한 가지 유망한 가설을 뒷받침한다. 높아지는 유산소성 능력에 대한 자연선택의 결과로 내온성으로 진화하게 되었다는 것이다. 이것은 진정한 내온성이 현재 많은 조류와 포유류에서 보이는 지구력을 바탕으로 하는 고급 이동 능력을 뒷받침하기 위해서 진화했을 것이라는 말로 압축할 수 있다. 하지만 이런 이동 능력은 공룡에서도 나타났을 수 있다.

실제로 살펴보고 측정할 수 있는 공룡을 갖지 못하는 한 공룡의 생리에 관해서 우리가 확실하게 이해할 수는 없을 것이다. 하지만 "공룡이 온혈동물이었을까, 변온동물이었을까?"라는 질문에는 적절한 전후 설명이 필요하다. '공룡'은 하나의 동물이 아니라 여러 지리학적 시간대 동안 존재했던 크고 다양한 혈통 집단이다. 몇몇은 아주 작았고, 몇몇은 굉장히 컸으며, 그 사이의 온갖 크기가 존재했다. 몇몇은 초식이었고, 몇몇은 육식이었고, 잡식도 있었다. 나는 동물도, 날지 못하는 동물도 있었다. 몇몇은 사회적이었을 것이고, 몇몇은 혼자 생활했다. 우리는 이미 열적 생리를 외온성부터 내온성까지의 스펙트럼 위에서, 그 중간에 관성에 의한 체온 유지(와 내가 언급하지 않은 여러 가지 다른 범주)를 포함하여 살펴보는 방법을 알아보았다.

이것을 염두에 두고 한번 생각해보자. 공룡은 2억 3,000만 년 이상 존재했고, 그중 1억 3,500만 년 동안 지구를 지배했다. 이런 엄청난 기간은 우리가 상상조차 하기 힘들고, 실제로 사람들은 흔히 유명한 공룡 대다수가 동시대에 살았을 거라고 추정한다. 사실 티라노사우루스와 스테고사우루스 사이에는 티라노사우루스와 우리 사이보다 더 긴 시간차가 존재하고, 이 말은 우리 다수가 어릴 때 상상했던 스테고사우루스와 T. 렉스의 거대 공룡 간의 멋진 싸움이 실제로는 존재하지 않았다는 뜻이다.[7] 진화생물학이 주는 교훈 중 하나는 동물의 혈통이 엄청나게 다양하게 진화할 수 있다는 것이다. 때로는 아주 짧은 시간 동안에 말이다. 실제로 존재했던 공룡 종의 숫자는 명확하지 않지만, 현재 공룡 300속이 알려져 있으며 700속에서 900속 정도를 더 발견할 수 있을 것이라고 믿을 만한 이유가 있다.

이런 어마어마한 다양성을 고려하면 공룡이 동물의 세계에서 확고한 지배자였던 최소 1억 3,500만 년 동안 각기 다른 혈통에서 여러 차례 진정한 내온성을 포함해서 여러 가지 체온조절 전략을 갖도록 진화했을 것이라고 생각해볼 만하다. 이런 관점에서 보면 "공룡은 온혈동물이었을까, 변온동물이었을까?"라는 질문에 대해서 '맞다'라고 대답할 수 있을 것 같다. 좀 더 의미를 담고 싶다면, '상황에 따라 다르다'고 대답할 수도 있으리라.

열축적과 보행

지금까지 전적으로 기온이 변온동물의 운동능력에 어떻게 영향을 미쳤는지에 관해서만 이야기했다. 내온성의 T_b 효과에 대해 무시한 것은 온혈동물은 보행에 있어서 열적 능력 곡선을 보이지 않기 때문에, 열적 관점에서 볼 때보다 그들의 운동능

7 과학은 17세기 이래로 사람들의 어린 시절을 망가뜨려왔다.

력을 더 재미없게 만들기 때문이다. 하지만 온혈동물, 특히 커다란 포유류도 특정한 상황에서 높아진 T_b로 인해 심각한 결과를 맞이할 수 있다.

근육이 몸을 떠는 동안 열을 발생시키는 것처럼 보행과 관계된 반복적인 근육 활동도 동물의 몸을 따뜻하게 데운다. 따뜻해지는 정도는 문제의 생물체의 크기와 활동의 종류, 강도, 기간에 따라 다르다. 커다란 포유류는 작은 동물보다 활동으로 생긴 열을 더 천천히 잃는 경향이 있기 때문에 (그들의 높은 열적 관성 때문에) 보행 활동이 크고 활동적인 포유류의 경우에 T_b를 상당히 빠르게 올릴 수 있다. 이 현상을 열축적heat storage이라고 한다. 이 단어는 약간 헷갈릴 수 있는데, 명확하게 말하자면 이 동물들은 나중에 쓰기 위해서 열을 축적하는 것이 아니다. 그보다는 우리가 스팸 폴더에 추방당한 나이지리아 왕족의 이메일을 쌓아두는 것과 같은 방식으로, 거의 비슷한 이유로 축적하는 것이다(당신은 그걸 원하지 않고 딱히 이득도 되지 않지만 종종 그걸 빨리 없애버릴 수가 없다). 예를 들어 치타는 110km/h 또는 30m/s이라는 최고속도에 거의 15초 내로 도달하고(그러지 못할 경우가 많지만. 7장을 볼 것), 그 짧은 시간 동안 쉬고 있을 때보다 54배 빠르게 에너지를 소모한다.

하버드대학교의 딕 테일러Dick Taylor와 빅토리아 로운트리Victoria Rowntree가 달리는 치타의 열적 균형에 관해 수행한 1973년 연구는 이렇게 짧은 시간 사이에 에너지 소모 속도가 증가함으로써 엄청난 양의 근육 열이 생성되어 이 동물의 T_b가 1~1.5℃ 올라간다는 것을 보여주었다. 실제로 테일러와 로운트리는 계속해서 실험동물들이 41℃가 넘는 T_b에서는 달리기를 거부한다는 것을 보여주었고,[8] 그들이 사냥할 때 도달할 수 있는 속도가 최대 속도를 제한할 수 있는 다른 잠재적 요인들보다 이 T_b의 상승에 제한된다는 가설을 세우게 만들었다(자유행동을 하는 치타에 관한 연구가 이 가설에 의문을 드리우긴 했지만 말이다. 자연계에서 사냥을 하는 동안 이 동물이 그런 극단적인 T_b에 도달하는 경우는 극히 드물었다). 반면 톰슨가젤은 치타만큼 빨리 뛰지 못하고 비교적 여유로운 최고속도인 90km/h 또는 25m/s을 기록한다. 하지만 그들은 거의 최고속도 상태에서 짧은 시간 동안(11분) T_b가 엄청나게도 4.5℃나 증가할 만큼 많은 열을 저장할 수 있는 엄청난 능력을 갖고 있다! 이런 높은 T_b는 대부분의 포유류가 죽을 정도이지만, 가젤은 뇌의 온도가 1.2℃ 정도만 올라가게 제한하는 경동맥 체계의 특별한 기제 덕분에 이런 심부 T_b를 견딜 수 있다(42℃ 이상까지도!). 가젤은 이런 인상적인 내열성 덕택에 다른 포유동물의 지구력을 깎아내리는 열적 피로에 굴복하지 않고 비교적 빠른 속도로 장거리를 달릴 수 있다.

---

8 레이 휴이는 테일러가 어느 날 이마 한가운데에 커다란 상처를 달고 하버드비교동물박물관에 도착했던 일을 기억한다. 달리기를 한 다음 직장 체온을 재려는 시도에 저항하는 치타에게서 얻은 것이었다. 테일러는 아마 그 상처가 꽤 자랑스러웠을 것이다!

6
모양과 형태

Shape and Form

운동능력은 골격, 근육, 신경, 순환계, 호흡계가 상호작용을 해서 탄생한 결과이다. 이들 모두가 개체의 다양한 운동능력에 일조하고, 이런 운동력은 개체가 살아남고 번식하는 능력에도 영향을 미친다.

이 책 전반에서 나는 동물과 동물의 신체 일부의 모양과 크기가 어떻게 운동능력에 영향을 미치는지 반복해서 이야기하면서도 형태와 기능 사이의 관계에 대해서는 논의하지 않았다. 이것은 내 입장에서는 고의적인 조직적 책략이었다. 독자들이 운동력의 '왜' 부분에 익숙해진 다음에 '어떻게'를 알려주는 생리학과 역학이라는 두 개의 공포를 마주하기를 바랐기 때문이다. 하지만 당신이 열적 생리에 관한 장에서 살아남았다면, 운동력이라는 토끼 굴로 나를 따라 더 깊이 들어올 준비가 되었기를 바란다. 우리는 동물의 다양한 형태가 운동능력에 어떻게 영향을 미치는지 알아볼 것이기 때문이다. 이야기하면서 기능적 형태학이 어떻게 자연계를 더 깊고 풍부하게 이해하는 문을 열어주는지 보여줄 것이다. 그리고 온갖 종류의 환경적 도전 앞에서 동물이 번성하고 생식할 수 있게 만들어주는 형태적 적응으로의 자연선택이라는 독창적인 진화에 관해서도 설명하려 한다. 이런 적응 방법 중 몇 가지는 상당히 깔끔하다.

운동능력은 골격, 근육, 신경, 순환계, 호흡계가 상호작용을 해서 탄생한 결과이다. 이들 모두가 개체의 다양한 운동능력에 일조하고, 이런 운동력은 개체가 살아남고 번식하는 능력에도 영향을 미친다. 이것은 지난 수십 년 동안 가장 영향력 있는 발견적 생물학 기틀 중 하나인 생태형태학적 패러다임ecomorphological paradigm을 장황하고 난잡하게 풀어서 설명한 것이다. 1983년 스티브 아널드Steve Arnold가 주창한 생태형태학적 패러다임은 개체의 형태가 그 운동력을 결정하고, 그 운동력이 개체의 적합성을 결정한다고 말한다. 여기서 '형태학'이란 뼈의 형태와 크기 같은 동물의 골격적 특징뿐만 아니라 생리학의 범위에 들어갈 만한, 내가 앞서 언급한 다른 특징들의 모양과 배치까지 포함하는 것이다.

아널드의 패러다임은 그 이래로 운동력 연구의 방향을 결정하고 동물과 환경(그리하여 선택의 목표물) 사이의 접속체로서 운동력을 지정하고, 동물의 형태, 크기, 모양이 그들이 필요로 하는 운동력에 맞게 진화된 것이지 그 반대가 아니라는 개념을 확고하게 만들었다. 운동력 연구에 있어서 생태형태학적 패러다임의 중요성은 대단히 크고, 30년이 넘게 유의미하게 유지되었다. 연구자들이 세 개의 요소 모두에 영향을 미칠 수 있는 부가적 요인들의 중요성을 점차 인정하게 된 다음에도 말이다.

크기의 문제

생태형태학적 패러다임의 성공은 그 예측 능력에 있다. 우리는 이것을 동물의 형태와 구조만 보고서 어떻게 그 동물이 엄청난 신체적 위업을 달성했는지를 설명하는 데 이용할 수 있을 뿐만 아니라 형태학을 바탕으로 동물이 무엇을 할 수 있는지까지 추측할 수 있다. 운동능력에 몸 크기가 미치는 영향은 특히 중요하다. 문제의 생물의 크기에 따라 형태학과 기능이 둘 다 어떤 식으로 달라지는지가 중요하기 때문이다.

달리기 속도를 생각해보자. 육상동물에 있어서 속도는 보폭(같은 발이 연이어 두 번 바닥에 닿았을 때 그 사이의 거리)에 걸음 수(주어진 시간 동안 걸은 걸음의 숫자)를 곱한 것이다. 그러니까 속도는 보폭을 더 키우거나 주어진 시간 내에 걸음을 더 많이 걷거나 혹은 두 개를 합쳐서 높일 수 있다. 대부분의 동물은 두 개를 적절히 조화해서 속도를 높이지만, 대체로 빠른 속도에 도달한 다음에는 보폭을 늘리는 데 의존한다. 개체의 다리 길이가 최대 보폭을 한정하기 때문에 우리가 추측해볼 수 있는 한 가지는 더 큰 동물(따라서 더 긴 다리를 갖고 있는 동물)이 작은 동물보다 더 빠른 최고속도를 가질 거라는 것이다. 다양한 크기의 동물들의 최대 달리기 속도를 비교해보면, 정확히 이 추측대로다. 몸의 크기와 속도 사이에는 전체적으로 양의 상관관계가 있고, 심지어 현존하는 육상동물 중에서 가장 크고 무거운 코끼리라고 해도 그 긴 다리 덕택에 보폭이 커서 놀랄 만한 속도를 낼 수 있다. (코뿔소는 크긴 하지만 덩치에 비해 상대적으로 다리가 짧아서 그리 빠르지 않다.)

코끼리가 달리는 일은 매우 드물다. 이 동물은 일반적으로 걷기와 달리기를 구분하는 이동 중 허공에 떠 있는 단계가 없기 때문이다. 다시 말해서 다른 사족보행 육상 포유류들은 달리는 속도가 증가하면서 걸음걸이 변화라는 걷는 패턴의 변화를 보이고(예를 들어 걷기에서 속보로, 속보에서 달리기로 바뀌는 식이다), 그래서 속보나 달리기를 할 때는 네 발이 모두 잠시 땅에서 떨어진다. 그런데 코끼리는 언제나 최소한 한 발이 바닥에 닿아 있다. 이것은 아마도 6톤짜리 동물이 허공에 떠 있는 건 몹시 어려운 일이고, 제대로 착지하지 못하는 코끼리는 끔찍한 재앙과 부상을 겪게 될 것이기 때문이리라. 그래서 코끼리는 점프 역시 하지 않는다. 아마 못한다고 하는 게 맞을 것이다. 그러나 긴 보폭 덕택에 (기술적으로는) 걷는 동안에도 엄청난 속도에 도달할 수 있다. 아시아코끼리는 40km/h라는 최고속도를 기록하고, 아프리카코끼리 역시 꽤 빠르다. 나는 수년 전에 짐바브웨의 빅토리아폭포 근처에서 오토바이를 타고 앞을 제대로 보지 않고 돌다가 수코끼리를 깜짝 놀라게 만드는 바람에 다급하게 도망치며 코끼리가 빠르다는 사실을 온몸으로 깨달았다(분명하게 말해서 나는 오토바이를 타고 있었고, 코끼리는 걸어서 쫓아왔는데도 말이다).

동물의 운동력에 크기가 미치는 영향은 광범위하며 달리기 속도에만 한정되지 않는다. 가끔 이 효과는 직관에 어긋난다. 예를 들어 작은 동물은 큰 동물보다 확실하게 더 약하지만, 그 덩치에 비해서는 큰 동물보다 훨씬 강하다. 이유는 표면적과 부피 사이의 중대한 기초 물리학적 관계에 있다. 정육면체 같은 형태를 떠올려보면 가로와 세로를 곱해서 표면적을 구할 수 있고, 이것은 길이 l을 제곱한 다음에(왜냐하면 정육면체의 모든 길이는 같으니까. 그래서 $1\times1=1^2$) 6을 곱한 것과 같으니까(정육면체의 면의 수) 결국 $6l^2$가 된다. 부피는 가로×세로×높이($l\times l\times l$)이므로 l^3이 된다. 역시나 정육면체의 모든 길이는 같기 때문이다. 다른 형태, 예를 들어 지름 r의 구를 생각한다면 비슷한 답이 나온다. 표면적=$4\pi r^2$이고, 부피=$\frac{3}{4}\pi r^2$ 이다. 면적과 부피 사이의 상관관계에 영향을 미치지 않는 상수(6, 4π, $\frac{3}{4}\pi$)를 무시하면, 두 경우 모두에서 표면적에는 l이나 r 같은 길이의 제곱이 있고(L^2), 부피에는 세제곱(L^3)이 있음을 알 수 있다. 이것은 모든 동일 형태의 물체(같은 형태이지만 크기만 다른 물체들)에서 사실로 판명된다. 이 말은 우리가 물체의 형태를 바꾸지 않고 길이만 두 배로 만들면, 표면적은 네 배(2^2)가 늘어나는 반면에 부피는 여덟 배(2^3)가 늘어난다는 뜻이다. 길이를 네 배로 늘이면 표면적은 16배, 부피는 64배가 늘어나는 식이다.

크기가 커지면서 부피보다 표면적이 적게 늘어나는 것은 동물이 어떻게 기능을 하는지에 관해서 중요한 결과를 가져온다. 개체의 힘과 관련이 있는 것은 근육이 수축되는 힘이고, 이 힘은 단면적과 비례한다. 그리고 동물이 가진 근육의 양은 동물의 부피와 비례한다. 그러니까 큰 동물은 작은 동물보다 더 크고 당연히 더 많은 근육을 갖고 있기 때문에 힘이 더 세다. 하지만 동물이 커질수록 부피가 표면적보다 빠르게 증가하기 때문에(다시 말하지만 부피는 L^3이고 표면적은 L^2이다) 작은 동물이 큰 동물과 비교할 때 덩치에 비해서 근육의 횡단면 면적이 훨씬 크다는 뜻이다. 이 사실은 개미 같은 아주 작은 동물들이 몸무게의 몇 배씩 들 수 있는 능력을 설명해준다. 예를 들어 카메룬에 사는 아프리카베짜기개미African weaver ant는 한때 자기 체중의 약 1,200배가 나가는 죽은 새를 들어 올렸다고 기록되어 있다. 비교적 작은 근육 단면적을 갖고 있는(그림 6.1) 더 큰 동물의 경우에는 불가능한 업적이다.

이러한 스케일링 효과scaling effect는 운동능력에 좀 덜 직관적인 다른 방식으로 영향을 미칠 수 있다. 작은 거미들은 장거리를 이동하는 독특하고 특별한 방식이 있다. 이것을 벌루닝ballooning, 또는 카이팅kiting이라고 한다. 불행히 벌루닝은 1956년판 《80일간의 세계일주》에 나왔던 거미 캐스팅과 조그만 실크해트와는 아무 관련도 없다(그랬다면 꽤 볼만했겠지만 말이다). 대신에 조그만 거미는 까치발 걷기라는 자세를 취하고서 복부를 머리 위로 들어 올린 다음 하나 이상의 길고 가는 거미줄을 방적돌기에서 뿜어낸다. 이 거미줄은 바람에 날려 거미를 허공으로 들어 올린다. 거미는 이런 방법으로 엄청난 높이까지 올라갈 수 있지만 방향을 잡을 수는 없어서 공기의 흐름에 좌우된다. 어쨌든 벌루닝은 상당히 효과적이다. 1883년 섬의 모든 생명체를 다 죽인 어마어마한 크라카토아 화산 폭발 이후에 섬에 다시 정착한 것으로 알려진 최초의 동물이 다른 곳에서 벌루닝으로 넘어온 작은 거미였다.

거미의 벌루닝 능력은 크기에 달렸고, 1밀리그램보다 큰 거미들은 하지 못할 가능성이 높다. 무거운 거미는 뜨기 어렵기 때문만은 아니다. 작은 거미는 큰 동물들에게는 대체로 익숙하지 않은 종류의 항력의 도움을 받아 카이팅을 한다. 항력이란 몸

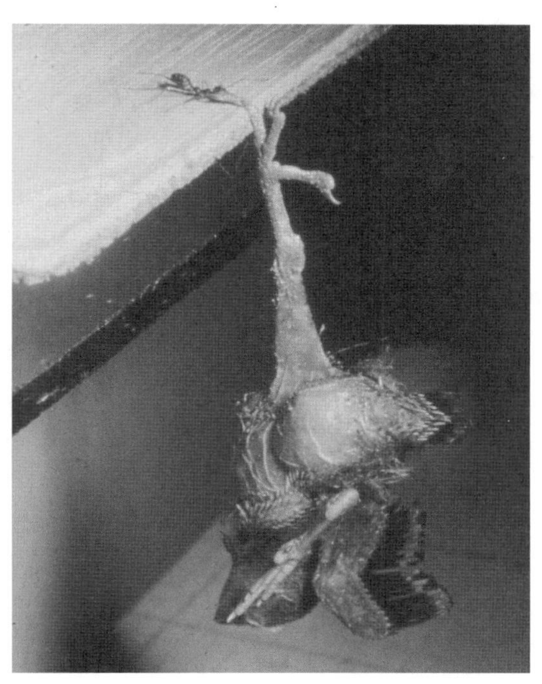

그림 6.1. 비교적 큰 근육 단면적과 발의 놀라운 접착력 덕분에 이 베짜기개미는 7그램의 죽은 새를 들어 올릴 수 있다. 이 개미 무리는 정기적으로 아주 큰 먹잇감을 들어 나르고, 도마뱀, 뱀, 새, 박쥐의 시체가 이들의 굴에서 발견된다. © Alain Dejean.

이 유체 속을 움직일 때 느끼는 저항을 일컫는 말이다. 항력은 몸에 두 가지 방식으로 작용하는데, 그러니까 두 종류의 항력이 있는 셈이다. 압력항력pressure drag은 유체 속에서 움직이는 몸의 앞면에 작용하는 힘이다. 마찰항력friction drag은 유체가 흐르는 방향과 수평으로 몸 표면에 작용하며 유체의 점도(유체가 얼마나 쉽게 흐르는가 하는 것)와 같다. 우리는 일상생활에서 공기를 유체라고 별로 생각하지 않지만, 실제로 공기의 흐르는 특성은 유체에 속한다. 그러니까 압력항력을 당신이 움직이는 차 밖으로 머리를 내밀었을 때 얼굴에 느껴지는 저항력이라고 생각하고, 마찰항력을 밧줄 자체가 별로 무겁지 않은데도 물 밖으로 아주 긴 밧줄을 꺼낼 때 힘들게 만드는 힘이라고 생각할 수 있다. 특정한 개체에 가장 중요한 종류의 항력은 그 개체가 얼마나 큰지, 얼마나 빠르게 움직이는지, 그것이 들어가 있는 유체의 밀도는 얼마인지, 그것이 들어가 있는 유체의 점도는 얼마인지에 달렸다. 이런 변수들이 레이놀즈수 Reynolds number라는 무차원수無次元數와 함께 방정식으로 설명된다.[1]

높은 레이놀즈수에서 압력항력이 가장 중요한데, 그래서 제트기, 칼새, 돌고래 같은 것들이 유선형인 것이다. 유선형은 유체 매질에 닿는 동물이나 물체의 앞면을 최소화해서 압력항력을 줄이기 때문이다. 하지만 낮은 레이놀즈수에서는 마찰항력과 점도가 우세하다. 작고 레이놀즈수가 낮은 벌루닝 거미가 큰 동물은 할 수 없는 방식으로 거미줄 끝에 매달려서 허공에 떠오르게 만드는 것이 마찰항력이다.

그러므로 아주 작은 동물들과 아주 큰 동물들은 근본적으로 다른 방식으로 세상을 겪는다. 우리 자신 같은 큰 동물들은 고속으로 움직이는 경우(그래서 높은 레이놀즈수를 갖는 경우)가 아니면 공기의 유동성을 거의 인식하지 못한다. 하지만 아주 작은 곤충들은 정

1 레이놀즈수(Re)는 다음과 같이 계산한다. $Re=\frac{lvD}{\mu}$ l은 동물이나 추진하는 기관의 길이이고, v는 동물의 속도, D는 매질의 밀도, μ는 매질의 점도이다.

지한 공기 속에서 움직일 때에도 시럽 속을 휘저으며 가는 것 같다. 이 사실은 이런 동물들이 어떻게 생겼고 어떤 식으로 행동하는지에 관해 여러 가지를 암시하고, 왜 초파리처럼 아주 작은 곤충들이 전부 다 유선형으로 생기지 않았고, 왜 그들의 날개가 새의 날개와 다르게 생겼으며, 왜 그들이 활공하지 않는지 역시 설명해준다.

나는 새와 깨무는 드래곤

몸의 크기는 운동능력에 강력하게 영향을 미친다. 하지만 크기가 전부는 아니고, 동물의 모양과 특정한 신체 부위의 모양이 특정한 운동 기능을 위한 자연선택에 따라서 형성되기도 한다. 형태와 기능 사이의 이런 관계는 새의 날개 모양에서 분명하게 드러난다. 비행하는 동물들은 양력揚力을 발생시켜 하늘로 날아오르고, 이렇게 하는 능력은 에어포일airfoil 역할을 하는 그들의 날개의 능력에 의존한다. 에어포일은 포일의 위쪽에서 아래쪽보다 공기가 더 빠르게 흐르게 만들어서 에어포일 위로 저압을 발생시키는 형태의 구조를 일컫는다. 이렇게 발생한 에어포일 위아래의 기압차가 (에어포일 위로 흐르는 공기의 흐름에 대해 직각으로 에어포일에 작용하는 힘에 대한 뉴턴 반작용과 함께) 양력을 발생시킨다.[2] 그러나 유체역학의 개념

2 양력은 흥미로운 현상이고, 이것이 생기기 위해서는 뉴턴의 제3법칙과 베르누이의 원리가 작용해야 한다. 베르누이의 원리는 압력이 저하하면 유체의 점도가 증가한다는 것이다.

을 이해하기보다는 우리는 길고 가느다란 종잇조각을 둥글게 휘어서 입 앞쪽에 대고 위쪽 표면에 바람을 불어서 직접 띄워보도록 하겠다. 이렇게 하면 입으로 분 바람이 종이 위쪽으로 빠르게 움직이며 종이 위쪽 표면에서 압력을 낮춘다. 아래쪽의 압력은 바뀌지 않고 그대로 있기 때문에 종이 에어포일은 밀어 올리는 힘, 즉 양력을 느끼게 된다.

크립톤(슈퍼맨의 고향)° 출신이 아닌 하늘을 나는 동물들은 이런 현상을 이용할 수 있는 형태의 날개를 갖고 있고, 우리는 날개 모양에 따라서 그들의 비행 능력을 예측할 수 있다. 비행 능력에 영향을 미치는 날개 모양과 관련된 요소가 두 가지 있다. 가로세로비aspect ratio와 날개하중wind loading이다. 가로세로비는 날개의 길이와 날개의 너비의 비율로 길고 가느다란 날개를 가진 개체는 높은 가로세로비를 갖고 있는 반면에, 짧고 뭉툭한 날개를 가진 개체는 낮은 가로세로비를 갖는다(그림 6.2). 날개하중은 날개의 전체 표면적과 동물의 체중의 비율로 무게가 많이 나가고 작은 날개 넓이를 가진 개체는 높은 날개하중을 갖고, 날개 넓이에 비해 체중이 작은 개체는 낮은 날개하중을 갖는다. 특정한 날개하중과 가로세로비를 가지면 개체의 비행 능력이 결정된다. 낮은 가로세로비와 낮은 날개하중을 가진 동물은 더 기동력이 좋고, 높은 가로세로비와 중간 정도부터 높은 날개하중을 가진 동물은 활강滑降과 활상滑翔에 적합하다. 높은 날개하중을 가진 동물은 대체로 날갯짓도 더 적게 한다.

가로세로비와 날개하중은 비행 능력에 있어서 또 다른 사

그림 6.2. (a) 날개의 가로세로비가 큰 새(북방로열앨버트로스)와 (b) 날개의 가로세로비가 작은 새(해리스매). © Benchill and Tony Hisgett.

실을 암시한다. 예를 들어 비행 속도는 일정한 속도와 각도로 활공할 때 날개하중의 제곱근에 정확하게 비례한다. 이 말은 높은 날개하중을 가진 동물이 낮은 날개하중을 가진 동물보다 더 빠르게 활강한다는 뜻이다(그리고 그 결과 더 빠르게 아래로 내려온다. 활강이란 정의상 아래로 내려온다는 뜻이기 때문이다). 슴새목Procellariiformes이라는 새 집단은 갈매기, 슴새, 앨버트로스 등으로 이루어졌는데, 이들은 높은 가로세로비의 날개를 이용해서 상당히 먼 거리를 활공하고 경사활공

slope soaring이라고 하는 일종의 활상(고도를 점점 높이면서 활공하는 것)을 연습한다. 이를 위해서 슴새목은 절벽이나 파도로 인해 위쪽으로 굴절되는 수평 바람을 이용해 고도를 높인다. 반면에 4장에서 본 기동력 좋은 개개비 암컷의 날개는 빨리, 적은 에너지를 들여 번식지에 도착하기 위해 긴 거리를 움직이는 것이 주된 관심사라 더 높은 날개하중을 가진 수컷보다 낮은 가로세로비를 가졌다.

새의 날개는 고정된 구조가 아니고 새들은 날개의 형태를 바꾸어 활공 능력을 더 조절할 수 있다. 칼새는 활공하거나 천천히 방향을 바꿀 때 날개를 완전히 펴지만, 빠르게 활공하거나 빠르게 방향을 전환할 때에는 날개를 뒤쪽으로 젖힌다. 그러나 박쥐는 새보다 날개의 형태를 훨씬 조금 바꾸는데, 이는 박쥐가 사는 서식지가 좁다는 사실을 반영하는 것 같다. 슴새목에서 볼 수 있는 높은 날개하중과 높은 가로세로비의 조합을 보이는 박쥐는 전혀 없기 때문에 박쥐는 바닷새처럼 멀리, 또는 오래 활상이나 활공을 하지 못한다. 마지막으로, 곤충의 날개는 복잡한 구조물로 특히 작은 곤충이 양력을 얻기 위해서 날개를 사용하는 방법은 무척 다양해서 기능적 형태학자들을 한참 동안이나 바쁘게 만들었다. 하지만 더 큰 곤충에서 날개의 형태와 기능은 좀 더 친숙한데, 효율성을 필요로 하는(그리고 활공에 사용되는) 이주하는 잠자리의 날개와 암컷을 지키기 위해서 빠른 기동성을 필요로 하는 곤충들의 날개 사이에는 분명한 형태상의 차이가 있다.

에어포일을 통해서 양력을 생성하는 것도 좋고 훌륭하지만, 활공과 활상을 하다가 어떻게 동력 비행으로 전환할 수 있을까? 공학자들은 비행기를 만드는 가장 간단한 방법이 위로 올라가는 과정과 앞으로 나아가는 과정을 분리해서 각각 날개와 엔진에 그 역할을 할당하는 것임을 오래전에 깨달았다. 하지만 자연계에서는 날개가 두 가지 역할을 모두 해야 한다. 그들은 날개를 앞쪽으로 돌려서 몸체에 대한 하강 각도를 바꾸어, 날개가 이제 위쪽으로뿐만 아니라 위쪽과 앞쪽 모두에 작용하는 양력을 만들도록 해서 이것을 해낸다. 이런 방향 전환에는 아래쪽으로 향한 날갯짓이 필요하고, 이 날갯짓은 압력항력을 통해서 주위 공기에 뒤쪽으로 운동량을 가하는 한편, 결과적으로 힘은 같고 방향이 반대인 운동량이 날개 면을 앞으로 밀어내 동물을 앞으로 나아가게 만든다. 이런 아래로 향한 날갯짓은 동물을 앞으로 움직이게 만들 뿐만 아니라 날갯짓을 하기 전의 위치로 날개가 돌아오는 동안에도 계속해야 해야 할 만큼 강력해야 한다.

이런 날개의 방향과 날갯짓이라는 조합은 앞으로, 뒤로, 심지어 필요한 여러 가지 방향으로 전체 양력을 바꾸기 위해 아주 소수의 동물만이 할 수 있는 방식으로 날개의 방향을 바꾸어서 허공에서 맴돌 수도 있는 벌새의 놀라운 공중에서의 민첩성을 설명해준다(벌새가 작다는 것도 도움이 된다). 잠자리는 두 쌍의 날개를 독립적으로 통제할 수 있고, 그래서 비행 스타일에 엄청난 자유를 갖는다. 날개 그 자체도 나는 동안 구부리거나 비틀 수 있기 때문에 공중에서 복잡한 방식으로 더욱 날렵하게 움직일 수 있다. 하지만 모기 같은 작은 곤충들은 큰 곤충들과는 전혀 다른 방식으로 양력을 생성한다. 영국 왕립수의대학의 리처드 봄프리Richard

Bomphrey가 이끄는 연구진은 8대의 고속카메라로 초당 1만 프레임이라는 프레임 속도로 모기의 모습을 촬영했다. 모기는 그 가느다란 날개로 초당 800번 이상 날갯짓하면서 복잡한 (공기의) 소용돌이를 발생시키고, 특이하리만큼 얕은 날갯짓이 위아래로 움직이는 단계에서 양력을 발생시키는 독특한 종류의 회전항력을 만들도록 날개를 비틀고 돌렸다. 모기처럼 나는 곤충은 전혀 없다. 봄프리와 그 동료들은 그들의 독특한 비행 기제가 어느 정도는 모기의 날개가 음향 신호를 보내기 위해서 그 특징적인 위잉 소리를 만들어내야 하기 때문에 그렇게 된 것이 아닐까 추측한다.

전체적으로 기능적 형태학이 형태를 기반으로 해서 동물의 운동능력을 추측하는 데 상당한 도움이 되지만, 운동력의 통합적 본질을 언제나 염두에 두는 것이 중요하다. 특히 행동의 영향력을 잊어서는 안 된다. 예를 들어 세계에서 가장 큰 도마뱀임에도 불구하고(엄청난 육식동물임은 말할 것도 없고) 3미터 길이의 코모도왕도마뱀은 무는 근육이 작아서 무는 힘이 그 덩치에 비해 약하다. 그래서 코모도왕도마뱀은 다른 커다란 육식동물들이 저녁식사거리를 통제하기 위해 질식시키는 방식으로 물어 죽이지 못하고, 들쭉날쭉한 이로 먹이를 씹는 동안 침에 든 끔찍한 박테리아 혼합물이 희생양에 들어가서 돌아다니다 결국 희생양을 패혈증으로 죽이는 방법에 의존한다고 오랫동안 여겨졌다. 이 개념은 파충류학자 월터 오펜버그Walter Auffenberg가 쓴 코모도왕도마뱀의 행동과 생태에 관한 책에서 처음 등장했다. 오펜버그는 아내와 자식들과 함께 거의 1년 동안 코모도섬에서 살아 움직이는 코모도왕도마뱀을 관찰했다. 사람에 따라서는 최고, 또는 최악의 가족 여행이었을 거라고 생각할 것 같다. 오펜버그의 책은 여러 면에서 대단히 가치가 있지만, 드래곤의 치명적인 물기에 대한 그의 설명은 거의 완전히 틀렸다.

코모도왕도마뱀은 먹이를 독살하는 슈퍼박테리아에 의존하지 않는다. 대신에 그들은 독을 생성한다. 대면대학의 도미닉 다모어Dominic D'Amore의 연구에 따르면 더 중요한 것은 그들의 커다란 목과 머리가 무척 큰 견인력을 발휘하고 견딜 수 있다는 것이다. 덕택에 먹이에 날카로운 이를 깊게 박고서 독을 분출(아마 혈액 항응고제도 포함되어 있을 것이다)한 후에 살을 한 덩이 찢어내서 먹잇감이 충격과 독, 과다 출혈의 조합으로 죽게 만드는 그들의 섭식 방법을 더 쉽게 만든다. 이런 경우에 특정한 행동(머리를 돌리고 잡아당기는 것)이 먹이를 성공적으로 사로잡는 데 있어서 동물의 기능적 능력만큼이나 중요하다. 다시 말해 어떤 식으로 도구를 사용하는지를 보여주는 것이다.[3]

---

3 실베스터 스탤론의 고전 영화 〈오버 더 톱〉은 형태학, 행동, 운동력의 상호작용을 설명할 수 있는 완벽한 기회를 아슬아슬하게 놓쳤다. 객관적으로 훌륭한 이 영화에서 스탤론은 1980년대에 미국 전역을 돌아다니기로 유명했던 수천 명의 트럭 운전사/팔씨름 선수 중 한 명의 역할을 맡았다. 사이가 좋지 않았던 끔찍한 10대 아들 마이크와 친해지기 위해서 스탤론은 아들을 팔씨름 대회에 참가시킨다. 스탤론이 다른 사람과 관계를 갖는 유일한 방법이 폭력을 통하는 것이기 때문이다. 마이크는 처음에 더 덩치가 크고 끔찍한 10대 소년에게 지고, 스탤론은 마이크에게 그를 믿는다는 성의 없는 격려의 말을 해준다. 스탤론은 마이크에게 팔씨름의 역학에 대해서 설명조차 해주지 않는다! 그 편이 훨씬 더 유용할 뿐만 아니라 영화의 전제이기도 한데 말이다. 마이크는 말도 안 되지만 재대결에서 승리해서, 그가 실패하고 수치스러워하기를 바랐던 우리를 실망시킨다.

빠르게, 흉포하게

동물의 모양과 크기가 운동능력을 결정한다면, 특정한 운동능력에서 최적의 운동력을 내는 특정 크기-모양의 조합이 있을 것이다. 여러 종 사이를 비교해볼 때 일상생활에서 각기 다른 운동능력에 의존하는 동물들은 실제로 생태형태학적 패러다임이 예측하는 것처럼 그 능력을 가능하게 만드는 방식의 형태를 갖고 있다. 생물학자들은 종종 특정한 기능을 뛰어나게 잘 수행하는 동물인 모델 생물model organism을 연구하는 것을 좋아한다. 그 기능이 매우 확대된 동물을 연구하면 관련된 기반 역학 원리가 더욱 명확하게 보이고, 그래서 연구가 더 쉽기 때문이다. 예컨대 아주 뛰어난 점프력에 관련된 생태학과 역학을 알아내면, 점프를 별로 잘하지 못하지만 비슷한 방식으로 점프하기 때문에 같은 근본적 특성에 의존하는 다른 종에 이 통찰력을 적용해볼 수 있다. 물론 이 동물들이 관심의 대상인 이유는 이것 하나만이 아니다. 그중 몇 가지는 그야말로 놀랍다.

순수한 속도를 생각할 때, 자연계에서 가장 빠른 동물들은 명백한 특성 몇 가지를 공유한다. 예를 들어 압력항력을 줄이는 유선형의 몸체 같은 것이다. 하지만 중대한 공통점을 넘어서서 자연선택이 이 동물들이 속도의 한계를 넘어설 수 있도록 설계를 바꾸어놓았다. 즉, 아주 빠른 동물들은 극도의 운동능력을 갖도록 상승작용을 일으키는 여러 가지 속도 증가 특성들을 갖도록 진화했다.

가장 먼저 이야기할 동물은 당연하게도 치타이다. 치타의 놀라운 속도는 단거리 달리기 능력을 위한 몇 가지 형태학적 적응의 결과로 지목할 수 있다. 이들은 근육질의 등과 유연한 척추를 갖고 있어서 활 모양으로 튀어 올라 그런 특성이 없는 동물들보다 훨씬 더 넓게 다리를 벌릴 수 있다. 이들의 다리는 다른 고양잇과 동물들보다 상대적으로 더 길 뿐만 아니라 앞다리 위쪽 관절이 그레이하운드처럼 비슷한 크기의 다른 동물과 비교할 때 더 많이 움직여진다. 이런 특성은 치타가 6~8미터의 보폭을 낼 수 있게 만든다. 이것은 기린의 평균 키의 1.5배로 엄청나게 긴 거리이다. 유연한 척추 역시 특히 빠른 속도에서 뒷다리가 치타의 몸무게의 70퍼센트를 지탱하는 것을 도와주고, 척추 전체와 관련된 근육들은 10퍼센트가량 속도를 높이게 만들어준다. 치타의 다리에 힘을 부여하는 근육 역시 단거리 달리기 선수에 걸맞게 저산소 상태에서 순발력의 분출에 적합한 빠른연축근섬유fast-twitch fiber(속근섬유)라고 하는 무산소성 근육으로 대부분 이루어져 있다. 이 근육이 그들의 엄청난 가속도(대략 말의 두 배)를 만들어내는 공신이다. 치타의 길고 평평한 꼬리는 방향을 바꿀 때 평형추 겸 방향타 역할을 해서 그들의 뛰어난 민첩성과 기동력에 기여한다. 이것은 먹이를 성공적으로 잡는 데 있어서 그들의 속도만큼, 어쩌면 더 중요한 요소이다. 기다란 발바닥과 달리기용 스파이크 역할을 해서 견인력을 높여주는, 집어넣을 수 없는 발톱이 민첩성을 더 증가시킨다.

치타는 진화의 경이로운 업적이다. 하지만 치타가 대단히 카리스마 넘치고 매력적이기 때문에 이들에 관해 잘못 알려진 사실이 꽤 많다. 속도가 빨라지도록 적응된 장점으로 지목되는 다른 여러 가지 특징을 찾기 위해서 그리 멀리 볼 것도 없다. 이런 주장들은 제대로 된 확인을 거치지 않았다. 상호 심사를 통과한 과학 논문의 증거를 바탕으로 하지도 않았고, 몇몇은 잘못 해석했거나 형태학을 통한 기능 추론을 검증도 하지 않은 것이다.

이런 주장 중 하나는 치타가 비교적 큰 심장과 폐, 비강을 가져서 달리는 동안 더 많은 산소를 체내에 공급할 수 있다는 것이다. 하지만 치타의 심장은 덩치에 비해 딱히 크지 않고, 산소 공급의 증가는 산소를 쓰지 않는 단거리 달리기를 하는 데 있어서 딱히 이득이 되지도 않는다(더 큰 심장은 무산소 활동 이후에 빠르게 회복하는 데 도움이 될 수도 있지만 말이다). 치타는 실제로 현저하게 큰 비강을 갖고 있지만, 이것은 녀석의 상대적으로 약한 턱이 서서히 먹이를 질식시키는 동안에 숨을 쉬는 것을 돕기 위해서일 가능성이 훨씬 높다. 치타는 다른 큰 고양잇과 동물처럼 빠르게 상대를 죽이지 못하기 때문이다. 또 하나 주목할 만한 것은 이 비강이 비갑개鼻甲介라는 몹시 밀도가 높은 특이한 뼈를 지지해서 달리는 동안 체온이 올라가도(5장에서 이야기한 것처럼) 뇌를 식히는 데 도움이 될 수 있다. 그러나 이는 사실이 아닐 수도 있고, 큰 비강과 단단한 비갑개는 다른 이유로, 심지어는 두개골 모양의 어떤 특성으로 인한 선택적 중립의 결과로 존재하는 것일 수도 있다.

치타가 빠르긴 하지만 지구상에서 가장 빠른 동물은 아니다. 가장 빠른 동물은 송골매이다. 자연계에서 이 동물은 날아서 먹이를 잡는데, 송골매는 먹이 위로 수백 미터 높이부터 고속으로 다이빙을 해서 최고 속력으로 공격한다. 이들의 최고속도는 논쟁의 여지가 있지만, 다이빙하는 송골매는 속도가 389km/h로 기록되어 있다. 이것은 F4 토네이도의 풍속과 거의 같다. 이 수치를 측정하기 위해서 수학자들과 공학자 팀이 프라이트풀이라는 이름의 길들인 1킬로그램짜리 매에 작은 스카이다이빙 컴퓨터를 달아서 수평비행을 할 수 있게 비행기에서 풀어준 다음 5,100미터가 넘는 고도에서 함께 스카이다이빙을 했다. 과학적인 환경에서 이 동물의 다이빙 속도를 측정하면 좀 더 느려서 185km/h에서 325km/h 정도 나오는데, 그래도 여전히 최고속도를 가진 동물로 등극한다.

프라이트풀 같은 매는 유선형 몸체뿐만 아니라 아마도 움직이는 동안 정확한 속도에 도달하기 위해서 깃털 하나하나의 위치와 몸의 윤곽을 조절해서 이런 놀라운 다이빙 속도를 얻는 것 같다. 이런 속도는 오로지 다이빙을 할 때에만 볼 수 있긴 해도, 몇몇 연구에서는 이 새들이 일반적으로도 다른 맹금보다 더 빠른 속도로 날 수 있을 거라고 주장한다. 포뮬러 1 레이싱 카가 타이어를 데워서 트랙 표면을 제대로 잡을 수 있을 만큼 빠른 속도를 내야만 제대로 달릴 수 있는 것과 비슷하게 이들도 그저 허공에서 맴도는 것을 피해야 하기 때문이다. 이는 어느 정도는 다른 새에 비해서 매의 가로세로비와 날개하중이 더 높기 때문이다. 실제로 송골매는 래너매 같은 가까운 친척보다 더 무거운데, 이것이 다이빙에 도움이 된다. 그리고 날개하중과 날개의 가로세로비 역시 래너매보다 더 높다. 송골매는 다이빙을 할 때 날개를 접는데,

앞에서 이야기한 것처럼 가로세로비가 높은 날개는 활상과 활공에 가장 좋다. 송골매는 이런 높은 다이빙을 하기 위해 고도를 높일 때 온난기류를 타고 활상하며 두 가지를 다 사용한다.

가장 빠른 동물 목록은 대부분 새들로 이루어져 있는데, 비행과 다른 종류의 이동(8장에서 더 볼 것이다) 사이의 내재적 에너지 소모량 차이와 중력의 영향력을 이유로 들 수 있을 것이다. 모든 비행 동물이 거의 동일한 방식의 변주를 이용하는 반면에 물속을 돌아다니는 방법은 여러 가지가 있다. 분사jetting라고 하는 방법은 인기가 많고(에너지는 많이 들지만) 운동량 보존이라는 개념을 바탕으로 해서 비교적 간단하다.[4] 여기에는 물이 들어가고 나오는 근육 튜브를 넘어서는 형태적 개조도 필요하다. 오징어가 이런 식으로 물을 분사하고, 해파리도 마찬가지이다.

수영은 비행과 많은 공통점을 갖고 있다. 양력과 추진력을 얻기 위해서 에어포일을 사용하는 것도 그중 하나이다(그래서 펭귄과 홍어류가 물속에서 헤엄치는 것을 수중비행aquaflying이라고 할 정도이다). 하지만 공기에 비해 물의 밀도와 점도가 훨씬 높기 때문에 비행과는 다르다. 이 높은 밀도는 여러 가지 다른 방법으로 양력을 생성할 수 있게 만들어준다. 장어는 몸 전체를 구불구불하게 움직여서 몸 양옆

---

4 운동량은 질량×속도이다. 튜브나 호스에서 물줄기를 분사하면 그 물은 빠르게 튜브를 빠져나간다. 하지만 물은 압축할 수 없기 때문에 유속에 관계없이 단위시간 동안 언제나 동일한 질량의 물이 빠져나간다. 유속을 높이면 흐름의 방향으로 운동량도 높아지고(질량은 일정하지만 속도가 증가하니까), 운동량은 보존되어야 하기 때문에(물리학이여, 고맙다!) 반대편으로도 증가한다. 그래서 물은 좁은 튜브에서 더 빠르게 흐르고, 이런 이유로 물이 분출될 때 넓은 분사구보다 좁은 분사구가 달린 호스에서 더 강하게 반동을 일으키는 것이다.

으로 양력을 발생시키고(이 경우에는 사실 추진력이다), 이것은 장어를 앞으로 나아가게 만드는 행동과 합쳐져 있다. 송어도 똑같은 행동을 하지만 그 정도가 약해서 대체로는 꼬리와 거기 연결된 몸통 정도만 움직인다. 참치는 꼬리만 움직여서 추진력을 발생시키고, 몸통은 전혀 사용하지 않는다. 그러니까 수영과 비행은 둘 다 주위 매질 뒤쪽에서 운동량을 가해, 같은 크기에 방향이 반대인 운동량으로 항력을 극복하고 앞으로 나아가려고 하는 행동이라고 요약할 수 있다.

가장 빠르게 수영하는 동물은 아마 새치billfish일 것이다. 이것은 돛새치와 황새치를 포함하는 커다란 포식어류 집단이다. 최대 3미터 크기에 90킬로그램까지 자라는 돛새치는 특징적인 돛 같은 등지느러미를 브레이크로 사용해서 항력을 높여 방향을 빠르게 바꾸는 방식으로 더 작고 느리지만 기동성이 더 좋은 먹이를 사냥한다. 이 동물의 형태는 빠른 수영에 최적화되어 있는 것 같다. 유선형 몸체에 강력한 근육질 꼬리, 끝에는 가로세로비가 높은 꼬리지느러미가 제비의 초승달 모양 긴 날개 같은 모양으로, 거의 동일한 이유로 달려 있다. 둘 다 빠른 속도에서 앞뒤로 움직여서 항력을 최소화하는 것이다. 흥미롭게도 돛새치는 피부 표면에 뼈가 있는 V 모양 비늘이 여러 개 튀어나와 있다. 이 돌출부의 목적은 확실하게 알려져 있지 않지만, 한 가지 가설을 들자면 피부 표면에서 매끄러운 물의 흐름을 깨뜨려서 물고기를 느리게 만드는 마찰항력을 낮추기 위한 거라는 것이다.

황새치는 돛새치만큼 빠르지만 피부 돌기를 훨씬 적게 갖고 있다. 아주 적어서 사실상 피부가 거의 매끄럽게 느껴질 정도이다. 그 크기에도 불구하고 이 구조는 수영을 효율적으로 하도록 도와주는데, 상어 피부의 표면 구조(역시나 피부 돌기가 있다)를 바탕으로 한 인공 물질은 수영 속도를 6.6퍼센트 증가시키고, 수영하는 동안 에너지 소모를 5.9퍼센트 감소시킨다. 황새치의 피부 역시 모세혈관 체계를 통해 칼 같은 주둥이 아랫부분의 특별한 분비선에 연결되는 구멍을 갖고 있다. 이 분비선은 물고기의 머리를 뒤덮는 기름을 분비하고, 돌기와 함께 피부 표면에 발수성 윤활유 막을 형성해서 마찰항력을 줄이고 경계면의 분리를 방지하는 것 같다. 이 기름은 황새치만의 특성이 아니고 대부분의 물고기의 끈적끈적한 표면이 바로 이 기름 때문이고 목적도 비슷해서, 태평양바라쿠다Pacific barracuda처럼 빠른 속도로 수영하는 물고기에서는 65퍼센트 이상의 마찰항력이 줄어든다(윤활액은 물고기를 기생충으로부터 보호하는 등 다른 기능 역시 갖고 있다).

돛새치와 황새치의 형태가 이들을 빠른 물고기로 만들어주지만, 각각이 도달하는 최고속도에는 논란이 있다. 오래된 연구에서는 돛새치가 110km/h라는 놀라운 속도로 헤엄치고 황새치도 97km/h라는 비슷한 속도까지 도달한다고 기록하고 있다. 불행히 이것은 사실이라기엔 너무 높은 수치다. 큰 포식어류의 속도를 측정하는 것은 이 동물이 흔하지 않다는 문제부터 통제된 환경에서 이들을 연구하기가 어렵다는 것까지 여러 가지 이유 때문에 힘들다. 그래서 이들의 운동능력은 종종 자연계에서 추정되고, 이것이 새로운 문제를 불러일으킨다. 예를 들어 빠른 해류에서 천천히 수영하는 물고기는 실제보다 훨씬 빠른 속도로 보일 수 있다. 과학자들이 정기적으로 이런 혼란스러운 변수들을 해명하려고는 하지만, 몇몇 새치의 운동능력 측정은 바늘에 걸린 물고기가 낚싯줄을 얼마나 빠르게 당기는지에 대한 어부의 추정처럼 그다지 엄격하지 않은 비과학적인 내용이 과학 논문으로 넘어오기도 한다.

이런 문제들을 고려하여 코펜하겐대학의 모르텐 스벤센Morten Svendsen이 수행한 연구에서는 수영의 동력이 되는 몸통 근육이 인공적으로 자극했을 때 얼마나 빠르게 수축하는지를 바탕으로 돛새치의 이론적 최고속도를 추정했다. 이 추정치는 훨씬 낮아서 돛새치가 겨우 40km/h라는 최고속도에 도달할 것으로 보았다. 또 다른 독립적인 증거에서는 수상 환경 그 자체가 이보다 더 빠른 수영 속도를 낼 수 없게 만든다고 주장하며(7장에서 더 이야기하겠다), 이 낮은 수치에 근거를 제공했다. 그러므로 이 물고기의 유선형 형태가 진정한 최고속도에 도달하는 데 도움은 되겠지만, 그렇다고 몇몇 사람이 믿는 것처럼 어마어마하게 빠른 속도에 도달할 수는 없을 것 같다.

마지막으로, 치타와 송골매, 돛새치, 갯가재가 대단하고 매력적이기는 하지만, 자연계에서 가장 빠른 속도는 동물이 달성하는 것이 아님을 인정해야겠다. 몇 종의 버섯류는 25m/s(90km/h)의 속도로 포자를 뿜어낸다. 이것은 대단히 빠른 속도이지만 더 놀라운 것은 중력의 최대 18만 배의 가속도라는 믿을 수 없는 최대 가속도이다! 이 말은 이 포자들이 1초 동안 그 길이의 100만 배가 넘는 거리를 갈 수 있다는 뜻이다. 비교해보자면 인간이 소리 속도의 5,000배로 여행하는 것과 같다. 이는 버섯을 (1) 어마어마하게 빠르게 움직이고, (2) 굉장히 맛있고, (3) 당신을 완전히 뿅 가게 만드는 유일한 생명의 나무의 일원으로 만든다.

더 멀리 달리고, 더 높이 날고, 더 깊이 다이빙하고

달리기와 지구력이 각각 무산소 및 유산소적 원천으로부터 동력을 공급받기 때문에(5장에서 이야기했던 것처럼) 속도에 최적화된 동물은 지구력 전문가들과 여러 가지 핵심 부분에서 다르다. 예를 들어 인간 단거리 달리기 선수는 땅딸막하고 근육질이지만 마라톤 선수들은 마르고 키가 크다. 이런 몸 형태의 차이는 두 운동이 필요로 하는 기계적·생리적인 조건이 다른 데에서 기인한다.

단거리 달리기는 잠깐 동안 짧은 거리에서 수행된다. 그렇기 때문에 짧은 시간 동안 지상에 가해지는 대량의 힘에 의존한다. 다시 말해서 높은 일률이다. 이 말은 단거리 달리기 선수들이 상당히 근육질이어야 하지만, 사람들이 상상하는 것처럼 다리에만 근육이 필요한 게 아니라는 뜻이다. 인간 달리기 선수들은 두 다리로만 달리지만, 특별히 제작된 출발 블록 위에 엎드려 있다가 몸을 위와 앞으로 밀어내면서 사실상 네 발 자세로 경기를 시작한다. 크라우칭 스타트Crouching start 때 다리에서 발생하는 강한 힘이 블록에 가해지지만 또한 블록이 다리로 힘을 가하고(뉴턴의 제3법칙을 통해서), 이것이 몸을 펴고 수평에서 수직 자세로 전환하는 동안 몸 전체로 전달되어 다리를 펴는 동안 상체가 비틀리는 토션torsion을 일으킨다. 이 비효율적인 비트는 동작에 저항하고 결과적인 힘의 벡터를 앞쪽 방향으로 최적화하기 위해서는 대단히 강력한 심부 및 상체의 힘이 필요하기 때문에 달리기 선수들이 트랙만큼이나 헬스장에서 많은 시간을 보낸 것 같은 몸매를 가진 것이다.

반면에 장거리 달리기에 최적화하기 위해 필요한 역학과 에너지학은 좀 다르다. 장거리 달리기는 단거리보다 훨씬 더 긴 시간 동안 벌어진다. 짧은 시간 동안 대량의 일을 하는 것이 아니라 장거리 달리기 선수들은 단위시간당 더 적은 일을, 대신에 더 오랜 기간 동안 하게 된다. 여기에는 강한 발걸음보다 계속적인 에너지 공급이 필요하다. 장거리 달리기 선수들은 산소를 사용하기 위해서 항상 최대 능력치 이하로 달리기 때문이다(무산소적으로 동력을 공급받는 단거리 선수들이 그 이상으로 달리는 것에 반해). 이 말은 산소가 계속해서 공급된다는 뜻이다.

강한 지구력을 가진 동물들은 몸 전체로 산소 공급을 훌륭하게 하도록 돕는 특징이 있다. 예를 들어 비례상 더 큰 심장과 폐 용량, 적혈구 세포의 숫자, 그리고 적혈구를 다량 비축한 비장 등이다. 다시 인간으로 돌아오면, 훈련받은 마라톤 선수의 심장은 훈련받지 않은 사람에 비해 심장박동 한 번에 커다란 좌심실을 통해 더 많은 피를 밀어내고, 이것이 그들의 낮은 심박수를 설명한다. 훈련을 통해서 혈액에서 산소를 나르는 헤마토크릿

hematocrit(적혈구 세포의 비율이라고 한다)도 더 높아지고, 근육에 산소를 공급하는 능력도 강화된다. 유산소 훈련은 또한 근육의 특성에도 영향을 미쳐서 훈련받은 달리기 선수들은 더 많은 산소를 동력으로 하는 근섬유를 갖고 있고, 근육세포의 밀도와 그 안의 미토콘드리아 활동도 더 높아진다. 근육이 더 많은 산소를 소모하도록 압박을 받았을 때 추측할 만한 것들이다.

하지만 중요한 것은 이런 훈련이 근육량을 늘리는 건 아니라는 점이다. 강한 근육질 몸매는 장거리 선수에게는 해롭다. 여분의 힘을 생성할 수 있으면 장기적으로 아주 약간 이득을 볼 수 있지만, 긴 거리에서 여분의 근육을 유지하고 연료를 공급하려면 더 많은 에너지를 소모해야 하기 때문이다. 근육질 다리는 인간의 이족 달리기 방식에 근육의 분배가 어떻게 영향을 미치는지를 고려할 때 특히 에너지를 많이 잡아먹는다. 달리기 선수에게 여분의 무게가 늘었을 경우의 실험은 무게의 분포가 무게 그 자체만큼이나 중요하다는 사실을 보여준다. 선수의 몸통 중간 부분에 질량이 늘어나면 주어진 거리에서 보행에 드는 에너지 소모량이 8퍼센트가량 증가하지만, 같은 질량이 발목에 늘어나면 보행에 드는 에너지는 같은 거리에서 약 20퍼센트가 증가한다. 이는 다리가 이동할 때 근육을 원동력으로 하는 진자처럼 움직여서, 걸을 때 앞뒤로 흔들리기 때문이다. 진자의 끝에 무게가 더 실리면 움직이는 데 더 많은 힘이 필요하고, 이는 더 많은 에너지를 소모하게 만든다.

공기가 더 적고 산소가 희박한 높은 고도에서 활동하는 동물들 역시 산소 공급에서 문제를 겪는다. 하지만 이들은 다른 여러 가지 문제도 겪는다. 차가운 기온이나, 나는 동물의 경우에 희박한 공기 속에서 비행하기 위해 힘을 더 많이 필요로 하는 등의 문제이다. 산소 공급 문제를 해결하기 위해서 새들은 우리가 공기를 흡입하고 내뱉는 것과 반대로 언제나 몸 안에서 공기의 흐름이 한 방향으로만 이루어지게 만드는 무척 효율적인 구조의 폐를 갖게 되었다. 이 말은 우리가 하는 것처럼 숨을 들이켤 때만이 아니라 새의 경우에는 숨을 들이켤 때와 내쉴 때 모두 폐를 통해 혈류로 산소를 전달한다는 뜻이다. 새는 또한 산소화된 혈액을 조직에 가까이 접근하게 만들어주는 복잡한 모세혈관 체계를 통해서 그 산소를 근육 같은 조직에 다른 동물보다 훨씬 빠르게 전달할 수 있다.

높이 나는 새들은 엄청난 고도까지 도달할 수 있다. 1973년 11월 29일에 상업용 여객기가 고도 11,280미터에서 나는 루펠독수리와 만났다(정확히는 충돌했다). 이것은 에베레스트산보다 거의 2,500미터 더 높은 고도다! 이와 비교할 때에는 약간 덜 인상적이지만, 인도기러기는 약 2,700미터(7,200미터일 가능성이 있다. 인도기러기가 최고 7,290미터까지 날았다는 연구 기록이 있다)。 높이로 히말라야를 넘어서 날아간다. 이런 고도의 희박한 공기 속에서 숨을 쉬기 위해 인도기러기는 더 길고 깊게 숨을 들이켜 그들의 엄청나게 커다란 폐를 다른 새들보다 훨씬 더 많은 양의 공기로 채운다. 그들은 또한 다른 새들보다 산소와 훨씬 쉽게 결합해서 다시금 근육과 장기로 산소를 나르는 것을 도와주는 특별한 적혈구 세포를 갖고 있다.

깊은 곳까지 다이빙하는 포유류가 물속에 있는 동안 산소 공급량을 늘리기 위해서 비슷한 적응을 했다는 것은 당연한 이야기 같겠지만, 사실 여기서 마주하는 문제들은 조금 다르다. 긴 거리를 달리는 포유류나 여객기와 만날 만큼 높이 나는 새들은 여전히 움직이는 동안 폐에 공기를 채울 수 있다. 항상 주위에 공기가 있기 때문이다(높은 고도에서는 산소의 비율이 조금 낮기는 하지만). 하지만 다이빙하는 포유류는 다이빙을 시작할 때 흡입한 산소의 양으로 다이빙하는 내내 버텨야만 한다. 이 말은 다이빙하는 포유류가 한정된 산소 저장량을 산소를 가장 필요로 하는 조직이나 저산소 상태에서 가장 견디기 힘든 조직, 예컨대 뇌 같은 곳으로 보내도록 심혈관계를 조절한다는 뜻이다.

웨들바다표범을 생각해보자. 세상에서 가장 깊은 곳까지 다이빙하는 포유류도 아니고, 민부리고래Cuvier's beaked whale가 도달하는 약 3,000미터 깊이에 비하면 보잘것없는 600미터(뉴욕시티의 원 월드 트레이드센터의 높이보다 조금 작다) 깊이까지밖에 도달하지 못하지만, 이 동물의 다이빙 생태학은 어쨌든 잘 알려져 있다. 45분에서 80분 정도 되는 다이빙 시간을 견디기 위해서 웨들바다표범의 헤마토크릿은 약 60퍼센트에서 70퍼센트 정도이다. 이것은 혈액이 너무 끈끈해져서 혈관 안에서 흘러가지 못하게 되지 않는 한도 내에서 가장 높은 수치이다. 웨들바다표범은 또한 몸 안에 비슷한 크기의 다른 포유류에 비교해서 훨씬 많은 혈액을 갖고 있어서 물속에 있는 동안 더 많은 산소를 저장할 수 있다. 하지만 이 바다표범의 폐는 딱히 크지 않다. 사실 이들의 폐는 놀랄 만큼 작아서 그 커다란 몸의 크기에도 불구하고 폐의 용량이 우리 폐의 절반밖에 되지 않는다. 더 놀라운 것은 바다표범이 다이빙을 하는 동안 폐를 완전히 비우고 납작하게 눌러놓는다는 것이다. 이들은 공기를 품은 채 물속으로 들어가지 않기 위해서 이렇게 한다. 우리가 공기탱크 없이 다이빙을 할 때처럼 다이빙을 하는 동안 숨을 꾹 참아야 할 거라고 생각하는 사람들에게는 좀 이상하게 여겨질 수도 있다.

바다표범은 다이빙을 하기 전에 폐를 비운다. 아주 깊은 곳처럼 상당한 고압 상태에서 기체에 벌어지는 일 때문이다. 설령 해저 300미터 깊이(에펠탑 높이보다 약간 낮다)라고 해도 압력이 해수면 기압의 30배 정도 되고, 더 깊이 가면 더 높아진다. 이런 엄청난 압력 아래에서 공기를 이루는 기체들은 액체에 더 잘 녹는 상태가 되어 적혈구 세포에 결합되는 대신에 혈장에 직접 녹는다. 그러다가 압력이 갑자기 떨어지면 기체가 액체 용액에서 빠르게 나온다. 샴페인 코르크를 따서 병 안의 압력이 갑자기 낮아져 용액에 녹아 있던 이산화탄소가 부글부글 넘쳐 나오며 샴페인이 어떻게 터지는지 생각해보라. 그리고 이제 동물이 깊은 곳에서 빠르게 올라오면서 높은 압력이 갑자기 낮아지고 혈액 안에 녹아 있던 질소가 특히 기포가 되어서 나오면 혈류에서 무슨 일이 벌어질지 비슷한 것을 상상해보라. 기포들이 혈관을 막아 혈액의 흐름을 방해하면, 이것은 큰 문제가 된다. 이런 현상은 우리에게 잠수병이라고 잘 알려져 있는데, 이러한 이유로 다이빙 탱크 안의 공기 혼합물에는 특히 질소가 들어가지 않는 것이다. 또한 심해 잠수부들이 표면으로 올라오는 동안 중간에 여러 군데에서 멈춰서 기다려야 하는 이유이기도 하다. 공기를 전혀 갖고 들어가지 않음으로써 웨들바다표범은 다시금 상당한 깊이까지 들어가는 데 도움이 되도록 부력을 낮추고, 감압증으로 고통스럽게 죽는 것을 방지하는 이득을 본다.

운동력 적응에 적응하기

특정한 운동능력에 특화되는 것은 날개 모양이나 심장 크기처럼 주요 특성과 장기에만 국한된 것은 아니다. 고속에서 허공으로 소리를 지르는 것이나 바닷속 깊이 뛰어드는 것도 다른 기본적인 생물학적 기능에 영향을 미칠 수 있고, 동물들은 종종 뛰어난 운동능력의 부작용에 대응하기 위해서 행동을 바꾸거나 심지어 보조적 적응 형태로 진화하기도 한다. 길앞잡이Tiger beetle는 아주 빠르게 달려서 시각 체계가 고속에서 빛을 감지하지 못한다. 그렇다고 해서 길앞잡이가 빛의 속도보다 더 빠르게 달린다는 것은 아니지만(최고속도 2.23km/h로 상당히 빠른 편이지만 말이다… 15~22밀리미터 길이의 곤충치고는 그리 나쁜 성적은 아니다!), 그들의 신경계는 자신들이 움직인 탓에 영상이 움직이는 것과 자신들의 움직임과 관계없는 영상의 움직임을 구분하는 것을 어려워한다. 다시 말해서 먹잇감이 길앞잡이가 움직이는 것과 동시에 움직이고 있으면, 길앞잡이는 먹잇감이 정말로 움직이는 건지(만약 그렇다면 어느 쪽으로 얼마나 빨리 움직이는 건지) 아니면 자신이 움직이고 있기 때문에 움직이는 것처럼 보이는 건지 구분하는 데 어려움을 느낀다. 이 동물이 먹잇감에 약간 비스듬히 접근하면 이 문제는 더 커진다. 길앞잡이는 짧은 거리를 뛰다가 잠깐 멈춰서 시력이 따라잡게 기다리는 식으로 간헐적으로 뛰어서 이런 제약을 극복한다. 또한 이들은 더듬이를 앞으로 내밀어 볼 수 없는 장애물을 감지한다.

송골매는 매우 잘 볼 수 있지만, 이들에게는 다른 문제가 있다. 터무니없는 고속에서 숨을 쉬는 것은 무척 어렵지만 꼭 필요한 일이라서 이 새들은 제트기 엔진의 흡입구에 있는 거꾸로 된 뿔 모양과 비슷하게 공기를 콧구멍 안으로 밀어 넣는 특별한 비강을 갖고 있다. 딱따구리는 반복적으로 최고 25km/h의 속도로 나무둥치에 얼굴을 박아대서 생기는 뇌 손상을 방지하고 매번 중력의 천 배에 달하는 감속을 견디기 위해서 여러 가지 충격을 흡수하는 두개골의 적응을 진화시켰다. 여기에는, 쪼는 힘을 분산시키는 두개골의 스펀지 같은 뼈부터 충격을 받을 때 안전벨트 역할을 하도록 부리 아래부터 두개골 위로 빙 둘러서 이마 바로 앞까지 오는 설골까지, 여러 가지가 있다. 그러나 기묘하긴 해도 이 모든 적응은 자연계에서 나타나는 정말로 독특한 동물의 운동능력 몇 가지에 비교하면 별것 아닌 것처럼 보인다.

기묘한 동물의 운동능력

남아프리카 동부 해안은 놀랍도록 아름답다. 아름다운 해안선, 눈부신 해변, 해안을 따라 남서쪽으로 흐르는 따뜻한 아굴라스해류 덕택에 기분 좋은 인도양의 물 온도, 이곳은 서퍼의 꿈이자 자연 애호가의 기쁨이다. 연안의 물 역시 자연계에서 가장 놀라운 장관 중 하나를 품고 있다.

5월부터 7월 사이, 남반구의 겨울철에 넓고 차가운 남빙양에서 생성된 차가운 해류가 북동쪽으로 흘러와서 해안선과 아굴라스해류 사이에 끼어든다. 이 해류는 수조 마리의 한류에 적응한 정어리들을 몰고 온다. 20℃ 이상의 온도에서는 살아남지 못하는 정어리는 강한 해류에 붙잡힌 채 한류를 따라서 남아프리카 해안선을 올라와 콰줄루-나탈까지 오면서 25킬로미터 길이에 15미터 두께로 5억 마리 이상이 모인 거대한 물고기 떼가 된다.

이것은 정어리 떼의 대이동이며 수많은 포식자를 끌어들인다. 수천 마리의 돌고래가 아래쪽에서 정어리 떼를 괴롭히고 거품을 뿜어내서 작은 무리로 갈라놓아 정어리들의 움직임이 더 제한되는 표면으로 몰아붙인다. 상어도 수백 마리가 따라와 돌고래의 고된 노동의 결과를 가로채고, 남아프리카물개Cape fur seal도 어느 정도는 마찬가지다. 하지만 겁에 질린 물고기들로 이루어진 이 '베이트볼bait ball'(작은 물고기들이 포식자의 공격을 막기 위해서 둥근 구형으로 뭉치는 것)이 표면에 가까워지면, 이들은 다른 종류의 포식자들의 공격에도 취약해진다. 바로 새들의 공격이다.

새섬Bird Island의 번식지에서 날아온 케이프가넷Cape gannet은 하늘에서 정어리 떼의 움직임을 따라간다. 케이프가넷은 능력 있는 비행사이지만, 이들의 정말 특별한 점은 그 다이빙 실력이다. 베이트볼을 발견하면 케이프가넷은 다이빙을 해서 자기 몫의 먹잇감을 낚는다. 30미터 높이에서 케이프가넷은 날개를 접고 중세 전장에서 쏜 화살처럼 머리부터 물로 곤두박질쳐서 86.4km/h의 속도로 표면에 부딪쳐서는 두꺼운 물고기 떼를 뚫고 들어가 물속에서 먹이를 잡는다. 이런 속도로 다이빙을 하려면 기술이 좋아야 한다. 어린 새들이 목이 부러지는 경우도 심심찮게 목격된다.

물속으로 들어가면 케이프가넷은 주로 운동량(다시금, 질량×속도이다)에 의지해 더 깊이 들어간다. 그들은 최대 30미터까지 들어갈 수 있지만, 날개와 발을 이용해서 기묘한 수중발레를 하면서 얕은 곳에 머문다. 수중 포식 시간이 끝나면 새는 깃털 아래 들어 있는 공기로 부력을 더 크게 만들어서 U자형으로 돌아서 바다 표면으로 다시 나온다. 드물게 물속의 케이프가넷이 비행을 하는 것처럼 날개를 퍼덕거려 다시 아래로 들어가서 펭귄처럼 수중비행 하기도 한다. 아마도 첫 번째 공격에 실패해서 다른 물고기를 잡으려는 것이리라. 베이트볼은 잠시 존재하지만, 이것이 존재하는 동안 바다 표면은 불쌍한 정어리 떼를 뒤쫓는 돌고래와 상어로 들끓고, 하늘에서 물로 뛰어드는 수백 마리의 케이프가넷으로 저장고에서 불꽃이 터진 것 같은 거품 자국이 남는다.

정어리 떼의 대이동은 연례행사였으나 바다의 온난화와 그 결과로 인한 한류의 감소로 인해서 점점 드물어지고 있다. 하지만 같은 종의 다른 동물들은 잘 모르는 드문 서식지에 드나드는 동물들이 어딘가에 존재한다. 날치류에 속한 여러 과의 동물들은 케이프가넷과 정반대로 물 표면을 헤엄치며, 긴 에어포일 같은 가슴지느러미로 물에서 뛰어올라 활공한다.[5] 어떤 종은 심지어 두 개가 아니라 길게 진화한 배지느러미까지 총 네 개의 지느러미를 이용한다. 물에 잠긴 이 네 개의 지느러미를 쓰는 물고기는 빠른 속도와 얕은 각도로 표면에 접근해서(36km/h에 수평에서 약 30도 각도로) 표면을 박차고 800배 밀도가 낮은 공기 속, 거의 완전히 물 바깥으로 튀어나온다. 하지만 꼿꼿한 꼬리 뒷부분은 물에 남아서 30초 동안 초당 50에서 70회쯤 격렬하게 흔들리며 비행을 준비하다가 마침내 완전히 물 밖으로 나와서 비행한다. 이 물고기들은 대기 중에서 54~72km/h의 속도로 활공할 수 있고 최고 높이 8미터, 거리는 50미터 정도까지 가다가 속도가 떨어져 꼬리가 다시 물속으로 들어가며 또 다른 이륙 준비 비행을 한다. 이런 식으로 네 개의 지느러미로 나는 물고기는 완전히 물로 들어갈 때까지 최대 400미터까지 날아갈 수 있다.

날치는 종에 따라 비행 방식은 여러 가지가 있고, 대부분은 크기와 관계가 있다. 몇몇은 이륙 준비 비행을 아예 하지 않는다. 특히 빠른 파도에서 나오는 경우가 그러하다. 다른 종은 슴새목이 그러듯이 파도에서 솟구쳐 나온다. 이 물고기들의 지느러미는 이렇게 하는 데에 잘 적응되어 있고, 몇몇 더 큰 종은 활공하

5 그 통칭에도 불구하고 이 물고기들은 그저 활공만 한다. 어쨌든 최소한 19세기 중반쯤에 이 물고기들이 날개를 움직이는 동력비행을 하는지 어떤지에 관한 논쟁이 붙었다. 이 논쟁은 1941년 이 물고기들이 나는 게 아님을 확실하게 보여주는 촬영본이 나오면서 마침내 끝이 났다.

는 새들과 비교할 만한 날개 하중과 가로세로비를 보인다. 좀 놀라운 일이지만 이런 뛰어난 능력이 왜 이 동물들에게서 진화한 것인지는 별로 해명되지 않았다. 포식자로부터 도망치거나 에너지를 절약하기 위해서 그렇다는 식의 가설은 있지만 말이다.

물고기는 활공 능력을 갖도록 진화하기에는 아주 기묘한 동물인 것 같지만, 이런 면에서 그들은 심한 경쟁을 겪고 있다. 활공은 포유류와 어류부터 파충류, 양서류, 심지어는 물 분사 추진을 이용해서 물 밖으로 튀어나와 에어포일 같은 지느러미를 펼치고 3초 동안 30미터까지 활공하는 오징어 종에 이르기까지 전통적으로 날지 않는 동물 여러 종에서 30회 이상 독자적으로 진화했다.

유대하늘다람쥐sugar glider와 날여우원숭이colugo 같은 포유류 활공 동물 60종 중에서 잘 알려진 것들은 다리 사이에 옆으로 확장된 비막飛膜이라는 커다란 피부막이 있고, 가끔은 다리와 꼬리 같은 신체 부분 사이에도 있어서 활공막을 형성한다. 깃꼬리유대하늘다람쥐marsupial feathertail glider 같은 다른 종들은 비슷한 공기역학적 기능을 하는 평평한 꼬리에 의존한다. 동남아시아에서 드라코*Draco*속의 나무에 사는 도마뱀들은 비막을 지지하는 데 사용하는 몹시 기다란 갈비뼈를 갖고 있다(그림 6.3). 드라코의 비막은 종종 색깔이 다양하고 부채처럼 몸 옆쪽으로 접거나 펼칠 수 있는데, 펼쳤을 때에는 최대 27.4km/h의 속도로 나무에서 나무로 활공할 수 있다.

놀라운 갈비뼈 비막은 드라코에서만 찾아볼 수 있지만, 많

그림 6.3. 비막을 펼친 드라코 스필로노투스*Draco spilonotus*. 아놀도마뱀처럼 펼친 군턱도 확인하라. © A. S. Kono.

은 파충류가 활공 능력과 이런 능력을 가능하게 만들어주는 형태적 특성을 보인다. 이런 형태들은 전부 다 동물의 공기역학적 표면적을 늘리는 방향으로 작용한다. 프티코조온*Ptychozoon*속의 날도마뱀붙이는 다리, 발, 머리와 복부에 있는 피부 덮개의 도움으로 활공하고, 홀라스피스*Holaspis*속의 도마뱀은 비슷한 역할을 하는 갈퀴 달린 발과 꼬리를 갖고 있고, 그 외에도 여러 종류가 있다. 많은 개구리가 활공을 한다는 의심을 받고 있고, 여러 개구리 종이 발가락 사이에 활공을 할 수 있게 해주는 커다란 물갈퀴를 갖고 있다.

몇몇은 심지어 날도마뱀붙이처럼 비막을 갖고 있으며 확실히 훌륭한 활공 선수들이다.[6] 하지만 카리브해에 사는 엘레우테로닥틸루스 코퀴*Eleutherodactylus coqui* 같은 다른 종들은 갈퀴를 진짜 활공이 아니라 그저 하강 속도를 낮추면 되는, 꼭 통제할 필요는 없는 패러슈팅(낙하)에도 사용하곤 한다.

무엇보다도 가장 특이한 활공 선수는 파라다이스날뱀Paradise flying snake, 크리소펠레아 파라디시*Chrysopelea paradisi*일 것이다. 이 뱀은 다리나 비막이 없다는 사실에 전혀 굴하지 않고 나무 꼭대기에서 우선 J자 형태로 나뭇가지 아래 매달렸다가 몸을 앞과 위로 가속하며 아무렇게나 뛰어내린다. 점프 초반에는 몸을 길고 납작하게 편 채 몸의 너비를 약 두 배로 만들어 몸 전체를 공기역학적 힘을 받는 표면으로 만든다. 그다음에는 (아직 공중에서 떨어지고 있는 와중에) S자 형태로 바꾸어 땅 위에서 움직이는 것처럼 옆으로 몸을 구불구불 움직인다. 몸 앞쪽을 기울여서 뱀은 다른 활공하는 동물들이 그러듯이 비스듬하게 기울이지 않고서도 머리 쪽으로 방향을 바꿀 수 있다.

공중에서 몸을 구불거리는 동작은 전통적인 지상에서의 뱀의 이동이나 수영하는 동작과는 다르다. 모래밭에서 몸의 일부를 고정하고 있다가 들어 올리고 움직여서 옆자리로 이동하

---

6 마지막으로 알려진 랩스프린지림드청개구리Rabb's fringe-limbed frog 에크노미오힐라 라보룸*Ecnomiohyla rabborum*은 2016년 9월 애틀랜타에서 보호 상태에서 숨졌다. 이 숲에 사는 개구리는 갈퀴 달린 다리를 사용해서 나무 사이를 활공했다고 하는데, 이 말은 이제 자연계에 놀라운 것이 하나 줄었다는 뜻이다.

는 방식인 사이드와인딩sidewinding처럼 더 특이한 뱀의 이동 방식하고도 다르다. 사이드와인딩에서는 방금 내려놓은 몸 바로 옆에 있는 몸의 일부를 다시 들어 올려서 움직인다. 이렇게 하면 뱀의 몸 전체가 파도처럼 구부러지며 뱀이 가려고 하는 방향과 직각으로 모래 위에 자국을 남기면서 이동할 수 있게 된다. 반면에 파라다이스날뱀이 허공에서 구불거리며 움직이는 이유는 명확하지 않다. 이런 흥미로운 이동 방식은 어쨌든 효과적이다. 이 뱀들은 더욱 활공에 특화된 동물들과 비교할 때 비슷하거나 더 뛰어난 활공 능력을 보인다.

다른 동물들에서 나온 증거들을 볼 때 활공에 비막이 꼭 필요한 것은 아니다. 있으면 확실히 활공이 더 쉬워지긴 하지만, 몇몇 동물은 자세만 바꿔서 하강에 영향을 미친다. 여러 종의 개미도 나무에서 떨어질 때 허공에서의 궤적을 통제한다! 몹시 흥미로운 사실은 특별한 활공 형태를 보이지 않는 나무에 사는 개구리들이(그리고 심지어 명목상 지상에 사는 도마뱀붙이도) 자동적으로 극미중력 상태에서 표면적을 넓혀서 활공 및 강하 능력을 늘리는 스카이다이빙 자세를 취한다는 것이다. 극미중력은 또한 흥미로운 방식으로 곤충들의 공중에서의 능력에 영향을 미친다. 극미중력 상태에서 나방은 날기보다는 떠 있는 것을 선호한다. 집파리는 별로 잘 날지 못하고 벽에 붙어 걸어 다니는 것을 좋아한다. 꿀벌은 전혀 날 수 없고 거의 굴러떨어진다. 우리가 어떻게 이런 것을 다 아는지 궁금하다면, 이 동물들 몇몇을 우주로 보내서 어떻게 하는지 봤기 때문이다. 다른 동물들의 경우에는 우주비행사들이 무중력 비행기에 타고 훈련할 때처럼 비행기로 포물선 비행을 하며 인공적으로 극미중력 상태를 만들고 관찰했다.

당신은 활공이 물고기도 할 줄 아는 기묘한 것이라고 상상할지 모르겠다. 하지만 하와이 연안에 사는 작은 망둥이를 떠올려보라. 연어가 태어난 곳으로 돌아가야 한다는 저항할 수 없는 충동을 느끼는 것처럼 망둥이는 하와이섬의 강에 있는 산란지로 가야 한다는 강박을 느낀다. 망둥이에게는 불행하게도 섬은 산악지대이고, 강과 산이 있는 곳에는 폭포가 있게 마련이다.

망둥이는 연어보다 훨씬 작아서 연어가 상류로 올라갈 때 하는 것처럼 엄청난 도약을 할 수가 없다. 많은 폭포가 망둥이와 그들의 산란지 사이를 막고 있고, 몇몇은 350미터 높이에 이른다(다시금, 대략 에펠탑 높이다). 그래서 망둥이는 할 수 있는 유일한 일을 한다. 폭포를 타고 오르는 것이다. 최소한 그들은 뒤에 있는 바위를 타고 올라가고, 자연선택을 통해 흡입 컵처럼 변화한 배지느러미를 이용한다.

몇몇 망둥이 종은 배지느러미 컵과 입의 흡입을 번갈아 하면서 1인치 1인치씩 고통스러울 정도로 느리게 올라가서 인처incher라고 불린다. 반면에 소위 강인한 등반가들은 인내심이 덜해서 몸을 옆으로 빠르게 흔들면서 위로 움직이고, 아찔하게 높은 절벽을 이쪽 부착점에서 저쪽 부착점으로 수직으로 점프해서 올라간다. 인처와 강인한 등반가 양쪽 모두 중간에 쉬는 시간을 갖지만, 강인한 등반가가 더 오래 쉰다. 인처는 쉬지 않을 때 더 빨리 움직여서 속도를 벌충해, 거리 면에서 거의 동일한 결과를 가져온다. 언제나처럼 폭포를 올라가는 능력에는 크기가 영향을 미쳐서 더 작은 개체가 큰 개체보다 더 잘 올라가는 경향이 있다. 앞에서 내가 이미 설명한 이유 때문이다.

한편 태국에서는 장님동굴물고기blind cavefish 종이 상당히 비슷한 방식으로 폭포를 올라가는 모습이 포착되었다. 뉴저지 공과대학의 브룩 플래맹Brooke Flammang과 그 동료들은 이 동물이 폭포를 올라가는 것뿐만 아니라 육상에서도 잘 움직인다는 것을 발견했다. 이것 자체는 그렇게 충격적인 일은 아니다. 많은 물고기가 육상에서 움직일 수 있도록 독자적으로 진화했기 때문이다. 예를 들어 몇몇 장어와 큰가시고기stickleback는 수영할 때 쓰는 것과 똑같은 동작으로 마른 땅 일부 지역을 지나가고, 말뚝망둥어mudskipper는 꼬리와 몸 뒷부분으로 바닥을 잡고 배지느러미를 대지 않고 몸을 앞으로 밀어내는 더 복잡한 방법을 사용한다. 이 동굴물고기에서 주목할 만한 부분은 그들이 걷는 방식이 육상 척추동물, 특히 도롱뇽의 방식과 놀랄 만큼 비슷하다는 점이다. 배지느러미의 형태는 지금까지 오로지 육상 척추동물에서만 관찰되고 물고기에서는 볼 수 없었던 여러 가지 특징을 보인다. 그러니까 이 동물들은 물고기가 처음 육상 환경으로 올라왔을 때 어떻게 움직였을지를 희미하게나마 보여준다.

여러 동물들이 물 위를 걷거나 달리면서 먹고산다. 소금쟁이 같은 작은 곤충들은 표면장력이라는 물의 특성을 이용한다. 이것은 나란히 있는 물 분자가 서로 강하게 결합하는 경향으로, 표면장력을 넘어서서 표면을 깨뜨리지 않을 정도의 힘만 가하면 물 위를 걸을 수 있다. 조그만 도마뱀붙이들도 똑같은 요령을 사용한다. 닷거미fishing spider는 표면장력을 이용해서 물 표면을 지나가는 가장 큰 무척추동물이지만, 이들 역시 물 위에서 완전히 발을 뗐다가 다시 착륙하는 달리기 방식을 사용한다. 몇몇 동물은 준비 단계를 거치는데, 연속으로 몇 걸음을 걷다가 물 표면에서 달리기 시작한다.

물 위에서 달리는 것은 불가능한 것처럼 보인다. 우리 자신의 경험상, 우리가 단단한 바닥을 밀어야만 이동 가능할 정도의 힘으로 표면이 우리를 밀어낼 수 있기 때문이다(뉴턴의 제3법칙을 통해서). 그래서 우리가 가하는 모든 힘을 되돌려주지 않는 모래사장에서 뛰는 것이 단단한 땅에서 뛰는 것보다 더 어려운 것이다(그리고 사이드와인딩을 하는 뱀들이 그런 독특한 걸음걸이로 진화한 이유이다). 하지만 바실리스크도마뱀 역시 뒷다리만 사용해서 물 위에서 두 발로 달릴 수 있다. 이들은 표면장력에만 의존하기에는 너무 커서 대신에 커다란 발을 이용해서 물 표면을 빠르게 때리는 슬래핑 보행slapping gait으로 달린다.

바실리스크도마뱀은 물이 이동에 저항하는 경향을 이용한다(배치기 다이빙을 해본 사람이라면 익숙할 것이다). 물 위에 발을 철썩 내려놨다가 물이 발을 감싸기 전에 재빨리 떼는 방법으로, 어느 정도 그들의 무게를 지탱하며 다음 걸음을 내딛는다. 그들은 순식간에(~0.06초) 발을 떼고 다음 발을 수면 위에 내려놔야 하고, 바실리스크도마뱀이 물 위에서 발을 더 빨리 이동할수록 물은 흩어지는 것에 더 크게 저항한다(여기서 작용하는 관련 물리학 개념은 충격과 운동량 보존이다). 커다란 발은 두 가지 이유 때문에 중요하다. 첫째는 물 자체에 압력 항력(이것은 발 표면적과 발이 움직이는 속도의 함수이다)을 가한다. 둘째는 발이 수면을 누르며 (아주 일시적으로) 생기는 공기로 가득한 공간 아래쪽에 있을 때 발 아래쪽의 물은 그 깊이 물의 정수압(정수압은 깊이×물의 밀도×중력가속도이다)에 발의 표면적을 곱한 만큼의 힘을 위쪽으로 발에 가한다. 간단하게 말해서 발바닥 면적이 클수록 발 위쪽으로 더 큰 힘이 가해진다. 위로 향하는 이 힘은 발이 들어오는 것에 저항하는 물과 합쳐져서 빠르게 움직이는 동물을 물 위로 떠받쳐 표면에서 달릴 수 있게 만든다. 한 발을 뗀 다음에 다른 발이 즉시 동물의 무게중심보다 앞쪽에 내려앉고, 이 과정이 반복된다. 상상하는 것처럼, 이 전략이 효과적이기 위해서는 크기에 한계가 있고, 그래서 물 위를 달리는 것이 어린 바실리스크도마뱀으로 한정되어 있는 것이다. 나는 몇 년 전에 코스타리카 강가에서 어린 바실리스크도마뱀을 깜짝 놀라게 만들어 물 위를 달리는 모습을 운 좋게 보았는데, 그것은 정말 장관이었다!

일종의 물새인 논병아리grebe는 바실리스크도마뱀보다 더 무겁지만 짝짓기 의식의 일부로 러싱rushing(암컷과 수컷이 동시에 수면에서 추는 춤이라고 설명하는 것이 가장 적절할 것 같다)이라고 하는, 비슷하게 물 위를 달리는 행동을 보인다. 논병아리 역시 바실리스크도마뱀과 비슷하지만 그들의 큰 무게를 떠받칠 만큼의 힘을 생성할 수 있도록, 보법이 몇 군데 다른 일종의 슬래핑 이동을 사용한다. 본질적으로 논병아리는 바실리스크도마뱀과 똑같은 행동을 하지만 더 힘들게, 더 빠르게 하는데, 이야말로 정말 놀라운 동물의 능력이 이룬 업적이라 할 만하다.

놀랍거나 독특한 행동을 하는 동물의 목록은 상당히 길다. 하지만 자연선택은 아무렇게나 이루어지는 게 아니고, 동물이 뭔가 특별한 행동을 하는 것을 보면 늘 그럴 만한 이유가 있다는 것을 꼭 염두에 두어야 한다. 또한 진화가 무척 놀라운 것들을 만들어내긴 하지만, 거기에도 한계가 있다는 것을 기억해야 한다.

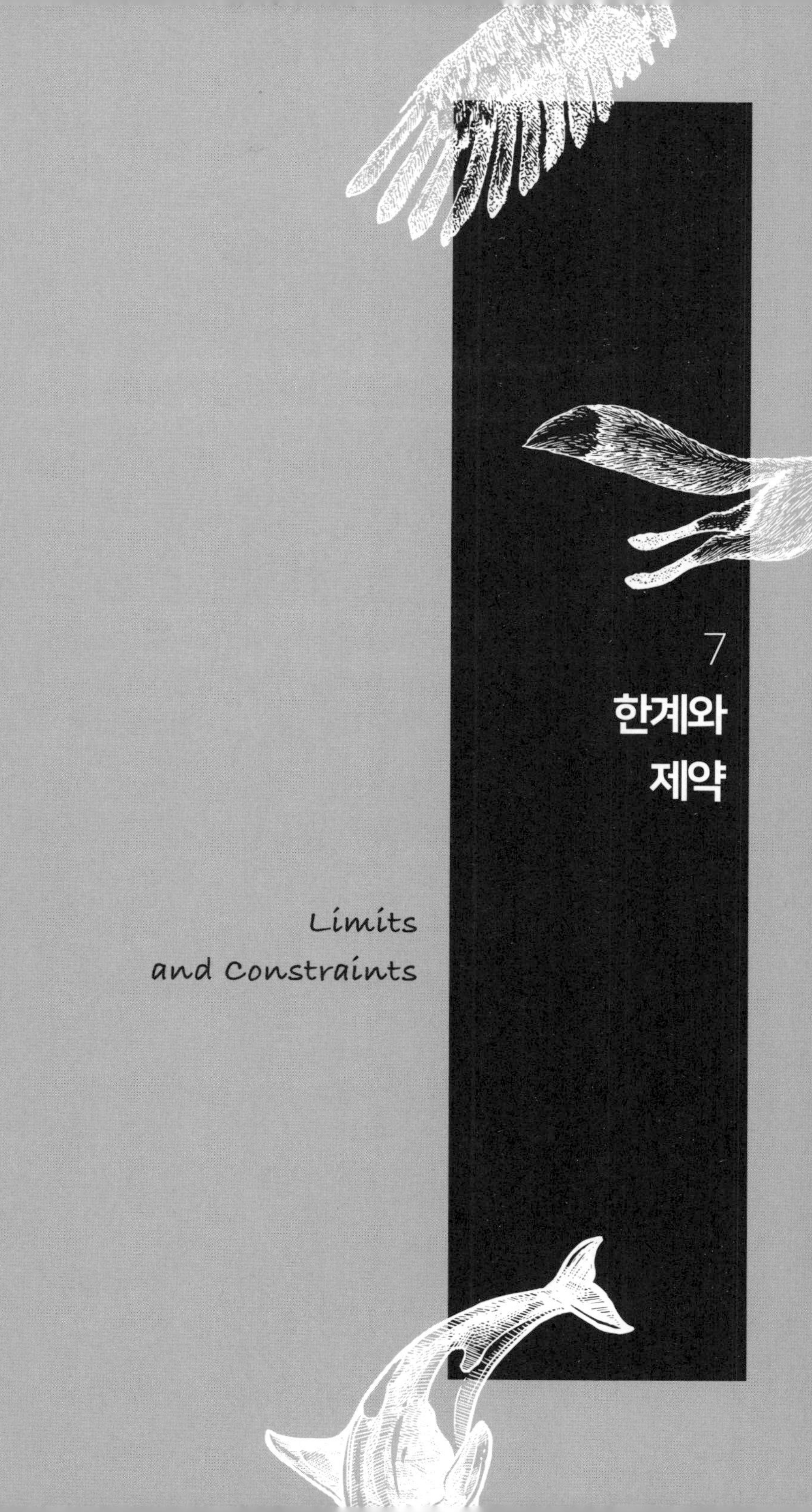

7

한계와 제약

Limits and Constraints

어떤 한 가지 특성에 뛰어나기 위해서는 다른 능력을 대가로 치러야 한다. 다시 말해서 한 가지에 뛰어나거나 심지어는 두세 가지를 잘할 수도 있지만, 모든 것에 뛰어난 경우는 있을 수 없다.

DC 코믹스 시리즈 〈무한 지구의 위기Crisis on Infinite Earths〉 1985년 8호에서(마브 울프먼Marv Wolfman 글, 조지 페레스George Pérez의 아름다운 그림으로 만들어진 작품이었다) 세계에서 가장 빠른 남자 플래시는 멀티버스를 구하고 영웅적으로 죽었다. 이 사람은 1956년에 처음 등장해서 화려한 실버에이지 코믹스 시대를 연 중요한 캐릭터였던 두 번째 플래시, 배리 앨런이었다. 플래시는 항상 강력했으며, 건물을 수직으로 빠르게 올라갈 수 있었고, 원을 그리며 돌아서 토네이도를 만들고, 심지어 자신의 분자 하나하나를 빠르게 진동시켜 차원을 건널 수도 있었다. 가끔은 그의 엄청난 능력이 캡틴 부메랑이나 트릭스터 같은 교활한 악당들을 상대하느라 낭비된다고 느껴질 정도였다. 그는 거의 무한정 자신의 속도를 유지할 수 있었다. 간단히 말해서 플래시는 모든 것을 할 수 있어 보였다. 하지만 이 이야기에서 그는 어느 때보다도 자신을 몰아붙여서 빛의 속도를 넘어서서 우주를 부수는 무기의 동력원인 타키온(빛보다 빠른 이론적 입자)을 앞지른다. 이렇게 하느라 그는 아주 빠르게 움직여서 시간을 거꾸로 거슬러 올라가 어린 자신에게 슈퍼 스피드를 부여했던 번개가 된다. 플래시의 죽음은 만화책에서 다른 사람들의 죽음보다 오래 지속되었고, 그는 2009년에 마침내 되살아났다. 어린 시절 그는 내가 제일 좋아했던 캐릭터지만, 그의 이야기 엔딩이 너무나 근사해서 나는 그가 죽은 채로 남기를 바랐을 정도이다.

현실에서는 미래에서 온 자신으로 이루어진 번개에 맞는다고 해서 초능력이 생기지는 않을 것이다. 게다가 플래시와 다르게 진짜 동물들의 운동능력은 물리학 법칙과 역학과 생리학 원리에 종속되어 있다. 동물들은 뭐든지 다 할 수 없고, 자연선택이 아무리 효과적이라 해도 진화적 과정의 본질과 생물체의 조상에게 어떤 식으로 작용했는지에 관한 역사적 상황부터 생물체 설계의 역학적 특성에 이르기까지 여러 가지 요소가 특정 동물에서 특별한 적응이 가능한지 그렇지 않은지를 제약한다. 이런 제약들은 더 나아가 적응이 종종 완벽하지 않게 되는 결과를 불러온다. 자세히 살펴보면 살아 있는 생명체들은 겉보기만큼 특정 생태학적 임무에 그다지 최적화되어 있지 않다. 이 장에서는 이런 다양한 제약 때문에 동물의 운동능력 진화에 적용된 한계들과 이런 한계들을 대체하는 몇 가지 방법에 대해서 이야기하겠다.

기능적 균형,
또는 왜 동물 운동선수들이 모든 걸 갖지 못하는지

자연선택은 동물들이 먹이를 잡거나 먹이가 되는 데에서 도망치거나 또는 짝을 찾는 등 적합성을 최대화하는 생태학적 임무를 수행할 수 있도록 동물의 형태를 만든다. 그리고 대부분의 동물은 평생 동안 이런 임무를 수도 없이 다양하게 해야만 한다. 이런 각기 다른 임무는 종종 각기 다른 종류의 운동력을 요구하고, 이것이 각 개체의 근본적인 생리학과 형태에 있어서 이질적이고 상충된 부담을 줄 수 있다. 운동능력은 거의 항상 다른 운동능력을 형성하는 근골격계의 요소들과의 균형을 바탕으로 절충되곤 한다. 그 결과 동물의 왕국에서 중요한 경향 중 하나가 어떤 한 가지 특성에 뛰어나기 위해서는 다른 능력을 대가로 치러야 한다는 것이다. 다시 말해서 한 가지에 뛰어나거나 심지어는 두세 가지를 잘할 수도 있지만, 모든 것에 뛰어난 경우는 있을 수 없다.

이 책에서 내가 계속해서 반복적으로 들먹이는 아놀리스 도마뱀이 생물체의 형태와 환경이 요구하는 운동능력의 조화뿐만 아니라 생물체가 아직 잘 적응하지 못한 다른 환경에 있으면 어떻게 그 조화가 최선이 아니게 되는지를 잘 보여준다. 아놀도마뱀은 많은 종이 하나의 조상 종에서 시작해서 (진화적으로) 짧은 시간 동안 각기 다른 생태적 생활방식에 적응하기 위해서 진화하는 적응방산adaptive radiation이라는 진화적 과정의 훌륭한 사례이다.

아놀도마뱀 종들은 여러 가지 면에서 서로 다른데, 카리브해에 사는 종들은 특히 서식지 선호도 측면에서 흥미로운 차이를 보여준다.

우리는 아놀도마뱀 서식지를 덤불, 공터, 나무둥치, 나무 위 등 여러 가지 범주로 나눈다. 특히 대앤틸리스Greater Antilles제도의 섬에서 각각의 종류의 서식지에 사는 종들을 생태형ecomorph이라고 부른다. 특정한 환경적 문제에 대처하는 데 적합한 특별한 형태와 운동능력을 보이기 때문이다. 아놀도마뱀의 여섯 가지 생태형은 자신들의 특정 생태 환경에 훌륭하게 적응했다. 예를 들어 풀밭-덤불아놀도마뱀은 긴 풀 사이를 '헤엄치고' 다니기 적합한 날씬하고 가느다란 몸통과 긴 꼬리를 가진 반면에, 나무둥치아놀도마뱀은 넓은 나무둥치 위에서 움직이기 위해서 사방으로 벌어진 게 같은 다리와 납작한 자세를 가졌다. 덕분에 이들은 놀랄 만큼 민첩하다. 나뭇가지아놀도마뱀은 눈에 띄지 않고 천천히 움직인다. 또한 신중한 관찰자의 눈에도 그들이 앉아 있는 나뭇가지와 똑같아 보일 뿐만 아니라 아주 가느다란 기질基質(나뭇가지처럼)을 따라 움직이기에 완벽하게 적합한 형태를 가졌다. 그래서 나뭇가지아놀도마뱀은 몸 크기에 비해 짧은 다리를 가졌다. 땅딸막한 다리가 가는 나뭇가지와 굵은 줄기를 따라 돌아다니는 데에 기다란 다리보다 더 유용하기 때문이다. 짧은 다리가 긴 다리보다 붙잡고 중심을 유지하기에 더 좋다.

카리브해 아놀도마뱀의 보행과 관련해서 형태-운동의 전환은 명백하다. 나무둥치나 지상처럼 넓은 기질에 사는 종은 긴 다리를 가진 반면에, 좁은 기질 위에서 움직이는 종은 짧은 다리를 가졌다. 그러면 긴 다리를 가진 종이 좁은 기질 위로 올라가게 되면 어떤 일이 벌어질까? 2장에서 본 바하마 갈색아놀도마뱀의 빠른 자연선택에 관한 부분을 돌이켜보면 이미 이 질문에 대한 답을 알 것이다. 하지만 이 현상을 보여주기 위한 실험은 1980년대 말에 몸 크기에 비해 다리 길이가 다양한 카리브해 아놀리스 도마뱀 4종에 관해 조나단 로소스와 배리 시너보Barry Sinervo가 수행했다. 각 종이 자연계에서 가장 흔히 사용하는 기질을 비슷한 지름으로 만들어 달리는 속도를 측정한 다음, 로소스와 시너보는 이 종들을 다른 지름의 매질媒質에 옮겨보았다. 그들은 기질의 지름이 줄어들수록 모든 종이 느려지는 것을 발견했는데, 다리가 짧은 종들의 경우에는 처음부터 속도가 빠르지 않았지만 대신 속도의 감소 정도도 가장 덜했다.

이 두 가지 설계는 상호 배타적이다. 생물은 긴 다리와 짧은 다리를 동시에 가질 수 없다. 이 말은 어떤 아놀도마뱀도 넓은 기질과 좁은 기질 둘 다에서 움직이는 데에 적합할 수 없다는 뜻이다. 나무 위 집에 있는 가는 줄기와 나뭇가지를 돌아다니는 긴 다리의 도마뱀은 언제나 최대 운동능력이 떨어지는 것을 경험하게 될 것이고, 짧은 다리 아놀도마뱀은 넓은 기질에서는 제대로 활동할 수가 없다. 덩컨 어쉭Duncan Irschick과 로소스가 그 후에 수행한 8종의 아놀도마뱀 실험에서는 짧은 다리-긴 다리의 기질 균형을 확인했을 뿐만 아니라 포식자에게 발견되는 걸 피하거나 먹이를 잡기 위해 달리기에 의존하는 긴 다리 종이 특히 기질의 종류에 예민하고(그들은 좁은 기질에서는 자주 떨어지는 경향을 보였다), 자연계에서 아무 방해 없이 움직일 때에는 자신들의 운동능력을 저해하는 이런 기질을 피하려 한다는 사실을 발견했다.

아놀도마뱀의 최고 능력은 오로지 그들이 머물러 사는 서식지에서만 드러날 수 있다는 것이 바로 그들의 형태와 환경 사이의 조화이다. 하지만 카리브해 아놀도마뱀은 운동능력을 결정하는 것 같은 통합적 기능 체계의 진화 면에서 좀 더 일반적인 핵심을 보여준다. 자연선택을 통한 진화는 생존과 번식을 확립하기 위해서 해야만 하는 다양한 활동 임무(그 임무가 아무리 특이한 것들이라 해도)에 동물들을 대비시키기 위한 것이다. 하지만 가끔은 자연선택이 취할 수 있는 방법이 몇 없을 때도 있다. 서로 다른 두 지역에 비슷한 두 종의 동물이 비슷한 기능적 문제를 마주하게 되었을 때, 자연선택은 이 동물들을 비슷한 방식으로 바꿔놓을 수 있다. 이것이 카리브해의 아놀도마뱀들에게 일어난 일이다. 대부분의 생태형은 여러 카리브해 섬들에서 생겨났다. 이 섬들에서 생태형의 분포와 이 생태형들의 진화적 관계를 자세히 살펴보면, 예를 들어 두 종의 나뭇가지아놀도마뱀, 즉 자메이카의 A. 발렌키엔니*A. valencienni*와 바하마의 A. 앙구스티켑스*A. angusticeps*가 가까운 친척 관계가 아님에도 매우 비슷하게 생겼고 비슷하게 행동한다는 것을 알 수 있다. 사실 A. 발렌키엔니는 650킬로미터 떨어진 다른 섬에 사는 바하마산 도플갱어보다 성질 급하고 다리가 긴 자메이카 나무둥치-지상 생태형 A. 리네아토푸스*A. lineatopus* 및 크고 아름다운 초록색 자메이카산 나무꼭대기-거인 A. 가르마니*A. garmani*

와 훨씬 더 가까운 친척 관계이다.

이런 패턴은 카리브해 전역에서 드러난다. 다른 섬에 있는 같은 생태형이 형태적·행동적·능력적으로 가까운 친척 관계가 아님에도 놀랄 만큼 유사성을 보이는 것이다. 그러니까 아놀도마뱀은 자연선택이 다른 종에서 비슷한 방식으로 독립적으로 작용해서 다른 종을 거의 똑같이 생기고 행동하게 만드는 쪽으로 진화시키는 수렴진화convergent evolution의 우수한 사례이다. 이 종들이 매우 비슷하기 때문에 우리는 특정 생태형 범주에 들어가는 모든 멤버가 똑같은 서식지-기질 균형을 겪는다는 사실을 알 수 있다. 그러니까 진화는 형태와 환경 사이에 여러 번 똑같은 조화를 반복시키고, 이렇게 하면서 같은 기능적 균형을 반복 설명한다.

아놀리스의 수렴진화는 카리스마 넘치고 매력적인 동물 한 속에서 일어난 것이기 때문에 더욱 놀랍다. 하지만 한 걸음 물러나서 더 넓은 범주에서 진화를 바라보면 수렴진화가 여기저기 만연하지만, 또한 항상 아놀도마뱀과 똑같은 방식으로 일어나는 것은 아니라는 사실을 알 수 있다.

과거에서 나와서

진화가 만들어내는 특정 생태학적 문제의 기능적 해결책은 종종 비슷하지만, 항상 똑같은 것은 아니다. 특히 운동능력은 대략 비슷하지만, 그 운동능력을 어떻게 달성하느냐 같은 세

부적인 부분은 다리 길이, 근육의 크기, 근육의 부착점처럼 다양한 조합을 통해서 달라질 수 있다. 생물학자들은 이런 현상을 다대일 매핑many-to-one mapping이라고 한다. 다른 방식으로 설명하자면, 아놀도마뱀의 서로 다른 종들이 조상으로부터 같은 기능적·생리적 기제를 물려받았기 때문에 같은 활동적 해결책으로 수렴될 수도 있지만, 특정 임무를 수행해야 하는 다른 종의 동물들은 직계조상으로부터 그 일에 맞지 않는 형태를 물려받았다는 사실을 발견할 수도 있다.

여기서 자연선택은 임시변통을 해야 한다. 앞장에서 소개한 활공하는 동물들을 예로 들어보자면, 양력을 만들어주는 에어포일 같은 신체 구조와 하강을 통제하게 돕는 자세 조정 같은 동일한 일반적 원리에서는 도움을 받을 수 있지만, 실제 활공을 하는 신체 구조는 서로 크게 다르다. 유대하늘다람쥐와 날여우원숭이 같은 포유류는 다리 사이에 커다란 가죽 같은 비막이 달려 있지만, 드라코의 비막은 튀어나온 갈비뼈로 지지된다. 날치는 비막을 쓰는 대신에 가슴지느러미를 변화시켜 가로세로비가 높은 날개 같은 구조로 진화시켰다. 하지만 날치, 날도마뱀, 유대하늘다람쥐는 가까운 친척 관계가 아니다. 이들은 진화적으로 수백만 년 떨어져 있고, 공통된 활공 형태를 물려받을 만큼 가까운 공통조상을 갖고 있지도 않다. 대신에 이 동물들은 비슷한 운동능력으로 수렴진화했다. 이들 모두가 활공을 할 수 있지만, 각각은 다른 조상에서부터 시작해서 놀랄 만큼 서로 다른 기능적 수단을 거쳐 그들의 진화적 역사에서 부여된 제약의 한계를 밀어붙이고, 그 안에서 발달해서 여기까지 이른 것이다. 그러나 진화는 궁극적인 실용주의자이기 때문에 이 모든 수렴적 특성이 공통적으로 가진 한 가지 특징이 이들이 향한 목적지였던 것이다.

수렴진화는 갖고 있는 것을 이용해서 필요한 것으로 개조하는 자연선택의 방식을 잘 보여준다. 진화는 수선사이다. 청사진과 무제한의 기금, 아마존 프라임 계좌를 가진 공학자처럼 일하는 것이 아니라 고철상을 뒤져서 되는대로 만들어내는 미친 과학자처럼 일한다. 이 말은 동물이 비슷한 생태학적 임무를 수행하기 위해서 진화하는 기능적 해결책이 놀랍긴 하지만, 가끔은 그 제약이 극복할 수 없을 정도로 크다는 뜻이다. 동물이 물려받은 진화적 역사와 형태, 생리는 자연선택의 바람이 어느 쪽으로 부느냐에 따라서 미래의 운동능력을 가능하게 만들어줄 뿐만 아니라 제약하기도 한다.

다리 아니면 날개?

상충되는 보행의 필요조건으로 인한 문제는 아놀 생태형에만 국한된 것이 아니다. 최적의 설계에서 나타나는 명백한 기계적 균형 때문에 양립할 수 없는 운동능력 여러 종류를 동시에 최적화하려 하는 동물들은 거의 항상 실패할 운명이고, 결국에는 멸종한다. 그래서 우리가 이런 동물들을 그리 많이 보지 못하는 것이다. 훨씬 더 흔한 것은 한 개나 (드물게) 두 개는 무척 잘하지만 다른 것들은 자연선택의 망치를 간신히 피할 수 있을 정도로만 할 수 있게 되는 타협한 형태이다.

균형과 타협은 여러 가지 임무를 수행하는 동물들의 형태 구조에서 바탕이 된다. 조류에서 상대적인 크기와 다리와 날개의 발달 사이에는 기본적인 건축학적 균형 잡기가 일어난다. 하늘을 나는 새는 물리학 법칙에 따른 여러 가지 공기역학적 문제를 마주하게 되고, 보통은 가능한 한 가벼운 게 그들에게 이득이다. 중력에 저항해서 옮겨야 하는 질량이 가벼우면 더 좋기 때문이다. 다리는 무거우므로, 날면서 많은 시간을 보내거나 높은 기동성을 필요로 하는 새들은 다리 크기를 줄이면 더 좋다. 그렇다고 완전히 없앨 수는 없다. 새가 아무리 훌륭한 비행사라 해도 다리를 갖는 것은 거의 의무나 다름없다.[1] 이런 균형은 모든 새에게서 볼 수 있다. 날면서 먹이를 구하는 종들은(그래서 날개와 비행에 더 치중하는 종은) 더 작은 다리를 가졌을 뿐만 아니라 다리의 기능도 적어졌다. 하지만 비번식기에 연례 이주를 하며 열 달 동안 계속해서 허공에 떠 있고 심지어 날면서 먹이를 먹고 잠도 자는 칼새의 경우에도 여전히 다리를 갖고 있다. 비행의 효율성을 반영해서 다리가 아주 작지만 말이다.

새들은 특히 각기 다른 이동 방법에 시간을 나누어 쓰는 경향 때문에 기능적 충돌을 많이 일으킨다. 펭귄은 뛰어난 수

---

1 파푸아뉴기니에서 처음 가져왔던 극락조 종은 다리가 없었다(사실 날개도 없었다). 그 종들은 원주민들이 다리를 제거한 다음 유럽인 탐험가들과 물물교환했던 박제였기 때문이다. 이것이 그 종의 학명, 파라디사이아 아포다*Paradisaea apoda*('다리 없는 극락조')에 반영되어 있다.

영선수이지만, 육상에서 이들의 걷는 능력은 결과적으로 몹시 훼손되어 느리고 비효율적이다. 이들은 당신이 생각하듯이 〈해피 피트Happy feet〉에서처럼 훌륭한 탭댄스를 추지 못한다. 여러 바다 및 민물의 새들 역시 두 가지 이동 방법 사이에서 기능적 중간 지대에 존재한다. 물새 40여 종으로 이루어진 가마우짓과는 물고기를 잡아먹는다. 하지만 대부분의 새들이 자주 다니는 육상과 공중에는 물고기가 거의 없기 때문에 가마우지는 6장에서 다이빙을 하는 케이프가넷이 그러는 것처럼 물고기의 고향에 들어가는 것이 유용하다는 사실을 발견했다. 그러나 몇몇 가마우짓과는 가넷보다 더 장시간 다이빙을 잘해서 깊이 45미터까지 들어간다. 또한 물갈퀴 달린 발, 뭉툭한 날개, 그들이 사용하는 산소 소모 속도에 비례해 작은 새보다 산소를 더 많이 저장할 수 있는 커다란 몸 크기처럼 다이빙을 하는 데 도움이 되는 특징들을 갖도록 진화했다.

갈라파고스가마우지는 먹이를 잡기 위해서 다이빙에 완전히 의존하게 되어 나는 능력을 전부 잃었지만, 다른 가마우지 종들은 형편없긴 해도 여전히 날 수는 있다. 다이빙-비행의 타협 형태가 다이빙 요소 쪽으로 심하게 치중했을 경우에 훌륭한 비행선수를 만들지 못하는 이유가 하나 있다. 무거우면 물속으로 들어가는 데에는 아주 좋지만(운동량이 더 커지니까), 날개의 높은 가로세로비가 없으면 비행 중인 동물은 활공과 반대로 날갯짓을 하는 동력비행을 통해 양력을 만들기 위해서 더 많은 시간과 에너지를 사용해야만 하기 때문이다.

근육의 특성과 균형

근육은 거의 모든 동물의 이동(즉, 운동력)의 원동력이 되는 엔진이다. 그래서 근육의 본질과 설계는 운동능력에 균형을 가져올 수 있다. 근육이 작동하는 방식은 그 근육이 하게 만드는 운동능력의 종류를 암시하고, 근육, 근육을 뼈에 연결시키는 힘줄, 뼈 그 자체의 특정한 조합은 문제의 동물이 필요로 하는 운동능력에 맞추기 위해서 자연선택이 특별히 설계한 것이다.

근섬유의 길이부터 그 섬유들이 수축되게 만드는 분자 조직들에 이르기까지 근육 구조의 여러 가지 측면들이 근육이 뭘 하고 뭘 할 수 없는지에 영향을 미친다. 예를 들어 긴 근섬유는 짧은 것에 비해 한 번 수축할 때 더 적은 힘을 생성하지만(다른 모든 조건이 동일할 때), 처음부터 짧은 근섬유보다 길이를 더 많이 수축할 수 있다. 이 말은 긴 근섬유로 이루어진 근육은 크고 빠른 동작을 통제하고 만드는 데 적합하지만, 작지만 더 강한 동작은 짧은 근육과 근섬유로 이루어진 근골격 구조에 의해 통제된다는 뜻이다. 다시금, 이 두 배열이 근본적으로 양립할 수 없다는 사실은 기계적 운동능력의 균형을 이해하는 데 있어서 핵심적이다. 근섬유는 길고 빠르게 수축되거나, 짧고 강하게 수축될 수 있지만 두 개를 한꺼번에 할 수는 없다. 그러나 이 두 특성은 균형을 이룰 수 있다. 가장 강한 근육은(짧은 시간 동안 가장 많은 일을 하는 것은) 수축력과 수축 속도가 중간인 것이다.

운동능력에 영향을 줄 수 있는 근육의 두 번째 특성은 이동 근육을 이루는 근섬유의 종류이다. 다양한 근섬유의 종류는 크게 두 가지로 구분할 수 있다. 미토콘드리아가 풍부하고 산소를 필요로 하며 천천히 수축되지만 피로에 대한 저항력이 상당히 강한 산화적 근섬유(장거리를 달리는 동물들이 사용한다)와 미토콘드리아가 적고 산소를 필요로 하지 않으며 빠르게 수축되는 비산화, 또는 해당解糖 근섬유(파충류가 선호하는 종류의 근섬유)이다. 대부분의 동물들은 근육에 두 가지 근섬유를 다 갖고 있지만, 속도에 의존하는 동물들은 해당 근섬유의 비중이 훨씬 높은 경향이 있다. 곰부터 카라칼, 치타에 이르기까지 포유동물의 이동 근육에서 해당 근섬유의 비중과 단거리 달리기 속도 사이에는 직접적이고 양의 상관관계가 있다. 이 빠른 동물들이 이로 인해서 형편없는 유산소성 능력을 갖고 있다는 부분이 이들의 균형이다. 한 종류의 근섬유 비중이 높으면 당연히 다른 종류의 근섬유는 적을 수밖에 없기 때문이다.

동물의 운동능력은 근육 기능의 출현 속성이다. 그러니까 근육이 어떻게 작동하는지에 관한 상세한 것은 전체유기체의 설계와 작동에서 드러난다. 각기 다른 운동능력이 뛰어난 동물의 근육과 골격 구조를 살펴보면 이것은 명백해진다. 그레이하운드와 핏불은 둘 다 특정한 운동능력을 바탕으로 개들을 수 세대 동안 신중하게 선택적으로 번식시킨 결과물이다. 그레이하운드는 달리기 속도에, 핏불은 싸움 능력에(이런 싸움은 거의 모든 나라에서 당연하게도 지금은 불법으로 규정되었지만) 특화되었다. 달리기와 싸움에 있어서 서로 다른 형태적 필요조건은 특히 이들의 다리의 골격근 구조에 집중된다. 달리기 선수로서 그레이하운드는 500미터 거리를 빠르게 달릴 수 있는 긴 다리를 필요로 한다(다시 한 번, 속도=보폭×걸음 수이다). 이 말은 이들의 이동 근육이 일률을 최대화해야 한다는 뜻이다. 그러기 위해서 그레이하운드는 다리에는 근육이 적고 대부분의 이동 근육이 다리 위쪽 관절에 배치되어 있다. 그래서 이들의 다리는 더 가볍고 고속에서 움직이기가 쉽다. 이 근육들은 또한 근섬유 길이가 힘의 생산에 최적인 정도이고, 잡종견의 근섬유보다 더 길다. 치타처럼 그레이하운드 역시 뒷다리를 동력원으로 하는 동물이기 때문에 앞다리보다 뒷다리에 근육량이 더 많고, 이것은 대부분 감속에 사용된다. 반면 핏불은 다른 위험한 동물을 상대로 움직이며, 반복적이고 폭발적으로 가속과 감속을 해야 하고, 적을 상대하기 위해서 강한 다리가 필요하다. 이것은 이들을 사륜구동 자동차와 비슷하게 만들어서 짧은 다리 전부에 좀 더 고르게 근육이 분포된다.

다시금, 우리는 이 두 동물의 형태의 근본적인 비양립성에 놀라게 된다. 빠른 그레이하운드를 이루는 근골격 형태는 땅딸막한 핏불을 이루는 근골격과는 정반대의 배열을 이루고 있다. 그레이하운드와 핏불은 사실 보편적인 진화 원리를 상징하고 있을 수도 있다. 서로 상반된 기능적 필요조건을 갖고 있는 싸움과 이동 사이의 균형 원리 말이다.

제약을 극복하고 균형을 최소화하기

기능적 균형과 제약은 모든 동물 종에서 피할 수 없는 현실이지만, 특정 운동능력에 특화되는 것이 항상 다른 능력에 특화되는 것을 가로막는 것은 아니다. 두 개의 기능적 필요조건이 합치된다면 가능할 수도 있다. 6장에서 이야기했던 폭포를 기어 올라가는 망둥이 중에서 인처의 한 종은 특화된 입의 흡입구로 표면에 달라붙어, 배지느러미의 흡입과 번갈아 사용해서 위로 올라갈 뿐만 아니라 먹이를 먹을 때 바위 표면에서 작은 생물체들을 갉아 먹는다. 이 물고기에서 바위를 올라갈 때와 갉아 먹을 때 입의 움직임은 거의 비슷한데, 같은 근육과 형태 구조가 관련된다. 올라가는 것과 갉아 먹는 것 사이에 딱히 상충되는 것이 없을 뿐만 아니라 하나가 다른 것을 진화시켰을 가능성이 높다. 어느 것이 먼저 진화했는지 지금으로서는 불분명하지만 말이다. 그러나 어떤 종에서는 자연선택이 진정한 기능적 제약을 극복하는 방식으로, 혹은 최소한 기계적·근육적 균형을 최소화하는 방식으로 움직인다.

이미 본 것처럼 단거리 달리기와 장거리 지구력에 특화된 동물에게 필요한 조건은 다르다. 대부분의 동물에 있어서 이 두 가지 조건은 상반된다. 인간 운동선수를 생각해보면, 강한 힘을 내기 위해 근육질인 동시에 장거리 달리기를 하기 위해 날씬할 수는 없고, 대부분 비산화적 속근fast-twitch fiber으로 이루어진 근육을 가졌으면 산화적 지근slow-twitch fiber의 양은 적을 수밖에 없다. 유산소성 활동으로 지속되는 속도는 무산소적으로 지속되는 속도보다 느린데(포유류에서 평균적으로 절반 이하이다), 이 말은 동물이 아주 빠르게 달리거나 아주 오래 달릴 수는 있지만, 둘 다 할 수 있는 경우는 거의 없다는 뜻이다.

인간 달리기 선수에서 단거리에서 장거리로의 전환은 600~800미터 거리에서 일어난다. 그래서 많은 운동선수가 800미터와 그 이상에 참가하거나 400미터와 그 이하에는 참가하지만, 400미터와 800미터에 참가하는 경우는 드문 것이다. 사실 1939년 루돌프 하르빅Rudolf Harbig 이래로 400미터와 800미터에서 동시에 세계기록을 가진 사람은 아무도 없다. 이런 서로 다른 필요조건 때문에 연구자들은 종종 단거리 달리기 대 지구력의 균형을 시작으로 해서 동물의 운동능력 균형에 관심을 보인다. 가끔 이런 균형을 찾을 때도 있다. 예를 들어 12종의 유럽 장지뱀lacertid lizard 연구에서는 단거리 달리기에 뛰어난 종은 지구력이 낮지만 몸 크기에 비해 긴 뒷다리를 가졌고, 그 반대도 사실임을 발견했다. 하지만 여러 종에 관한 다른 연구에서는(17마리의 장지뱀으로 한 후속 연구를 포함해서) 이런 균형에 관해서 증거가 취약하거나, 혼재되어 있거나, 아예 입증되지 않았다.

예측했던 균형 상태가 왜 관찰되지 않는지 그 이유에 관해서는 의견이 분분하고 복잡하고, 어떤 경우에는 연구자들이 이런 균형을 찾아내기 위해서 특화된 통계적 기술이 필요하다. 하지만 속도와 지구력 사이의 균형은 거의 확실하고, 특히 한 종의 동물이 이런 특수한 균형을 어떻게 극복할 수 있는지에 관한 실마리를 제시한다.

동물의 왕국에서 가장 뛰어난 총체적 운동선수에게 상을 준다면 (그리고 동물들이 그런 것을 바라도록 진화했다면) 1등은 북미 가지뿔영양pronghorn에게 돌아갈 것이다. 동물 중에서 거의 유일하게 가지뿔영양은 단거리와 장거리 달리기 양쪽 모두에 뛰어나다. 거의 100km/h에 달하는 최고속도를 가진 가지뿔영양은 치타를 제치고 육상에서 가장 빠른 동물이다. 놀랍게도 가지뿔영양은 치타가 달릴 수 있는 거리를 훨씬 넘어서서 이런 엄청난 속도를 유지하며 달릴 수 있다. 가지뿔영양이 평균 속도 65km/h로 10분 동안 11킬로미터 거리를 달려가는 것을 관찰한 현장 연구가 있고, 쫓아가는 경비행기를 가지뿔영양이 따돌렸다는 일화도 있다. 그럼에도 불구하고 가지뿔영양의 보행은 놀랄 만큼 연구되지 않았고, 우리는 이 동물이 어떻게 이런 엄청난 성과를 이루는지에 관해 별로 아는 바가 없다. 하지만 몇 가지는 안다.

1988년, 스탠 린드슈테트(현재 노던애리조나대학교)와 그 동료들은 가지뿔영양을 러닝머신에 올려놓고 달리는 동안 산소 소모량을 측정했다(그림 7.1). 이렇게 한 근거는 모든 동물에서 산소를 사용하는 능력이 최대 지구력 속도를 한정하기 때문이다. 그 속도보다 더 빠르면 이동에는 무산소적으로 에너지가 공급되어야 한다. 그들은 러닝머신을 11퍼센트 경사에 36km/h로 맞춰놓았다. 이렇게 하면 이 동물이 약간 오르막을 거의 올림픽 단거리 선수의 최고속도로 달려야 한다! 린드슈테트와 동료들은 가지뿔영양이 그 덩치만으로 예측한 것보다 세 배 이상 높은 VO_2max(최

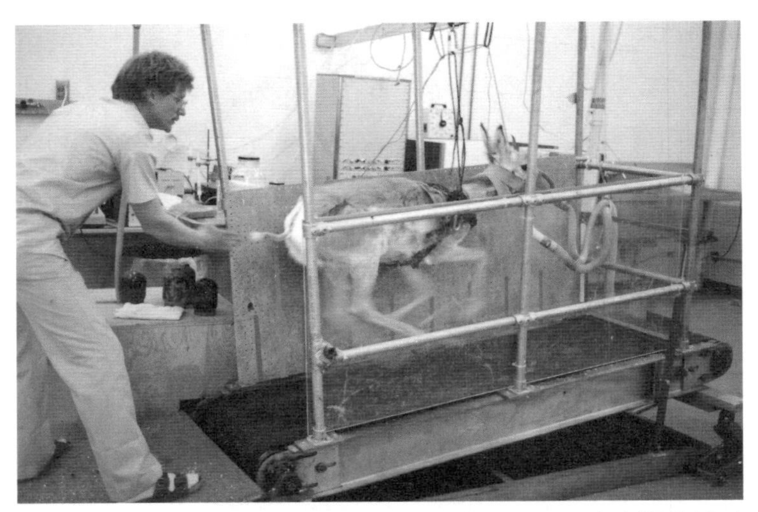

그림 7.1. 1988년 와이오밍주 래러미에서 스탠 린드슈테트Stan Lindstedt가 가지뿔영양을 러닝머신에 올리고 데이터를 측정하고 있다. 귀를 바싹 기울이면 코번Coburn 의원이 소리를 질러대는 게 들릴 것이다. ⓒE. R. Weibel and S. L. Lindstedt.

대산소섭취량의 기술적 표기)를 가졌음을 알아냈다.[2] 이런 이례적인 능력의 원인은 가지뿔영양에서 산소 공급에 영향을 미치는 요인에 관한 초기 연구에서 전조가 나왔었다. 같은 크기의 염소와 비교할 때 가지뿔영양은 다섯 배 높은 VO_2max를 갖고 있고, 폐의 부피는 두 배 더 크고, 혈액은 50퍼센트 더 많으며, 적혈구는 33퍼센트 더 많고, 심장박출량(분당 심장이 박출하는 혈액의 양)은 세 배 더 커서 몸에 더 많은 산소가 다섯 배 빠르게 분포되고 근육의 미토콘드리

2 더 많은 동물 종을 예측 모델에 집어넣은 유산소적 능력에 관한 최근 연구는 이 수치를 약간 낮게 수정했지만 여전히 가지뿔영양은 VO_2max에서 명백하게 특이성을 보인다.

아 부피는 2.5배 많다. 게다가 가지뿔영양은 특이할 정도로 가느다란 뒷다리를 갖고 있어서 장거리를 달리는 동안 에너지를 보존해야 하는 동물에 걸맞다.

이 모든 변형이 장거리 달리기에 잘 적응한 종을 보여주지만, 이들 중 어떤 것도 단거리 달리기용 적응 형태는 아니다. 그렇다면 가지뿔영양은 우리가 다른 곳에서 보았던 단거리와 장거리 달리기 사이의 균형을 어떤 식으로 최소화할 수 있었던 것일까? 그리고 가지뿔영양이 속도와 체력 모두를 가질 수 있다면 왜 다른 동물들은 하지 못할까?

사실 다른 동물 몇몇도 단거리와 장거리 달리기 사이의 균형을 훨씬 적긴 해도 어느 정도 낮출 수 있다. 남아프리카 흰꼬리누black wildebeest는 가지뿔영양과 가까운 친척은 아니지만 어쨌든 장거리를 최고속도 70km/h라는 고속으로 달리는 능력을 진화시켰다. 이것은 넓은 서식지에서 유목 생활을 하는 탓일 것이다. 이 종이 그들의 덩치 큰 사촌 검은꼬리누Blue wildebeest의 특징인 대규모 이주에 동참하지는 않지만 말이다. 흰꼬리누의 보행 근육을 조사한 결과 아주 독특한 것을 발견했다. 빠른연축 해당 근섬유(타입 IIx 근섬유라고 한다)의 상당 부분이 높은 산화성과 비산화성 능력을 모두 갖도록 변화된 것이다! 이후의 연구는 스프링복(최고속도 약 90km/h) 역시 이런 변화된 산화적 타입 IIx 근섬유를 다량 갖고 있음을 보여주어 이들 역시 장거리에서 고속을 유지할 수 있을 거라는 추측을 가능케 해주었다. 그러니까 흰꼬리누와 스프링복의 이동은 다른 곳에서 볼 수 있는 빠른 수축 속도와 피로 저항 사이의 균형을 극복한 근섬유에 의해 가능해진 것으로 보인다. 가지뿔영양에서는 아직 확인해보지 않았지만, 역시 이 근섬유를 갖고 있을 가능성이 높다.

위에서 내가 제기했던, 가지뿔영양이 왜 최고의 단거리 및 장거리 달리기 선수인가 하는 질문에 대한 답을 할 수는 없지만, 추측은 해볼 수 있다. 현재 가진 증거들은 가지뿔영양의 유산소 능력이 상한선을 뚫었음을 알려준다. 다른 동물 운동선수들보다 훨씬 뛰어난 것이다. R. 맥닐 알렉산더는 가지뿔영양 연구의 해설에서(그는 '약골이 되는 편이 더 나을 수도 있다'는 멋진 제목을 붙였다) 산소 공급에 관한 이 모든 변화 중 어떤 것도 진화적으로 새로운 것이 아니지만, 일반적인 포유류의 구조와 기능을 훨씬 확대해놓았다고 지적했다. 다른 동물들은 가지뿔영양처럼 지구력과 단거리 달리기 능력의 한계를 둘 다 몰아붙이지는 않았을 것이고, 유산소적 능력에 대한 강력한 선택압력에 대응해서 가지뿔영양은 최대 유산소 속도와 피로 저항을 전례 없는 수준까지 높여 무산소 호흡에 의존하지 않고서도 이례적으로 빠르게 달릴 수 있게 되었다. 알렉산더의 주장은 단거리 달리기와 지구력 사이에 꼭 내재적인 생리적 균형이 있어야 하는 것이 아니라 두 능력을 다 최대화하기 위해서 대부분의 다른 동물은 치를 수 없는 대가가 있을 것이라고 정리할 수 있다. 가지뿔영양 외의 동물들은 대신에 일반적으로 가지뿔영양은 갖고 있을 수도 있고 없을 수도 있는 특화된 근섬유의 도움을 받아 어느 한쪽 능력만 향상시키는 데 집중한다. 가지뿔영양은 장거리 달리기에 적응한 결과 최소한 한 가지의 활동 한계를 보인다. 그들은 가는 다리가 부러질까 봐 점프하는 것을 가능한 한 피하고, 점프를 해야 하는 경우에는 뒷다리부터 착지하려고 노력한다(이것은 상당히 어색해 보이고 우리에게 자연계 최고로 놀라운 운동선수의 불행에 대해 살짝 고소한 기분을 주기도 한다). 이 말은 가지뿔영양이 다른 종들은 쉽게 피하는 도랑이나 구멍에 종종 이동이 막히곤 한다는 뜻이다.

가지뿔영양이 이런 식으로 단거리 달리기와 지구력 둘 다 선택했다는 증거는 무엇일까? 오늘날 가지뿔영양을 괴롭히는 현존 포식자들을 보면 이 가설이 불확실하게 느껴진다. 가지뿔영양이 서부 대초원에서 정기적으로 상대하는 육상 포식자는 코요테뿐인데, 이들은 딱히 운동 기록을 깰 만한 능력이 없다. 사실 클래식 루니툰 만화에서 로드러너를 쉽게 가지뿔영양으로 바꿔놓을 수 있다. 와일 E. 코요테(루니툰 만화에서 달리기를 잘하는 새인 로드러너를 항상 뒤쫓지만 잡지 못하는 코요테 캐릭터)°는 이쪽이든 저쪽이든 잡을 가능성이 거의 없을 것이다. 하지만 가지뿔영양 전문가인 J. A. 바이어스J. A. Byers는 《속도를 위해 만들어지다: 가지뿔영양의 삶의 1년Built for Speed: A Year in the Life of Pronghorn》에서 이렇게 포식자가 없는 것은 비교적 최근의 변화라고 지적한다. 1만 년 전, 플라이스토세(홍적세) 때는 서부 대초원에(사실상 북아메리카대륙) 치타와 사자, 하이에나부터 빠르고 다리가 긴 곰에 이르기까지 포식자들이 우글거렸다. 이 (무시무시한) 시기에 가지뿔영양이 다양한 운동능력을 가진 수많은 포식자들로부터 엄청난 위협을 받아 그 독특한 다목적 형태로 진화하고, 다른 자연선택의 동기가 적은 종들은 할 수 없었던 방식으로 기능적 제약을 극복하거나 또는 최소화한 것이라고 바이어스는 주장한다.

얄궂게도 이렇게 하면서 가지뿔영양은 다른 종류의 진화적 제약을 상징하게 되었다. 느긋한 자연선택에 대한 반응 속도는 가변적이고 느릴 수 있으며, 1만 년은 진화적인 면에서 그리 긴 시간이 아니기 때문에 동물의 기능적 능력이 현재의 생태적 조건에 맞게 아직 변화하지 못하는 시차를 보여주는 것이다. 만약 이런 경우라면 가지뿔영양의 운동능력은 놀랍기는 하지만 그들의 현재 목적에 필요 이상으로 과하며 그것은 그저 과거의 유물일 뿐이다. 과거의 포식자라는 유령에 사로잡힌 종의 진화적 유산인 셈이다.

압박 받기

동물들이 근육 기능에 내재된 제약이나 강요된 기능적 균형을 극복하는 방법 중 하나가 완전히 다른 일을 하는 것이다. 당신은 자연계에서 거품벌레froghopper를 딱히 본 적이 없을 것이고, 곤충학자이거나 거품벌레를 정말로 좋아하는 사람이 아닌 이상 이 벌레를 알아채야 하는 특별한 이유가 있지도 않다. 하지만 이 작고 놀라운 곤충에는 좋아할 만한 구석이 많이 있다. 거품벌레는 세계의 일부에서는 침벌레spittlebug라고 불린다. 일부 거품벌레의 유충이나 미성숙 단계에서 나무에 살며 방어 및 단열, 습기 유지를 위해서 나무 수액을 가공한 거품으로 자신을 덮기 때문이다. 이 거품은 가끔 멋모르고 지나가던 이웃에게 떨어져서 어떤 나무에는 자연이 당신을 싫어해서 당신이 지나가기만을 기다리다가 침을 뱉는 조그만 벌레가 가득한 것 같은 인상을 준다. 하지만 운동능력 면에서 거품벌레의 가장 놀라운 특징은 이들이 지구상에서 제일가는 점프 선수로, 중력의 400배에 달하는 가속도를 낼 수 있고(이것은 프로 축구선수가 공을 찰 때 생기는 평균 가속도의 약 75퍼센트이다) 자신의 몸길이의 100배가 넘는 거리를 뛸 수 있다. 거품벌레는 벼룩조차 명함을 못 내밀게 만든다. 벼룩도 훌륭한 점프 선수이지만 거품벌레는 평균적으로 60배 더 무겁기 때문이다.

거품벌레와 벼룩(그리고 메뚜기 같은 다른 곤충들)을 이런 뛰어난 점프 선수로 만들어주는 요인은 무엇일까? 아널드의 생태형태학적 패러다임(6장 참조)은 그 답이 그들의 형태에 있다고 말한다. 아주 작은 동물에서는 점프가 엄청난 문젯거리이다. 점프 높이는 동물이 다리를 쭉 펴고 지표면에서 몸을 밀어 올리는 동안 생긴 가속도의 마지막 구간에서 도달하는 위로 향하는 속도 함수이지만, 작은 동물은 짧은 다리 때문에 가속도를 내는 능력이 한정된다.[3] 동물의 다리가 지면에 닿아 있는 상태에서만 지면에 힘을 가해 가속도를 낼 수 있기 때문에 이런 한계가 생긴다. 그러나 작은 동물의 다리는 당연히 작기 때문에 이들은 다리를 펼 시간

3 이론적으로 모든 동물은 항력이 없을 때 같은 높이만큼 점프할 수 있어야 한다. 동물이 할 수 있는 일의 양(힘×거리)이 근육량에 비례하기 때문이다. 근육으로 이루어진 동물의 체중 비율이 모든 동물에서 거의 일정하기 때문에 이 말은 단위질량당 일이 모든 동물에서 똑같다는 뜻이다. 그러므로 동물이 한 일은 동물의 크기와는 독립적이다. 그러나 현실적으로는 위에서 설명한 한계 때문에 꼭 이렇지는 않다.

이 아주 짧다. 그래서 이들의 다리는 출발할 때 아주 잠깐 동안만 지면에 닿아 있고, 이들의 실제 점프력은 이에 따라 낮은 편이다. 그러니까 점프를 하는 조그만 동물들은 몸 크기에 비해 긴 다리를 갖도록 진화하는 것이 합리적일 것이다. 그렇게 되면 더 오랜 시간 동안 지면에 힘을 가할 수 있고, 그러면 전체적으로 힘이 더 커지기 때문이다. 그러니 거품벌레, 벼룩, 메뚜기도 점프에 적응한 긴 다리를 갖고 있을 거라고 예측할 수 있다. 실제로 메뚜기는 방금 설명한 것 같은 이유 때문에 긴 뒷다리를 갖고 있지만, 벼룩의 뒷다리는 상대적으로 짧고 거품벌레의 다리 역시 그리 길지 않다. 즉, 다리 길이만으로는 모든 걸 설명할 수가 없고 다른 무언가가 있어야만 한다.

2장에서 이야기했던 해마의 피벗피딩과 놀라운 갯가재 및 덫개미의 공격은 탄성에너지 저장으로 가능한 행동이었다. 그러니까 합리적인 가설은 거품벌레와 벼룩이 긴 다리라는 필요조건을 넘어설 수 있을 만큼 우수하고, 저장된 탄성에너지를 바탕으로 하는 일종의 힘 증폭 체계를 갖고 있을 거라는 것이다. 지난 20년 동안 거의 내내 무척추동물의 점프 측면을 연구한 캠브리지대학교의 맬컴 버로스Malcolm Burrows는 점프하는 거품벌레와 벼룩이 레실린resilin이라는 특화된 탄력 단백질을 가진 느린연축근섬유slow-contracting muscle와 사출射出 체계를 합쳐서 사용한다는 사실을 보여주었다. 레실린은 거의 98퍼센트의 탄성 효율을 갖고 있는데, 이 말은 늘였다가 놓으면 늘어나는 데 사용한 에너지를 거의 전부 되돌려주고 겨우 2퍼센트만 열로 소실된다는 뜻이다. 레실린의 이 놀라운 특성은 힘의 증폭에 이상적이고, 거품벌레는 각 다리에 레실린 패드와 특화된 활 모양의 외골격부를 합쳐서 점프 근육을 수축하고 다리를 굽혀서 신축성을 줄 수 있는 늑막 아치pleural arch라는 구조를 형성한다. 다리를 굽히는 방식 그 자체도 특별하다. 여기에는 자연계에서 유일하게 알려진 기어의 예가 있다.

거품벌레는 앞에서 말한 근육의 힘과 속도 사이의 균형을 이용한다. 근육을 아주 천천히 수축시켜서 그들은 근수축 힘을 최대화하고, 그래서 늑막 아치를 더 많이 수축시킨다. 이 근육들을 갑자기 풀어버리면 아치가 엄청나게 빠른 속도로 원래 형태로 돌아가고, 다리에 걸리는 반동으로 다리가 빠르게 길어져서 근육만으로는 이룰 수 없을 정도의 속도와 가속도로 몸을 앞으로 날려 보낸다. 거품벌레와 벼룩은 그 엄청난 점프를 해내기 위해 레실린에 크게 의존하지만, 메뚜기 종은 무릎의 레실린 사출 기제와 긴 다리로 인한 기계적 이득을 합쳐서 점프뿐만 아니라 다른 동물을 꼭 걷어차야 할 경우에(이런 경우는 종종 있다) 발차기의 동력으로 사용한다. 레실린은 곤충의 날개를 외골격에 부착하는 부착점에서도 흔히 발견된다. 레실린은 이동 증폭기 역할을 하는데, 많은 곤충이 초당 수백 번의 날갯짓을 할 수 있는 이유 중 하나이다. 더 중요한 것은 그 탄성 능력 덕택에 레실린이 이상적인 충격 흡수재가 된다는 것이다. 메뚜기에서 레실린은 강력한 점프나 발차기가 빗나갈 경우에 에너지를 흡수하는 안전지대를 형성하고 몸 나머지 부분이 받는 힘을 줄여주어 자해로부터 동물을 보호해주는 부차적인 기능도 수행한다.

무척추동물에만 레실린이 있지만, 운동능력에 기여하는 탄성에너지 저장 기제는 동물의 왕국 전역에 퍼져 있다. 탄성에너지 저장에 흔히 사용되는 대체 물질은 콜라겐 단백질로 척추동물의 힘줄 조직 대부분(70~80퍼센트)을 이룬다. 포유류 콜라겐의 인장력(끊어질 때까지 가할 수 있는 응력)은 포유류 근육이 낼 수 있는 최대 응력보다 약 200배 더 크다. 이 말은 아주 가느다란 힘줄도 끊어지지 않고 훨씬 두꺼운 근육의 힘을 전달할 수 있다는 뜻인데, 그러기 때문에 힘줄이 근육을 뼈에 연결하는 데 사용되는 것이다. 힘줄의 신장성(힘줄이 일반적인 길이를 넘어서서 끊기지 않는 한도 내에서 늘어날 수 있는 양)은 놀랄 만큼 낮은 10퍼센트 정도이고, 질량에 비해 강철보다 더 많은 탄성변형 에너지를 저장할 수 있다(하지만 레실린만큼 훌륭하지는 않다). 간단히 말해서 힘줄은 그리 많이 늘어나지는 않지만 필요하면 대량의 에너지를 저장할 수 있고, 레실린처럼 원래 형태로 돌아갈 때 그 에너지를 거의 다 되돌려준다.

신장성이 낮은 탄성물질을 사용하는 것이 이상하게 여겨질 수도 있지만, 힘줄이 그리 많이 늘어나지 않는 부분은 중요하다. 골격에 근육의 수축 힘을 전달해야 할 뿐만 아니라 거리 변화도 전달해야 하기 때문이다. 예를 들어 두꺼운 뼈에 근육이 잘 늘어나는 고무줄로 연결되어 있다고 상상해보라. 그러면 근육이 수축될 때 고무줄이 많이 늘어나서 연결된 뼈는 아주 조금만 움직이는 것을 발견할 수 있을 것이다. 동시에 약간의 신장성이 있는 것도 중요하다. 근육을 뼈에 전혀 늘어나지 않는 물질로 연결시키면 거리 변화는 완벽하게 전달되겠지만 탄성에너지는 전혀 저장되지 않을 것이다. 레실린(그리고 신장성이 조금 덜한 콜라겐)은 이상적인 생물학적 절충재이다.

콜라겐은 탄성에너지를 저장하고 방출하는 데 아주 유용하기 때문에 척추동물에서 동물이 강력한 동작을 해야 하는 경우에 어디서나 찾아볼 수 있다. 예를 들어 갈라고원숭이bush baby는 특화된 근육-힘줄 무릎 복합체를 갖고 있어서, 이 동물이 다리 신근伸筋에 탄성에너지를 저장하고 힘의 출력을 15배 늘릴 수 있게 해서 엄청난 수직 점프를 할 수 있게 만들어준다. 콜라겐은 또한 카멜레온이 중력가속도의 50배에 이르는 가속도로 입에서 혀를 앞으로 발사할 수 있는 원인이기도 하다. 이 가속도는 인간이 로켓 썰매에서 살아남을 수 있는 최대 가속도보다도 약간 크다.

탄성에너지 저장 기제는 근육 기능의 한계를 극복한다는 것 외의 이유로도 유용하다. 낮은 심부 체온 상태에서도 종종 활동적인 도롱뇽에서 탄성에너지 기제는 카멜레온에서처럼 혀를 발사하는 능력을 강화할 뿐만 아니라 T_b가 변화할 때에도 먹이 섭취 행동을 보호해준다. 이 도롱뇽들은 탄성에너지 저장 기제를 이용해서 2℃에서 25℃에 이르는 T_b의 범위를 넘어서도 비슷한 속도와 가속도로 혀를 발사해서 열적 능력 곡선의 폭압으로부터 벗어날 수 있었다. T_b가 여전히 발사 능력에 약간 영향을 미치긴 하지만(근육이 탄성 기제를 발동해야 하기 때문일 것이다) 체온의 영향은 탄성에너지 저장에 의존하지 않는 다른 종류의 운동능력에 비해 상당히 감소한다.

속도의 한계

치타, 가지뿔영양, 새치 같은 동물들은 그들이 최고라는 사실 때문에 각각의 운동능력에 있어서 가능한 한계에 맞춰, 혹은 그 언저리에서 살아간다. 하지만 이들이 그 이상을 해낼 수 있을까?

"최대 능력을 제한하는 것은 무엇인가?"라는 질문은 수년 동안 연구자들의 흥미를 끌었는데, 종종 그러듯이 간단한 하나의 답도 존재하지 않는다. 서로 상충될 수 있는 다른 운동능력의 업적을 달성하기 위해 필요한 특정 종류의 활동으로 인한 제약에 더불어 운동능력의 제약은 여러 동물 종에 관련된 다양한 요소의 조합으로 이루어지고, 그중 일부는 생리학의 비밀스러운 세계로 더 깊이 들어가야 한다. 이 책을 읽어야 한다는 의무감을 가진 우리 어머니도 아니고 그저 동물에 관한 재미있는 사실을 배우기 위해서 이 책을 집어든 사람들이 책을 덮을 위험을 방지하기 위해서 몇 가지 일반적인 사실에만 집중하도록 하겠다.

최고속도를 제한하는 요소로 일반적으로 제시되는 것은 일률(다시금, 이것은 이동으로 인해 생기는 빠른 속도의 힘을 적용하는 능력이다)을 생산하는 근육의 능력이다. 높은 기계적 일률을 생산하는 개체들은 빠른 속도에 도달할 수 있어야 한다. 비행의 경우에 일률과 속도 사이의 관계는 복잡하지만, 어쨌든 일률이 비행 능력과 점프를 포함하여 강한 힘을 순간적으로 발휘하는 종류의 능력들을 제한하는 요소라고 말해도 틀리지 않을 것이다.

하지만 다른 종류의 활동에서는 개체가 가능한 최대의 일률을 생산하는지 어떤지가 별로 명확하지 않다. 일률이 달리기 속도를 제한한다는 가설을 시험해보기 위해서는, 예를 들어 우리의 실험체를 일률을 높일 수 있는 조건에 배치하고 속도가 통제 조건과 비교할 때 똑같은지 어떤지를 봐야 한다. 만약 같지 않다면 일률이 속도의 제한 요소라 할 수 있을 것이다. 특히 단거리 달리기의 경우에 이것을 하는 한 가지 방법은 동물이 최고속도로 점점 더 가파른 경사를 뛰게 만드는 것이다. 이렇게 되면 동물이 경사가 높아지며 중력의 효과에 저항하기 위해 점점 더 많은 일을 해야 하기 때문에 더욱 큰 일률이 필요해진다. 동물이 평지에서만큼 경사에서도 잘 달린다면, 일률이 운동능력의 제한 요소라는 가설은 틀린 것이다.

파충류는 5장에서 말한 것처럼 온혈동물과 변온동물의 차이 때문에 높은 일률을 내도록 특별히 적응되어 있다. 임신한 암컷 녹색이구아나 때처럼 최고속도는 이런 식으로 실험한 이 도마뱀 종에서 일률에 의해 제한되는 것 같지 않다. 서부줄도마뱀붙이Western banded gecko와 서부도마뱀Western skink은 각각 0도부터 40도까지 다양한 경사에서 달릴 때 더 높은 일률을 내서 모든 경사에서 거의 비슷한 속도로 달린다. 이는 평지를 최고속도로 달리는 도마뱀이 힘을 아껴두었음을 암시한다. 이 질문을 해결하는 또 다른 방법은 이미 수직으로 올라가고 있는 동물의 체중을 늘려서, 다시금 그들의 근육이 증가한 무게를 움직이기 위해서 더 많은 일을 하도록 만드는 것이다. 당신과 같은 체중의 사람 두 명을 등에 매달고 암벽 등반을 한다면, 당신의 근육이 짐이 없을 때의 속도를 유지할 정도의 힘을 내지 못해서 등반 속도가 무척 떨어질 거라고 거의 확실하게 추측할 수 있다. 하지만 애머스트 매사추세츠대학교의 덩컨 어쉭과 그의 공동 연구자들은 토케이도마뱀붙이Tokay gecko와 부채발도마뱀붙이mediterranean house gecko 두 종에서 이런 일이 일어나지 않는다는 사실을 발견했다. 두 종 모두 체중의 200퍼센트나 총 질량을 높였음에도 불구하고 짐이 없을 때의 최고 등반 속도에 맞추어 필요한 만큼 일률을 더 높였다!

하지만 또 다른 도마뱀 중심적 접근법에서는 체온을 바꾸어 기계적인 일률을 조작했는데, 이렇게 했던 연구에서는 일률이 실제로 달리기 속도를 제한한다는 사실을 발견했다. 하지만 25도 이하에서만이고, 동물의 최적 달리기 범위에 가까운 심부 체온에서는 아니었다. 데이터는 여전히 부족하지만, 이제는 일률이 달리기 속도를 한정하지는 않는 것으로 보인다. 대신에 동물의 발이 지면에 닿아 있는 시간과 근골격계의 탄성력(4장의 임신한 녹색이구아나에서 잠깐 언급했던 것처럼) 같은 생물역학적 요소들이 육상에서의 움직임에서 더욱 중요할지도 모른다.

수중 생물체에서도 일률이 속도의 제한에 영향을 미칠 수 있지만, 방식이 완전히 다르다. 공기에 비해 물은 밀도가 800배 더 높아서, 높은 레이놀즈수에서 물속을 빠르게 움직이려고 하는 동물에 중대한 결과를 미칠 수 있다. 특히 초승달 모양 꼬리지느러미를 빠르게 흔들어서 헤엄치는 물고기와 고래류(돌고래, 알락돌고래, 고래 등) 같은 동물에서 그러하다. 이 지느러미는 에어포일과 비슷한 방식으로 작용해서 날개를 퍼덕이는 것과 똑같이 동물을 앞으로 나아가게 만드는 양력을 생성한다(물고기에서는 수직으로 서 있는 꼬리지느러미를 통해서 양쪽 측면으로, 수평인 지느러미를 가진 고래류의 경우에는 등과 배 쪽으로).[4]

상당히 빠른 속도에서 이 꼬리지느러미 앞쪽(선두) 가장자리에서 유체의 압력은 유체의 증기압 아래로 떨어지고, 증기로 가득한 구를 형성한다. 다시 말해서 기포가 생기기 시작한다. 이 기포들은 물살을 타고 내려와서 압력이 더 높은 지느러미 위로 와서 터지며 빠르게 에너지를 방출한다(2장에서 갯가재가 먹이를 잡기 위해 이 기포를 이용하는 것에 대해 설명했던 진공 기포 현상을 기억할 것이다). 여기서 터지는 거품들이 수영에 필요한 부속기관의 표면을 망가뜨릴 수도 있지만, 설령 망가뜨리지 않는다 해도 지느러미의 뒤쪽(후방) 가장자리로 더 내려가서 터지기 때문에 유체의 흐름을 깨뜨리고 물속에서 동물 전체의 움직임을 느리게 만드는 진공으로 인한 실속失速이 발생한다. 비행이나 점프를 할 때 필요한 것처럼 무게중심을 옮기기 위해 충분한 힘을 내려고 하는 대신에 물고기와 고래류는 지나치게 많은 힘을 내지 않도록 조심해야 한다. 그렇게 되면 진공으로 인한 손상에 노출되거나 진공으로 인한 실속 때문에 활동이 감소하기 때문이다. 물이라는 매질에서 이런 물리적 한계가 이런 식으로 움직이는 동물에서 속도 제약을 만들고, 이런 제약은 동물의 크기와 그 동물이 움직이는 깊이 같은 요인들을 바탕으로 다양

4 물고기와 고래류에서 꼬리지느러미의 방향이 다른 것은 고래류와 어류가 서로 다른 조상에서 시작해서 비슷한 방식의 수영을 하도록 수렴진화했기 때문이다. 멸종한 해양 파충류인 어룡ichthyosaur 역시 수직으로 된 지느러미를 갖고 있었다.

하다. 크고 깊은 곳에서 수영하는 동물들은 실속의 위험이 더 크고 표면에 있는 큰 동물들은 진공 손상을 입을 위험이 더 크다.

위의 시나리오는 이스라엘의 테크니온공대 공학자들이 만든 물고기가 헤엄치는 유체역학적 모형이 제시한 것이지만, 실제 동물의 실험적 수영 데이터를 바탕으로 하고 있다. 모든 모형과 마찬가지로 이것도 독자적으로 입증할 필요가 있으나 고등엇과 물고기(참치와 고등어 등)의 통증수용기가 없는 지느러미에서 진공으로 유발된 손상이 발견되었다든지, 고통을 느낄 수 있는 지느러미를 가진 돌고래에서는 이론적 속도 한계에 접근하는 모습이 관찰된 적이 없다든지 하는 추가적 증거로 이 예측이 뒷받침된다. 하지만 주변 환경에 의해 느려질 정도로 빠르게 움직일 일이 없는 물고기들이라 해도 일률은 핵심 제약이고, 몇몇 경골어류는 도마뱀 같은 육상동물에서는 볼 수 없는 방식으로 근육의 일률에 의해 빨리 출발하는 능력(정지 상태에서 가속하는 것)이 한정된다.

기분 탓이야

일률은 보편적으로 속도와 순발력을 제한하는 요소일 수 있지만, 지구력에도 비슷한 제약을 만들지는 않는다. 인간의 지구력 연구는 다른 동물에서 알려진 것보다 수 광년은 앞서나가고 있기 때문에 인간의 지구력의 한계를 이야기해보는 것이 합리적일 것이다.

1920년대부터 지배적인 인간의 운동생리학의 전통적인 심혈관계 모형은 지구력이 산소를 공급하는 체내 능력에 의해서 가능할 뿐만 아니라(내가 반복해서 강조하듯이) 산소 공급 능력에 의해 제약을 받기도 한다는 것을 보여준다. 이 모형에서 마라톤과 울트라마라톤 마지막에 경쟁자들이 겪는 극도의 피로는 몸에서 근육과 몸의 다른 부분이 필요로 하는 산소를 충분히 공급하는 능력이 떨어져서 나타나는 증상이고, 이 능력이 한계에 다다르고 피로가 압도적이 되면 운동은 끝이 난다. 이 패러다임은 그 이래로 여러 번 이의를 마주했다. 심혈관계 모형의 비판자들은 이게 사실이라면 지구력 운동 때 부족한 산소 공급으로 인한 최초의 희생양은 산소를 가장 필요로 하는 장기, 다시 말해 심장근육 그 자체일 거라고 주장한다. 이것은 결국에 운동이 멈추면 심혈관 부전에 동반되는 극도의 경련이 일어나야 한다는 뜻이지만, 마라톤 마지막 코스에서 심부전의 여러 단계를 일으킨 운동선수들이 여기저기 쓰러져 있는 일이 드문 걸 보면 뭔가 다른 일이 일어나고 있는 것이다.

이 논쟁은 피로의 본질과 무엇이 피로를 발생시키는가에 어느 정도 바탕을 두고 있다. 피로는 복잡하고 다면적인 현상이고, 특히 근육 피로에 관해서는 젖산이 쌓이기 때문이라는 것이 일반적인(그리고 아마도 틀린) 해명이겠지만[5] 현실은 훨씬 복잡하다. 실제로 운동생리학자들은 피로의 생리학적 원인에 관해 그리 잘 분석하지 못하고 있기 때문에 케이프타운대학교 스포츠과학연구소의 팀 노크스Tim Noakes를 필두로 한 심혈관계 모형의 비판자들이 대안을 주장하는 것이다.

노크스의 설명은 1924년 노벨상을 수상한 생리학자 A. V. 힐A. V. Hill이 처음 주장했던 개념의 개정판이다. 노크스와 힐에 따르면 인간의 뇌 안쪽에는 지구력 운동을 감독하고 통제하는 임무를 맡은 중앙통제자central governor라는 부분이 있다. 이 가상의 뇌 일부가 맡은 역할은 실제 심혈관계 기능의 한계에 절대로 도달하지 못하게 하고, 그러기 위해서 심장 자체에 손상이 가기 전에 골격근의 활동을 제한해서 운동을 끝마치게 만드는 것이다. 이 부분은 운동하는 동물에게 피로라는 자각을 느끼도록 만들어서 운동을 멈추게 한다. 뇌의 이 부분은 체온, 팔다리의 위치, 혈액 내 산소와 이산화탄소 수치, 심장 기능에 관한 신경감각적 데이터를 받는다. 이 모든 감각적 피드백 기제는 실제로 존재하며, 우리는 뇌가 이 감각적 피드백에 대응해서 심혈관계 순환을 바꾸는 경우가 있다는 것을 알고 있다. 예를 들어 포유류의 잠수반사는 얼굴이 물에 닿는 순간에 개체의 호흡과 심박수를 느리게 만든다. 그러니까 중앙통제자 가설에 따르면, 피로는 점점 불충분해지는 산소 공급으로 인해 축적되는 생리학적 현상이 아니다. 대신에 이것은 설령 다른 곳에서 시작된 것처럼 느껴진다 해도 통증처

---

5 무산소호흡의 부산물이라고 흔히 여겨지는 젖산은 내가 여기서 할애하는 것보다 더 많은 공간을 차지할 자격이 있는 대단히 오해받는 분자이다. 간단히 말해서 젖산은 피로의 원인이 아닐 가능성이 높고, 사실 운동을 할 때 몸 안을 돌아다니는 중요한 대체연료(특히 외온성 척추동물에서)이며, 산소 공급이 충분할 때에도 근육에서 소량 생성된다. 실험에 따르면 젖산 보충은 인간에게서 근육통이나 피로에 아무런 영향을 미치지 못하는 것으로 나타났다.

럼 뇌에서만 경험하는 감각이고, 지나치게 활동해서 우리 몸에 손상을 입히는 것을 막기 위해 존재하는 것이다.

중앙통제자 가설의 반대자들은(많이 있다) 이런 신경 기제를 물론 잘 알고 있지만, 뇌에 이 모든 것을 통합시키는 구역이라는 개념은 필요하지 않다고 주장한다. 그런 것이 없어도 뇌는 명백하게 잘 작동하고 있기 때문이다. 그 밖의 이의는 심장 기능, 호흡 속도, 산소 이동의 한계는 신경의 통제 장치가 아니라 물리학 법칙에 의해 이미 결정되어 있다는 것이다. 그러나 중앙통제자 가설에 대한 가장 큰 반박은 아무도 뇌에 이런 부분이 존재한다는 증거를 찾지 못했다는 것이다. 살아 있는 인간의 뇌 안에 전극을 꽂는 것은 지금은 금지 행위로 여겨지고 있으므로, 중앙통제자의 존재를 찾는 유일한 방법은 운동하는 사람을 MRI 기계 안에 넣고서 피로가 증가할 때 뇌에서 활동이 증가하는 영역을 찾는 것뿐이다. 러닝머신을 집어넣을 수 있는 기계는 아직까지 만들어지지 않았고 그럴 가능성도 없는 것 같으니까 이것은 극복할 수 없는 물류적 문제이다.

중앙통제자 모형은 아주 많은 논쟁을 불러일으켰다. 수많은 스포츠생리학자가 정말로 이 가설을 좋아하지 않는다. 이 가설의 찬성자와 반대자는 서로의 입장에 대한 합리적인 비판부터 특정 개인과 '그 부류'에게 '참든지 닥치든지' 하라는 개인적인 공격에 이르기까지 논문을 통해 수많은 의견과 해설, 비판을 교환했다. 나는 가끔 진화에 관한 수상쩍은 주장이 펼쳐진 것을 지적한 것이나, 과학계에서 제대로 된 인신공격은 아주 드물어서 이 독기 가득한 대화가 무척 재미있다는 것 말고는 이 가설에 대해 어느 쪽으로든 관심이 없다. 하지만 이런 식으로 해결되는 것은 거의 없다. 내가 보기에 가장 핵심적인 부분은, 첫째로 뇌와 오가는 운동에 관한 피드백을 통제하는 신경 통제 기제가 실제로 존재하기 때문에 이것을 통합하는 뇌의 별개의 부분이 아주 말도 안 되는 생각은 아니라는 것, 둘째로 이런 부분에 대한 증거가 없고, 딱히 필요도 없다는 것이다.

몇몇 사람이 하듯이 가상의 중앙통제자에 관해 좋게, 또는 나쁘게 작용하는 선택압력을 관찰하기보다는 이런 부분이 인간에게 존재하는지, 그렇다면 MRI 안에서 운동하기에 더 적합한 후보 동물들에게도 이게 존재할지를 알아보는 편이 더 합리적일 것이다. 하지만 이런 제안은 이미 제시되었고 그리 호응이 좋지 않았다.

그러나 운동과 관련된 신경 기제가 생물학자들에게 점점 더 흥미를 불러일으키고 있다는 사실은 주목할 만하고, 몇 가지 매혹적인 사실도 밝혀졌다. 예를 들어 중앙내후각피질medial entorhinal cortex이라는 뇌의 특정 부분이 기억과 방향을 합쳐준다는 사실이다. 1995년, 존 오키프John O'Keefe, 마이-브리트 모세르May-Britt Moser, 에드바르 모세르Edvard Moser를 포함한 연구팀이 쥐에서 그 피질 부분에 공간 환경의 신경 지도가 암호화되어 있다는 사실을 알아냈다. 이 발견으로 그들은 2014년에 노벨상을 받았다. 2015년에 같은 연구팀이 내후각피질에 이동하는 환경과 관계없이 동물이 움직이는 속도에 직접적으로 비례하는, 활동을 증가시키는 소위 속도세포라는 신경세포 집단이 들어 있다는 사실도 발견했다. 즉, 쥐들은 자신이 얼마나 빨리 달리는지를 측정해서 중앙내후각피질 안에 있는 주변 환경의 신경 지도와 결합시켜 자신이 이 환경 안에서 어디에 있는지, 얼마나 빠르게 지나가고 있는지를 정확하게 알아낸다는 것이다.

동물이 눈앞의 환경에서 자신의 속도와 위치를 확인하는 것은(예를 들어 근처의 장애물 위치를 기억해서) 당연한 일처럼 보이지만, 이 연구는 그 일이 어떻게 일어나는지에 관한 신경 기제를 이해하는 데 핵심적이다. 내후각피질이 중앙통제자로 이루어졌거나 연합되었다는 사실을 확인해보고 싶은 마음이 굴뚝같지만, 아무도 중앙통제자의 권한이 속도에까지 미친다고 주장하지 않았고(그래야만 하는 합리적인 이유도 없고), 어쨌든 속도를 감지하는 세포에서 중앙운동통제자로의 개념적 도약은 아무리 깎아 말해도 너무 과하다.

생태학적이고 최적의 운동능력

중앙운동통제자라는 가공의 존재는 대단히 흥미롭고 실험으로는 결코 확인할 수 없을 것 같지만, 자연계에서 동물들이 종종 자신의 운동능력의 한계에 어떻게 접근하는가 하는 중요하지만 자주 무시되던 의문과 직접적으로 관련이 된다. 사실, 지금까지 내가 거의 전적으로 실험실에서 측정된 동물의 운동능력 최고치에 대해서만 집중하고 생태학적 운동능력ecological performance

에 대해서는 거의 이야기하지 않은 데에는 그럴 만한 이유가 있다. 생태학적 운동능력이란 동물이 자꾸 귀찮게 하는 과학자들에게서 해방되고 인공 환경에 방해를 받지 않는 상태로 혼자 야생에 남겨졌을 때 발휘하는 최대 운동능력의 범위이다.

운동능력 연구자들은 이 주제에 가끔씩만 관심을 쏟았는데, 우리가 지금까지 생태학적 운동능력에 관해 믿을 만한 논문을 내지 못한 이유는 여러 가지가 있다. 첫 번째는 동물이 자연계에서 사용하는 운동능력의 종류와 범위에 관한 데이터를 얻는 것이 예전부터 몹시 어려웠고, 어떤 종류의 동물에서는 아예 불가능하다. 운 좋게도 미니어처 GPS 태그부터 가속도계, 고프로, 이동식 고속카메라에 이르는 기술의 발달로 야생에서 움직이는 동물에게서 데이터를 얻는 것이 이제는 어느 때보다도 쉬워졌다.

하지만 생태학적 운동능력을 이해하는 데 있어서 좀 더 은근한 장애는 가끔 과학이 작동하는 기묘한 방식이다. 원래 연구자들은, 예를 들어 자연계에서 움직이는 동물의 속도를 측정하는 데 주로 흥미를 갖고 있었으나, 당시에 정확하게 잴 수 있는 도구가 없었던 탓에 통제된 실험실 환경에서 최대 운동능력을 측정하는 방법을 고안했다. 이 방법이 대단히 성공적이었기 때문에 이후의 연구자들은 계속해서 거의 배타적으로 최대 실험실 운동능력만을 측정했다. 그 결과 자연에서 생태학적 운동능력을 이해하려던 처음의 의도는 도중에 사라지고, 시간이 흐르며 (학계에는 최대 운동능력과 생태학적 능력이 동일하다는 가정이 내포된 채로) 우리가 뭔가 의미 있는 것을 측정하고 있다는 생각에 거의 의문을 제기하지 않게 되었다.

최대 운동능력과 생태학적 능력이 똑같다는 가정을 실험해 본 비교적 몇 안 되는 연구는 동물이 자연계에서 거의 절대로 최대 운동능력을 내지 않는다는 사실을 발견했다! 예를 들어 치타의 속도에 관해 떠드는 온갖 자료에도 불구하고 내가 앞에서 이야기했던 자연 상태의 치타 연구는 치타가 기록된 사냥 동안에 절대로 최고속도에 도달하지 않고, 성공한 사냥 때의 속도 분포가 실패한 사냥에서의 기록과 별로 다르지 않다는 사실을 밝혔다. 여러 종의 도마뱀과 다른 동물 종들에서도 비슷한 결과가 보고되었다. 생태학적 운동능력에 관한 이 데이터들은 왜, 어떤 조건에서 동물들이 운동능력을 조절하고, 진화적 관점에서 가장 흥미로운 질문인 동물들이 별로 완벽하게 이용하는 일이 없는 특화되고 에너지를 다량 소모하는 운동능력을 왜 갖도록 진화했는가 등등 여러 가지 질문을 불러일으켰다.

이 질문에 대해 그럴 듯한 진화적 해명, 예컨대 가지뿔영양의 경우에 시차 같은 것은 별로 관심을 얻지 못했고 대부분의 경우에는 어차피 시험해보기도 어렵다. 동물이 최대 운동능력을 사용하는 정도가 왜 다양한지에 관해 특히 흥미로운 견해를 유타대학교의 데이비드 캐리어David Carrier가 제시했다. 캐리어는 어린 동물들이 같은 종의 성체보다 최대 운동능력을 훨씬 많이 사용한다고 주장했다. 어린 동물들은 작은 덩치 때문에 더 취약하기 때문이다. 그래서 무언가가 그들을 죽여서 먹기 전에 특히 빨리 일을 해결하는 것이 필수적이다. 어린 동물들의 운동능력에 대한 이런 선택은 성체가 되어서도 계속 영향을 미칠 수 있어서 성체가 필요 이상으로 많이 최대 운동능력을 쓰게 될 수도 있다.

캐리어의 주장에서 핵심 요소인 보완 가설compensation hypothesis(어린 동물이 덩치가 작은 것을 보완하기 위해서 더 높은 수준으로 활동하기 때문에)은 여러 동물 종에서 뒷받침된다. 예를 들어 어린 목도리도마뱀은 실제로 자연계에서 성체보다 최고속도를 훨씬 많은 비율로 사용하고, 지렁이 유충은 스케일링 효과를 고려하더라도 굴을 팔 때 성체보다 몸 크기에 비해 더 많은 흙을 옮긴다.

생태학적 운동능력에서 보이는 다양성에 관해 보완 가설 외에 다른 설명은 그 기반이 취약하다. 하지만 명확하게 말해서 최대 운동능력과 생태학적 운동능력 사이의 이런 부조화는 최대 능력이 꼭 중요하지 않다는 뜻은 아니며, 자연선택이 최대 운동능력을 만들어낸 데에 그럴 만한 이유가 있다고 믿는다. 예를 들어, 가장 빠른 수영 속도를 가진 피라미와 가장 높은 수영 지구력을 가진 피라미는 둘 다 그물이 지나갈 때 가장 덜 취약하기 때문에 최대 수영 능력 쪽으로 강한 자연선택이 작용할 것으로 보인다(인간에 의한 선택이라고 해도 말이다).

최대 운동능력이 동물의 적합성에 불균형적인 영향을 미치는 포식 시도처럼 드물거나 별로 없는 사건에 대한 완충장치 역할을 해서 동물이 거의 쓰지 않는다고 해도, 그 고급 운동능력을 유지하게 만드는 다른 많은 경우도 있을 것이다. 사실, 나의 이전 대학원생 앤 세스페데스가 논문 연구의 일환으로 설계했던 운동능력 진화에 대한 시뮬레이션 모형에서 나온 결과가 바로 그러했다. 또한 리버풀대학교의 야코브 브로-예르겐센Jakob Bro-Jørgensen

의 연구에서는 아프리카 사바나의 초식동물이 포식자로부터 도망치는 가장 중요한 방식이 속도일 경우에 이들의 최고 달리기 속도가 주요 포식자에 대한 취약성에 따라 예측 가능하다는 사실이 밝혀졌다. 하지만 우리가 이런 최대 능력 연구를 통해서 동물의 생태와 적합 정도의 예측에 관해 많은 것을 말할 수 있다고 해도, 어쨌든 이 동물들이 현장에서 어떻게 그 능력들을 사용하는지, 그리고 운동능력의 진화에 영향을 미치는 다양한 요인들에 관해 이해하기까지는 아직도 한참 걸릴 것이다.

동물들이 자연계에서 사용하는 (특히) 속도에 관한 최근의 견해는 빨리 달리는 이득과 그로 인한 잠재적 경비 사이의 균형에 집중되어 있다. 동물들은 이득을 높이는 한편 이 경비를 최소화하려고 노력해서 결국에 각 종마다 특정한 최적 속도optimum speed에 이른다. 운동능력에 드는 경비는 여러 가지 형태로 나타날 수 있지만, 생물학자들은 특히 에너지 소모량에 오랫동안 집중해왔다. 이 소모량을 측정하는 것은 꽤 어려울 수 있지만, 수많은 증거가 항상 최대 운동능력을 사용하는 것은 에너지적으로 아주아주 비쌀 것임을 뒷받침한다.

8 죽음과 세금

Death and Taxes

동물이 주변 환경에서 식량의 형태로 얻을 수 있는 에너지 자원의 양(때로는 종류)은 그 동물들이 수행할 수 있는 운동능력의 종류에 영향을 미친다.

살아 있으려면 에너지가 든다. 살아서 무언가를 하면, 그게 짝을 찾는 것이든 음식을 찾고, 잡고, 심지어는 소화하는 것이든 간에 에너지가 더 많이 든다. 단순히 존재하는 정도를 넘어서서 살아가고 활동하는 데에 연료로 드는 에너지 요구량이 동물이 애초에 식량을 필요로 하는 이유인데, 동물이 주변 환경에서 식량의 형태로 얻을 수 있는 에너지 자원의 양(때로는 종류)이 그 동물들이 수행할 수 있는 운동능력의 종류에 영향을 미친다. 이 단순한 사실은 인간에게는 수십억 달러의 스포츠 보충제 산업의 기반이 되지만, 또한 자연계의 동물에게도 중요한 암시를 담고 있다. 운동능력은 공짜가 아니고, 식량이 무제한인 환경에서 사는 동물은 거의 없기 때문에 동물이 운동능력에 쓰는 에너지의 양 또한 다른 중요한 에너지 소비 과정에 얼마나 에너지를 쓸 수 있는지에 영향을 미친다(때로는 제한한다). 그러니까 에너지 획득과 지출의 경제학은 개체의 적합성에 있어서 명백한 결과를 낳는다. 그리고 에너지 예산과 에너지 사용의 우선순위는 역동적이며 개체의 인생 단계에 따라서 달라질 수 있기 때문에, 이것은 동물이 삶을 어떻게 살고 나이를 먹느냐 하는 문제뿐만 아니라 얼마나 오래 살 수 있느냐 하는 문제에도 영향을 미친다.

운동능력의 경제학

동물이 에너지를 소모하는 속도는 진화생리학에서 근본적인 개념이다. 우리는 에너지 소비 속도(즉, 신진대사 속도)를 여러 가지 방법으로 측정할 수 있지만, 가장 흔한 것은 산소 소모 속도를 측정하는 것이다. 유산소호흡이 동물에서 모든 기본적인 생리학적 과정에 연료가 되는 에너지를 공급하기 때문에 이것이 가능하다.

소화과정을 통해 기본 요소(탄수화물, 지방, 단백질)로 쪼개진 음식이 유산소호흡과 산소의 도움을 받아 ATP아데노신3인산이라고 불리는 에너지 통화의 형태로 전환된다. 그다음에 ATP는 세포와 조직, 장기가 필요로 하는 에너지로 사용될 수 있다. 우리는 신진대사 속도를 파악하기 위한 대체로 동물이 산소를 소모하는 속도를 사용할 수 있다. 유산소호흡에 사용되는 1리터의 산소가 지방, 단백질, 탄수화물이 산화되었든 아니든 간에 같은 양의 사용 가능한 ATP를 생성하기 때문이다. 이것은 생리학자들에게 편리한 사실이 되었고, 그들은 동물들의 각기 다른 섭식에도 불구하고 그들의 신진대사 속도를 곧장 비교할 수 있게 되었다. 또한 운동능력 연구자들에게도 좋은 정보인데, 우리가 온갖 종류의 유산소 활동에 드는 에너지 소모량을 측정할 수 있다는 뜻이기 때문이다. 다만 동물에게 그들이 소비하는 산소량을 측정할 수 있는 실험장치 안에서 장치를 매달고서 그 활동을 해달라고 설득할 수 있어야 하지만 말이다.[1]

운동능력의 종류부터 문제의 동물의 크기에 이르기까지, 활동에 드는 에너지 소모량은 여러 가지 요소에 의존한다. 특히 이동 능력의 경우에 동물이 어떤 매질을 지나가는지, 그리고 속도를 얼마나 내는지가 운동의 에너지 소모량에 상당히 크게 영향을 미친다. 세 가지 주요 이동 방식인 수영, 비행, 육상에서의 보행 중에서 수영이 에너지적으로 가장 저렴하고, 비행이 다음으로 저렴하고, 육상 보행이 가장 비싸다.

수영이 비교적 에너지가 저렴한 이유는 물의 밀도가 물 위나 물 안에 있는 동물의 체중을 상당 부분 지탱해주기 때문이다. 그러니까 수영하는 동물은 중력의 영향에 대응하기 위해서 조금만 일하면 된다. 완벽하게 중립적으로 말하자면, 동물의 밀도는 동물의 주위를 둘러싼 매질의 밀도와 동일해야 한다(두 개의 비율을 비중이라고 한다). 수중 동물의 비중은 일반적으로 1과 비슷하거나 조금 더 큰데, 이 말은 동물들이 물에 뜨거나 아주 천천히 가라앉는다는 뜻이다. 어떤 동물들은 기체로 가득한 부레나 상어와 가오리에서 볼 수 있는 것처럼 뼈 대신 연골로 만들어진 더 가벼운 골격

1 하버드 동물 행동 규칙이라고 알려진 출처 미상의 금언에서는 이렇게 말한다. "빛, 온도, 습도가 완벽하게 통제되는 조건에서 생명체는 제가 원하는 대로 행동할 것이다."

처럼 비중을 더 줄이는 방향으로 적응했다.

비행하는 동물에서 중력을 극복하기 위해 양력을 만드는 능력은 비행의 에너지 소모량을 줄이는 면에서 유용하다. 실험실에서 이런 소모량을 측정하자 비행 속도와 신진대사 사이에 U자형의 관계가 드러났다. 이 말은 아주 천천히, 또는 아주 빨리 날 때 에너지가 많이 들고, 중간 속도로 날 때 에너지가 가장 적게 든다는 뜻이다. 맴도는 것(0의 속도로 나는 것)이 특히 가장 에너지가 많이 든다. 벌새가 맴도는 동안의 에너지 소모량 측정치를 보면 맴도는 동안의 신진대사 속도가 기초대사량의 열 배에서 열두 배에 이른다. 이 말은 벌새가 아무것도 하지 않고 심지어 음식조차 소화시키지 않을 때에 비해서 맴돌 때 열 배에서 열두 배 빠르게 에너지를 소모한다는 뜻이다. 과일즙을 먹는 박쥐 글로소파가 소리키나*Glossophaga soricina*도 맴돌 때 이와 비슷하게, 기초대사량의 열두 배의 에너지를 소모한다. 벌새의 다양한 비행용 형태 변화가 이런 차이에 기여한다. 예를 들어 자기 영토를 확보하는 종은 기동력이 좋아야 해서 더 짧은 날개를 가진 반면, 날개하중이 더 커서 맴도는 데 더 많은 에너지를 소모한다.

육상 보행은 수영이나 비행과는 전혀 다른 문제를 발생시킨다. 육상동물들은 지면에 대해 다리를 레버처럼 사용하면서 그 지면에서 자신의 무게중심을 최적의 높이에서 지지해야 하고, 이 질량을 가속하거나 감속할 때 둘 다 에너지를 소비한다. 육상동물은 심지어 똑바로 서 있는 데에도 에너지를 소모해야 한다! 이 중 어느 것도 쉽게 할 수 없고, 둘 다 걷기와 달리기의 에너지 소모와 비효율성에 기여한다. 다리를 사용하는 이동은 몹시 비효율적이라서 우리 인간은 자전거를 타고 근육을 이용해 바퀴를 움직일 때 더 나은 결과를 얻을 정도이다. 자전거를 탈 때 절약되는 에너지는 절대로 사소하지 않고, 2m/s의 속도에서 주어진 거리를 같은 속도로 걸어가는 것보다 자전거로 가는 것이 2.2배 에너지가 덜 든다. 속도가 두 배가 되면 에너지가 3.7배 절약된다.

마지막으로, 운동능력에 드는 에너지양은 동물이 수영을 하든, 날든, 달리든 상관없이 동물의 크기에 강력하게 영향을 받는다. 근육 기능부터 신진대사 속도에 이르기까지 여러 가지 것이 작은 동물에서 비교적 더 에너지가 많이 든다. 어느 정도는 내가 6장에서 언급했던 면적과 부피 사이의 비례 관계 때문이다. 작은 동물은 그래서 상당한 에너지적 문제에 직면한다. 예를 들어 두 동물 모두 활동하지 않고 있을 때, 뾰족뒤쥐 조직 1그램이 하루에 소모하는 산소량만큼을 코끼리 조직 1그램이 소모하는 데에는 한 달이 걸린다!

코끼리는 물론 뾰족뒤쥐보다 훨씬 더 많은 조직으로 이루어져 있고 그래서 하루에 훨씬 더 많은 에너지를 쓰지만, 작은 동물은 큰 동물보다 단위크기와 단위시간에 더 많은 에너지를 소모한다. 이 말은 작은 동물이 저장하고 있는 에너지를 상당히 빠르게 연소한다는 뜻이다. 예를 들어 작은 벌새의 상대적 에너지 요구량은 엄청나게 높아서, 이들은 끊임없이 먹어야 하고 자다가 굶어 죽지 않기 위해서 기초대사량을 극도로 낮추어야만 한다. 거의 같은 이유로 운동능력의 상대적 에너지 소모량도 큰 동물보다 작은 동물에서 훨씬 높다. 이것은 작은 동물과 큰 동물의 전반적인 생활방식의 차이를 여러 가지 설명해주기도 한다. 예를 들어 작은 동물들은 계절성 이주를 거의 하지 않는다. 장거리를 빠르게 이동할 수 없어서가 아니라 이주에 필요한 대량의 에너지 소모에 걸맞을 정도로 에너지를 저장할 수가 없기 때문이다.

공짜 점심은 없다

운동능력에 드는 에너지 소모량이 위의 모든 요소의 영향을 받을 수 있기 때문에 야생에서 동물의 일상생활에 운동능력이 얼마만큼의 에너지를 소모시키는지 정확하게 파악하는 것은 어렵다. 이동 능력을 종종 전력으로 사용하는 동물은 굉장히 에너지 소모가 크겠지만, 앞장에서 본 것처럼 그런 일은 거의 일어나지 않는다. 1983년, 캘리포니아대학교 리버사이드의 테드 갈런드Ted Garland가 동물의 하루 에너지 소비량 중에서 몇 퍼센트가 정확히 이동에 소모되는지를 계산하기 위해서 이동의 생태학적 경비ecological cost of transport(ECT)라는 측정기를 개발했다. 이 측정기를 이용하기 위해서는 세 가지를 알아야 한다. 동물이 매일 이동하는 총 거리, 그 거리를 이동하는 데 든 에너지 소모량, 그리고 기초대사량을 포함해서 동물이 자연계에서 하루에 소비하는 에너지양이다.[2]

대부분의 동물에서 우리는 이런 것에 대해 아예 모르고 아주 소수의 경우에만 안다. 이 글을 쓰는 시점에서 우리는 이런 식으로 일곱 종의 포유류에서 이동의 생태학적 경비를 계산할 수 있다. 포유류의 이동의 생태학적 경비는 굉장히 다양해서 어떤 포유류는 이동 활동을 하는 데 하루의 에너지 예산의 몇 퍼센트밖에는 쓰지 않는다. 육식동물은 높은 이동의 생태학적 경비를 보이고, 어떤 육식동물 종은 이동에만 하루 에너지 소비량의 20퍼센트 이상을 사용한다. 많은 육식동물들이 음식을 찾아서 긴 거리를 이동하기 때문일 것이다. 물론 이동의 생태학적 경비는 동물의 활동 중 일부만을 바탕으로 계산한 것이고, 우리는 특정 개체를 밀착해서 따라다니지 않는 한 동물들이 어떻게 사는지 확실하게 알 수 없다.

캘리포니아대학교 산타크루스의 테리 윌리엄스Terrie Williams가 주도한 연구에서는, 전통적인 신진대사 속도 측정법과 자연 상태의 치타의 이동을 측정할 때 사용하는 것과 비슷한 스마트SMART(Species Movement, Acceleration, and Radio-Tracking) 목줄을 혁신적으로 조합해서, 지금껏 가장 정확하게 퓨마가 습격해서 사냥할 때의 에너지 소비량을 측정했다. 연구자들이 스마트 목줄에서 얻을 수 있었던 데이터의 양과 종류는 기능생물학자들의 최고의 꿈 같았다. 윌리엄스와 그 동료들은 속도, 가속도, 이동에 드

---

2 우리는 이 소모량을 자유로운 상태의 개체에 수소와 산소의 동위원소(보통보다 더 무거운 원소)로 이루어진 이중표지 물doubly labeled water이라고 하는 특별한 종류의 물을 일정량만큼 주입해서 계산할 수 있다. 며칠 후에 혈액샘플을 채취해서 표지가 된 산소가 체내에 얼마나 남았는지 측정해서, 동물이 산소를 얼마만큼 소비했는지를 계산할 수 있다. 수소를 추적하는 것은 예를 들어 소변처럼 물로 소실된 산소량을 수정할 수 있게 해준다.

는 에너지 소비량, 이동에 걸린 시간, 활동의 종류(사냥 대 비사냥 활동), 사냥의 종류(추적 대 다가가서 덮치기), 동물이 얼마나 자주 방향을 바꾸는지, 어떤 종류의 땅을 지나가는지, 먹이를 잡았는지 놓쳤는지, 심지어는 잡힌 먹이의 크기까지 추정할 수 있었다! 더 놀라운 것은 실험실에서 퓨마의 다양한 활동에 드는 에너지 소모량을 측정해서 그 소모량과 결부시킬 수 있는 이동 '서명'의 라이브러리를 만든 덕택에, 연구자들은 스마트 목줄을 찬 자유로운 퓨마가 일상생활을 할 때 이 이동 서명의 발생을 바탕으로 해서 퓨마의 에너지 소모량을 계산했다. (다시금, 코번 의원이 무의미하고 낭비라고 외쳤던 러닝머신 바탕의 NSF 기금 덕택에 이 혁신적이고 중요한 연구가 탄생할 수 있었다.)

이런 식으로 연구자들은 특정 시간에 동물이 어디에 있고 무엇을 하는지만이 아니라 그 일을 할 때 에너지를 얼마나 소모하는지도 알아냈다. 덕분에 그들은 예를 들어 먹이를 찾는 데 드는 에너지 소모량('죽이기 전 사냥 소모량'이라고 한다)이 총에너지 소모량의 10퍼센트에서 20퍼센트라는 것을 보여줄 수 있었다. 그래서 그들은 이 동물에서 습격 사냥의 진화가 먹이를 찾고 제압하는 데(물론 여기에는 운동능력이 관여한다) 드는 에너지 소모량을 최소화하기 위한 필요조건에 따라 이루어졌다는 결론을 내렸다. 이 연구는 자연계에서 이동 능력을 사용하는 데 드는 에너지 소모량을 정확한 수치로 얻어냈고, 정말로 엄청난 에너지를 소모한다는 사실을 보여주었다. 사실 운동능력에 드는 에너지는 대단히 커서 동물들은 그들이 해야만 하는 이런 활동을 최대한 효율적으로 하기 위해서 상당히 노력한다.

에너지 절약하기

동물들은 각기 다른 방식으로 활동에 드는 에너지 소모량을 축소한다. 유럽황조롱이는 먹이를 찾을 때 종종 허공에서 맴도는데, 바람을 탈 수 있을 때에만 그렇게 한다. 그러면 특정 풍속에 맞춰 수평으로 나는 것과 에너지적으로 동일하기 때문이다. 황조롱이는 종종 비행에서 에너지가 가장 적게 드는 풍속에 맞추어 맴도는 방식을 취하고, 에너지적으로 최적인 상태보다 더 빠르거나 느린 풍속으로는 별로 날지 않는다. 이는 이 새들이 맴돌 때 에너지 소모량을 줄이기 위해서 노력한다는 사실을 강력하게 암시한다.

유럽가마우지(가마우지의 일종)는 맞바람 속으로 곧장 이륙하는 방법으로 같은 원리를 사용한다. 황조롱이에서처럼 그들의 날개 위로 일정 속도로 움직이는 바람은 동물이 직접 날갯짓을 하지 않아도 양력을 발생시키기 때문에 상당한 에너지를 절약하게 해주고, 이 새들이 다른 새들이 이륙할 때 우선적으로 사용하는 크고 에너지가 많이 드는 비행 근육을 계속 쓰지 않고서도 뜰 수 있게 만든다. 평균적으로 체중의 16퍼센트 이하를 비행 근육에 할당하는 현대의 새들은 자신만의 힘으로는 아주 운이 좋아야 간신히 이륙할 수 있다. 활상과 활공 역시 비교적 먼 거리를 가면서 에너지를 절약하는 데 유용하다. 몇몇 새들, 박쥐, 나비 같은 큰 곤충들은 물이나 지표면에 가까이 활공해서 항력을 감소시키고 양력을 증가시키는 상풍류upwash를 일으켜 비행시간이

나 거리를 더욱 늘린다. 이 현상을 지면효과Ground effect라고 한다. 기묘하게도 큰귀상어great hammerhead shark는 하루 90퍼센트의 시간 동안 50도에서 75도 정도 각도로 옆으로 누워서 수영을 한다고 알려져 있다. 이 각도에서는 이 동물의 대단히 커다란 등지느러미가 상당히 많이 떠받쳐져서 큰귀상어의 이동에 드는 에너지 소모량을 10퍼센트 정도 줄여준다.

이미 알려진 바처럼 펭귄은 지상에서는 에너지를 보존하는 데 별로 도움이 되지 않는 뒤뚱거리는 귀여운 걸음걸이로 걷는데, 이것은 그들이 수영을 위해 형태적으로 타협한 결과이다. 뒤뚱거리는 걸음이 몹시 비효율적이기 때문에 이들은 가능한 곳에서라면 항상 터보거닝tobogganing이라는 훨씬 에너지가 적게 드는 행동을 한다. 이것은 특히 눈 쌓인 내리막에서 배를 깔고 엎드려서 갈퀴발로 눈 위에서 몸을 밀어서 가는 것이다. 터보거닝은 펭귄이 사용하는 유일한 이동의 대체 수단은 아니다. 수면 근처에서 수영할 때면 펭귄은 물 밖으로 반복적으로 뛰어오른다. 이 행동을 포포이징porpoising이라고 한다. (알락돌고래porpoise 또한 이 행동을 하고, '펭귀닝penguining'은 거의 확실하게 이미 일종의 페티시 이름으로 붙었을 것이기 때문이다.)

겉보기에 이것은 끔찍한 생각처럼 보인다. 물 밖으로 계속해서 뛰어오르는 것은 에너지가 많이 들 것 같지만, 역학적 분석에 따르면 실제로는 이동에서 에너지를 절약해주는 방법이다. 수면 근처에서 수영하는 것은 깊은 물속에서 수영하는 것보다 더 힘들다. 수면에서 수영을 하면 파도가 생기기 때문이다. 파도가 생기면 움직이는 동물의 에너지 일부가 파도를 형성하고 움직이는 일로 전환되어 소실되고, 결국 동물을 느려지게 만든다. 이 현상을 조파항력wave drag이라고 한다. 특별히 펭귄을 보자면, 일반적으로 수면에서 수영을 할 때에는 같은 속도로 물속에서 수영할 때보다 에너지가 50퍼센트 더 든다. 주로 이 추가적인 조파항력 때문이다. 하지만 펭귄이 수면에서 상당히 빠르게 움직이면(훔볼트펭귄의 경우에 11km/h 정도, 더 큰 돌고래의 경우에 18km/h 정도인 한계 돌파 속도 이상으로) 포포이징에서 공기 중에 있는 단계에서 항력이 감소하게 되고, 펭귄은 점프로 인한 추가적 에너지 소모량을 상쇄할 수 있는 것 이상으로 물 밖에서 많이 이동해서 결국 총에너지는 절약된다.

이것이 운동능력에 관한 책을 쓰는 사람들을 위해서 맞춤 제작된 반反직관적이고 특이한 적응의 일종인 것처럼 보이겠지만, 포포이징에 관련된 역학은 불행히도 아주 복잡하며 이 행동에 관한 해석 역시 분분하다. 그래서 어떤 사람들은 물속에서 한참 동안 헤엄칠 때 수영하는 힘을 원동력으로 포포이징을 거듭하는 돌고래가 수영만 할 때와 비교해 최대 40퍼센트까지 에너지를 절약한다고 주장하는 반면에, 다른 생물학자들은 그에 대해 회의적이고 대신에 공기호흡을 하는 동물만 포포이징을 하므로 이 사실이 관계가 있을 거라고 지적한다. 포포이징이 에너지 절약에 효과적이든 아니든 돌고래는 이미 다른 수중 포유류보다 훨씬 적은 에너지로 헤엄을 치고, 큰돌고래bottlenose dolphine는 수면에서 파도를 타며(또는 바디서핑이라고 한다) 에너지를 더 많이 절약한다.

순간적인 활동을 위해서 자신의 근육이 낼 수 있는 것 이상의 힘을 내야 하는 동물들은 부족한 부분을 메우기 위해서 탄성에너지 저장량에 의존할 수도 있다(7장에서 이야기했던 것처럼). 하지만 이 탄성에너지 체계를 사용하는 또 다른 흔한 방법은 지속적인 이동에 관련된 근육의 일량을 줄여서 이동의 에너지 소모량을 줄이는 것이다. 특히 육상 보행은 다리가 순차적으로 반복해서 가속과 감속을 해야 하고, 그래서 걸음의 첫 단계에서 잃은 운동에너지를 저장해서 다음 단계에서 쓸 수 있다면 걸음의 총에너지 소모량이 감소할 것이다.

힘줄, 그리고 적게 늘어나는 근육들은 이것을 할 수 있고, 특히 힘줄이 에너지를 아주 효과적으로 저장했다 내줄 수 있기 때문에 에너지를 재활용해서 이동을 더 경제적으로 만들 수 있다. 캥거루는 특정 속도에 도달하기 위해 에너지를 사용하지만 스프링처럼 움직이는 거대한 아킬레스건 덕택에 고속에서는 더 적은 에너지로 깡충깡충 뛸 수 있다. 캥거루는 특정 한계 속도를 넘어서면 두 발로 깡충깡충 뛰는 방식으로 전환하고, 이때 아킬레스건이 에너지를 저장했다가 방출한다. 사실상 캥거루는 스카이콩콩을 탄 것처럼 뛰고, 이것은 고속으로 이동하는 무척 효과적인 방법이다. 같은 행동을 하는 왈라비의 일종에서 이 방식은 근육이 필요로 하는 일의 양을 최대 45퍼센트까지 줄여준다.

낙타, 말, 영양부터 원숭이, 심지어 사람에 이르기까지 많은 동물이 이동에 드는 에너지를 줄이기 위해서 탄성에너지 저장을 사용한다. 어쩌면 가장 효과적인 행동을 하는 것은 고속으로 달릴 때 탄성에너지 저장을 통해 달리는 데 드는 에너지 소비량을 최대 60퍼센트까지 절약할 수 있는 칠면조일 것이다. 그러나 형태적 타협으로 인해 이런 절약을 하지 못하는 동물도 있다. 수영과 달리기를 모두 하는 동물의 경우에는 한 가지 이동 방식에만 특화된 동물보다 에너지를 저장하고 복구하는 것이 훨씬 비효율적이며, 큰 동물들은 그 큰 질량 덕택에 작은 동물들보다 탄성에너지 저장을 통해 더 많은 이득을 볼 수 있다.

에너지 이득을 주는 친구들

거의 모든 사람이 언젠가 한 번은 보았겠지만 새들은 대형을 짜서 난다. 예를 들어 오리와 기러기처럼 큰 철새들이 이용하는 V자 대형은 매우 흔해서, 왜 그들이 다른 모양 대신에 V자 형태를 취하는 것인지 생각해본 사람도 별로 없을 것이다. 그 이유는 대형을 이룰 때 얻을 수 있는 에너지 절약과 관련이 있을 것이다. 날갯짓을 하면 날개를 위로 올렸다가 아래로 내릴 때 수직면에서 둥글게 움직이는 날개 끝 위쪽에 소용돌이가 생긴다. 모기는 6장에서 이야기한 것처럼 날기 위해서 이 소용돌이에 크게 의존하지만, V자 형태로 나는 새들은 자전거를 탈 때 후류slipstreaming 개념과 비슷하게 앞에 가는 새들의 날갯짓에서 생성되는 소용돌이로부터 양력을 얻어 에너지를 절약한다. 이 방법을 백 퍼센트 이용하려면 날개 끝이 서로 겹쳐야 하기 때문에 새들이 옆의 새의 소용돌이 힘으로 움직일 수 있도록 독특한 V자 형태로 배열하는 것이다. 분홍발기러기pink-footed goose는 이렇게 해서 총비행 에너지의 2.5퍼센트밖에 줄일 수 없지만, 회색기러기grey lag goose는 이 방법으로 비행 에너지를 4퍼센트에서 9퍼센트까지 절약한다. 이게 대단하게 들리지 않을 수도 있지만, 이 철새들이 날아가는 엄청난 거리에서(분홍발기러기의 경우에 그린란드와 아이슬란드의 번식지에서 겨울에는 유럽 북서부까지 간다) 절약된 에너지를 전부 합치면 엄청날 것이다. 이 잠재적 에너지 절약이 왜 V자 대형이 몇 킬로그램 이상 무게가 나가는 비교적 큰 새들에서만 보이는지를 설명해준다. 작은 종들은 날개가 생성하는 소용돌이가 작고 짧은 날개를 서로 겹칠 수가 없기 때문에 이런 방식으로 별로 이득을 보지 못할 것이다.

집단으로 행동을 하는 데서 얻는 에너지적 이득은 비행 외에 다른 형태의 활동에서도 가능하다. 바다거북은 성체는 혼자 지내지만 암컷 바다거북이 해안에 직접 땅을 파고 땅속의 둥지에 50개에서 150개의 알을 한 번에 낳은 후 모래로 덮어놓기 때문에 대량의 유생이 함께 부화한다. 그러니까 한 번에 태어난 모든 알은 같은 둥지를 공유하고 비슷한 부화 온도에서 자라는 것이다. 바다거북 유생의 외온성 체질 때문에 이들은 거의 같은 속도로 자라고 발달해서 결국 동시에 부화한다.

동시 부화는 바다거북의 번식에서 중요한 특징이라 어떤 사람들은 어떤 종의 유생들이 아직 부화 과정을 시작하지 못한 한배 친구들의 부화를 자극할 수 있다고 주장한다. 하지만 당신이 귀여운 아기 바다거북 사진을 구글에서 찾아 모두가 동시에 세상에 나올 수 있게 서로 돕는 게 얼마나 사랑스러운지 소셜미디어에 올리기 전에(#혼자남는새끼거북이는없어) 고려해야 할 사실이 있다. 동물의 집단행동은 일반적으로 그 집단에 참여하는 것이 혼자 행동하는 것보다 각 개체에게 더 많은 이득을 주는 경우에만 이루어진다는 것이다. 이 경우에는 새끼 바다거북이 다 함께 땅속 둥지를 동시에 파고 나오는 것이 독불장군 새끼 혼자 굴을 파고 나오는 것보다 에너지적으로 저렴하고 더 쉽기 때문이다.

유생들이 대량으로 있으면 해안가 모래밭을 40센티미터 정도 위로 파고 나올 때 땅을 파는 시간이 짧고 한 개체당 땅을 파는 데 드는 에너지도 적다. 10마리 집단이 60마리 집단으로 늘어나면 땅을 파는 시간과 에너지가 50퍼센트 감소한다. 처음부터 에너지를 절약하는 것이 바다거북 유생들에게 대단히 중요하다. 이들은 새끼 바다거북 뷔페가 펼쳐지기만을 기다리고 있는 포식자 무리를 뚫고 해안가의 부화지에서 바다까지 곧장 가야 하기 때문이다. 포식의 위험을 공유할 수 있는 다른 새끼 바다거북이 많이 있으면 특정 새끼 바다거북이 살아남을 가능성이 훨씬 높아진다. 이것이 집단으로 나올 경우의 또 다른 이득이다. 바다에 도착한 운 좋은 새끼들은 그 작은 덩치 덕택에 밀려오는 파도에 휩쓸리고, 그다음 차례는 포식자들로 가득한 연안을 탈출해서 (비교적) 안전한 대양으로 최대한 빨리 가기 위해 24시간 동안 계속되는 광란의 수영swimming frenzy을 하게 된다. 광란의 수영은 문자 그대로 새끼 바다거북의 목숨을 건 레이스이다. 새끼가 성체가 될 때까지 살아남을 가능성이 1,000분의 1이라는 추정을 고려하면, 이 조그만 동물들에게는 받을 수 있는 모든 도움이 필요하다.

집단생활에서 얻을 수 있는 상당한 에너지적 보상은 많

은 동물 종에서 집단성이 진화된 요인 중 하나이고, 그 보상 중 최소한 하나는 운동능력과 관련되어 있을 것이다. 집단성은 척추동물에서는 드물지만, 어쨌든 서로 가까이 사는 개체들 사이에서 기생충 전염 속도가 빨라지는 등 관련된 여러 가지 대가에도 불구하고 여러 차례 진화했다.

어떤 종에서는 집단성으로 인한 이득에 단독생활과 비교해서 먹이를 찾고 잡는 에너지 소모량이 줄어든다는 것도 포함된다. 위에서 말했듯이 육식동물의 생활방식은 에너지가 많이 들고, 포유류는 특히 더 그렇다. 육식 척추동물의 7퍼센트가량이 일종의 합동 사냥을 하고, 이 종의 사냥 전략은 다양하지만 합동 사냥은 먹이를 잡는 에너지적 부담을 여럿이 나눌 수 있고 종종 혼자 잡을 때보다 더 많은, 혹은 더 큰 먹이를 잡을 수 있게 해준다. 길들여진 개 무리는 번갈아가며 먹이를 평균 6.5km/h의 속도로 19킬로미터 거리까지 쫓아가며 괴롭혀서 개 한 마리가 할 때보다 더 빨리 먹잇감을 지치게 만든다. 야생개가 사냥하는 GPS 데이터를 보면 사냥의 성공률과 먹는 빈도 면에서 집단 사냥의 이득이 반복적인 짧은 추적으로 인한 에너지 소모를 훨씬 웃도는 것을 알 수 있다. 사회적 거미social spider류처럼 일부 무척추동물도 한 마리가 감당하기 힘든 큰 먹이를 잡기 위해 서로 협력하는데, 아마도 혼자 사냥할 때보다 더 큰 에너지적 이득을 볼 것이다.

균형을 이룬 운동능력과 생활사

에너지를 연료로 사용하는 것은 운동능력만이 아니다. 동물들은 총에너지 예산의 상당량을 써야 하는 여러 가지 생리적 과정을 종종 동시에 수행해야 한다. 한 가지 예를 들어보자면, 동물이 평생 동안 가장 많은 에너지를 써서 하는 일 중 하나가 번식이고, 많은 동물 종이 이를 한 번 이상 한다. 예를 들어 목화쥐cotton rat 암컷은 임신해서(26일) 다섯 마리 새끼의 젖을 뗄 때까지(이후 12일) 에너지 소비량이 37퍼센트가 더 는다. 하지만 그 에너지는 번식 기간 전체에 고르게 분배되는 것이 아니다. 에너지의 거의 대부분이 새끼들을 위해 젖을 생산하는 12일의 젖먹이 기간에 집중된다. 수유는 특히 에너지가 많이 들고, 암컷 목화쥐는 임신 나머지 기간보다 수유 기간에 에너지를 다섯 배 빠르게 소모한다.

다른 비유대목 포유류에서 번식은 평균적으로 25퍼센트가량 총에너지 소비량을 늘리고, 수유에만 추가된 에너지의 80퍼센트가 소모된다. 이 추가적인 에너지 소비는 포유류에만 한정된 것이 아니다. 새들은 수유를 하지 않지만 어쨌든 새끼들에게 먹이를 먹이는 데 비슷한 에너지를 소비하고, 새끼에게 먹이를 먹이는 동안에 신진대사 소비량이 세 배 는다.

어떤 에너지 소비든 동물의 에너지 예산에 고려되어 있어야 하지만, 어떤 경우는 특히 에너지적으로 큰 부담이 된다는 것이 명백하다. 약간의 에너지 소비를 필요로 하는 경우에만 에너지를 소비하는 활동과 동물의 전체 에너지 예산의 큰 몫을 차지하는 활동을 구분하는 것은 중요하다. 특정한 특성이나 신호를 표현하는 데 드는 에너지, 식량이나 짝을 찾는 데 드는 에너지, 과시행동이나 전투에 드는 에너지, 번식에 드는 에너지, 기타 등등 다른 것들보다 에너지가 더 많이 드는 것들까지 포함해서 종의 각 개체가 특정 시간 동안 사용하는 모든 잠재적 에너지를 합치면 동시에 이 모든 행동을 하는 데 필요한 에너지 총량이 대단히 커서 한 개체가 마음대로 쓸 수 있는 에너지 자원의 양보다 훨씬 더 크다는 것을 알 수 있다. 이 말은 한정된 에너지 예산을 가진 개체는 모든 것에 동시에 최대의 에너지를 소모할 수 없기 때문에 어떤 특성에 자원을 투자하고 어떤 특성에 투자하지 않을지 우선순위를 정해야만 한다는 뜻이다. 사람들이 한정된 한 달 예산을 갖고 그 달에 어디에 돈을 쓸 수 있고 어디에 쓸 수 없는지 결정해야 하는 것과 비슷하다.

어딘가에 돈을 쓰고 나면 그 돈은 사라지고 다른 것에 다시는 쓸 수 없기 때문에(당신이 월스트리트에서 일하는 게 아니라면) 이런 비유가 딱 맞는다. 에너지란 그렇다. 그러니까 생물체가 특정한 특성에 투자할 수 있는 에너지의 양은 그 특성에 드는 에너지 가격과 주변에서 얻을 수 있는 에너지 자원(즉, 음식)의 양에 달렸다. 이 자원이 무제한이 아닌 한, 그리고 (미리 말해두는데) 언제나 그런 일은 없기 때문에, 생물체가 내리는 에너지 투자에 관한 결정과 특정 특성에 투자하는 상대적인 양은 특성의 표현에 대한 균형을 가져온다. 인간에게 경제적 균형이란 식료품과 집 같은 필수품에 우선 투자하고, 다른 것에 쓸 돈은 좀 더 적게 남겨두는 것이다. 예를 들어 누군가가 애초에 적은 예산을 갖고 있다면, 그 사람은 다음 달 월급이 들어올 때까지 살아가기 위해서 값비싼 오락에 쓸 돈을 줄이거나 아예 포기해야 할 것이다. 그래서 오락과 최저생활 사이에 균형이 잡힌다. 하지만 그 사람에게 쓸 돈이 많다면 스트리퍼와 마약을 사방에 깔아둘 수 있을 것이다(당신이 월스트리트에서 일한다면 말이다). 이 말은 기본적이라고 여기는 특정한 균형이 대량의 자원 공급 덕택에 완화되거나 아예 사라질 수도 있다는 뜻이지만, 에너지 획득 곡선에서 아래쪽 끝에 있고 여분의 에너지도 거의 없는 상태의 동물은 적합성에 심각한 결과를 가져올 수도 있는 어려운 투자 결정을 내려야만 한다.

획득한 에너지 자원을 특정한 적합성 상승 과정과 행동에 할당하는 것을 다루는 진화생물학의 특정 영역을 생활사 진화life history evolution라고 한다. 생활사는 (약간 지루하지만) 동물의 삶에서 중요한 사건들의 순서를 연구하는 분야로 규정된다. 이 말은 개체의 평생 동안 왜 특정한 시기에 특정한 기간 동안 특성들이 표현되거나 표현되는 정도가 바뀌는지를 이해하기 위해 노력한다는 뜻이다. 하지만 생활사는 다른 특성들을 희생해서 특정한 특성에 적용되는 에너지양을 지루하게 일일이 기록하는 것 이상의 일이다. 이 자원 할당 결정은 삶에서 번식 성공에 직접적으로 영향을 미칠 수 있기 때문이다.

위에서 에너지에 관해 반복적으로 말했음에도 불구하고 생활사 균형에 관한 통화, 다시 말해서 우리가 이것을 측정하는 데 사용하는 도구는 잔여생식값residual reproductive value이다. 이것은 미래의 생식 가능성에 관한 개체의 적합성을 일컫는다. 즉, 특정한 균형이 지금, 그리고 개체의 삶 후반에 그 개체의 자손을 생산하는 능력에 어떻게 영향을 미치는지를 고려해서 이 균형이 얼마나 중요한지를 판단한다. 전체유기체 운동력 특성은 (가끔은 꽤 높은) 에너지 소모량 때문에 이런 균형의 대상일 뿐만 아니라 개체의 번식 성공률에 관한 중요한 결정요인이기도 하다. 그래서 우리는 운동 특성이 생활사의 몇 가지 핵심 균형에 직접적으로 관련이 있을 거라고 예측할 수 있다. 그리고 나가서 운동능력과 관련된 균형을 살펴보면 예측대로의 결과가 나온다.

제발 좀 더 주세요

동물이 투자해야 하는 다양한 자원요구 반응 중에서 면역 체계의 운영은 특히 비싸다. 면역 체계는 개체의 평생 동안 배후에서 열심히 일하고 하루 24시간 세포와 항체를 만들어내며, 활발한 감염에 대한 면역 반응을 시작할 때 특히 더 격렬하게 활동한다. 면역 체계가 극히 복잡하기 때문에 얼마나 에너지가 많이 드는지 확실히 말하기는 어렵지만, 대략 추정하자면 '어마어마하다'는 영역에 들어갈 것이다. 예를 들어 일부 포유류를 살균 환경에서 키우면 에너지 요구량이 30퍼센트가량 줄어들고, 비슷한 환경(또는 항생제를 보강한 환경)에서 키운 새는 감염원이 존재하는 보통 환경에서 키우는 경우보다 훨씬 빠르게 자란다.

면역 체계는 개체가 살고 싶다면 피할 수 없으며 끊임없이 에너지를 소모하는 반응인데, 그 말은 아픈 개체는 감염 기간 동안 증가한 면역 활동에 에너지를 쏟아붓기 위해서 다른 곳에서 자원을 차출해야만 한다는 뜻이다. 그래서 운동능력을 포함해 다른 에너지에 굶주린 생활사 특성들과 면역 표현 사이에 균형이 발생한다. 말라리아를 일으키는 플라스모디움*Plasmodium* 기생충에 감염된 스켈로포루스 오키덴탈리스*Sceloporus occidentalis* 도마뱀이 감염되지 않은 개체와 비교해서 체력이 감소한 모습을 보이지만, 이 발견은 감염된 도마뱀에서 헤모글로빈이 25퍼센트 줄어들어 산소 공급 능력이 낮아졌다는 사실로 설명할 수 있을 것이다. 하지만 병원균에 노출된 다른 동물들에서 운동능력이 감소하는 것은 좀 더 확실하게 생활사의 균형 탓이라고 말할 수 있다.

1990년대 초반에 과학자들은 전세계의 양서류가 호상균chytridiomycosis에 의해 대량으로 사망하거나 심지어 멸종할 가능성이 높다는 사실을 알아챘다. 바트라코키트리움 덴드로바티디스*Batrachochytrium dendrobatidis*라고 하지만 좀 더 흔하게 호상균이라고 하는 이 병원균은 전세계적으로 분포되어 있다. 하지만 일부 양서류 종에서는 개체를 죽이지 않고 학자들도 잘 이해하지 못하는 만성 감염으로 나타났다. 이런 감염의 한 가지 대가가, 에너지 자원이 계속해서 감염을 막기 위해 강화된 면역 기능에 투여되기 때문에, 운동능력이 감소한다는 것이다. 실제로 표범개구리leopard frog에 시험적으로 호상균을 주입하자 8주 동안 병을 앓고 난 후 점프 능력이 감소한 모습을 보였다. 하지만 면역 기능이 운동능력에 영향을 주기까지 그렇게 오래 걸리지도 않았는데, 도마뱀 프삼모드로무스 알기루스*Psammodromus algirus*에서 병원균 없이 면역 체계가 시험적으로 활동하는 경우에도 4시간 안에 최고 달리기 속도가 13퍼센트 줄어들었다는 사실은 면역 기능과 운동능력 사이에 명백한 균형이 있음을 암시한다.

단순히 에너지가 좀 드는 정도가 아니라 아주 많이 드는 운동능력의 경우에는 생활사 균형의 대상이라고 앞에서 말한 것을 되풀이할 필요가 있을 것 같다. 또한 조금 생각해보면 원가와 경비의 구분은 최소한 어느 정도는 갖고 있는 자원 공급량의 크기에 달렸음이 명백해진다. 보통 에너지가 많이 드는 것은 자원이 풍부한 상황에서는 더 낮은 제약이 된다. 예를 들어 또 다른 도마뱀(조오토카 비비파라)에서 면역계 문제는 애초에 적은 에너지를 갖고 있는 개체에서만 지구력을 감소시키고, 많은 에너지를 저장하고 있는 도마뱀에서는 그 균형이 뚜렷하게 나타나지 않는다.

생활사의 균형이 식량 자원이 풍부할 때에는 이런 식으로 감추어질 수 있기 때문에 동물이 입수할 수 있는 식량의 양을 시험적으로 제약하는 것은 유용한 기법이다. 이렇게 하면 개체들은 이제 한정된 에너지 자원을 투자하기 위해 우선순위를 정해야 하고, 그러면 실험복을 입은 이상한 사람들이 그 우선순위를 관찰할 수 있게 된다. 지금까지 특별히 운동능력에 관해서 이런 접근법을 사용한 연구는 많지 않지만, 운동 특성이 실제로 이렇게 유발된 균형에 취약하고 식량이 적을 때에는 운동 특성에 대한 에너지 투자가 감소한다는 증거가 있다. 예를 들어 내 실험실에서 한정된 식량만을 먹은 어린 녹색아놀도마뱀은 무제한의 음식을 공급해준 도마뱀보다 더 느리게 자랐을 뿐만 아니라 성체가 된 후 원하는 만큼 음식을 먹은 도마뱀에 비해서 무는 힘이 훨씬 약했다. 섭식으로 인한 크기 차이를 감안해도 마찬가지였다. 이것은 한정된 음식을 먹은 개체들이 무는 능력을 내는 큰 내전근에 에너지를 투자할 여유가 없었기 때문이다. 이 근육은 키우고 유지하는 데 특히 많은 에너지가 든다.

식량의 제한으로 인해 감소한 운동능력이 환경 조건이 변해서 식량 자원이 다시 풍부해지면 보완될 수 있다고 믿을 만한 근거도 있다. 엑서터대학교의 닉 로일Nick Royle은 어린 시절에 잠깐 동안 식량이 부족한 시기를 겪은 녹색소드테일피시green swordtail fish가 평생 풍부한 식량을 먹은 소드테일피시에 비해 성체가 되어서 수영 능력이 딱히 감소하지 않았다는 사실을 발견했다(보완할 수 없는 다른 대가들을 치르긴 하지만). 그러니까 삶의 어느 단계에서의 운동능력 손실은 식량 공급이 늘어나는 나중 단계에 회복될 수 있고, 이것은 생활사의 균형이 역동적이고 현재의 에너지 자원 공급처의 크기에 좌우된다는 개념과 일치한다.

하나나 두 가지 특성에서만 균형에 관해 생각하기가 쉬운데, 이런 균형은 몹시 복잡할 수 있다. 자원을 입수할 수 있는 정도가 바뀌면 생물체에서 다양한 균형이 유발되고, 그중 일부는 운동능력과 직접적으로 관계가 되며 다른 것은 간접적으로만 관계가 될 수 있다. 게다가 이런 균형은 3장과 4장에서 설명한 것처럼 운동능력의 성별특이적 선택 가능성 때문에 암컷과 수컷에서도 달라질 수 있다. 쇠똥구리에 관한 연구는 이것이 얼마나 복잡한지를 조금이나마 보여주었다. 암컷 쇠똥구리는 큰 동물의 똥을 갖고 어미인 자신이 직접 만든 번식 경단brood ball 안에 알을 낳는다. 이 알이 부화하면 유충은 경단의 똥을 먹고 살게 되는데, 그래서 어미는 유충이 입수할 수 있는 식량 자원의 양을 결정한다. 쇠똥구리는 완전변태 곤충인데, 이 말은 각 개체가 유충에서 번데기로, 마지막으로 성체 쇠똥구리로 변태를 한다는 뜻이다. 우화羽化(번데기에서 쇠똥구리가 나오는 것을 일컫는 말)한 후에 쇠똥구리의 전체 형태와 크기가 평생 고정된다. 이 시기를 지나면 쇠똥구리는 더 커질 수 없고 다른 절지동물들이 가끔 그러듯이 외골격을 벗을 수도 없다.

수컷이 싸울 때 무기나 신호용으로 사용하도록 성선택으로 만들어진 수컷 쇠똥구리의 뿔은 외골격에서 뻗어 나와 자란다. 이 말은 쇠똥구리와 뿔의 크기 둘 다 유충이 먹이를 먹는 단계에서 축적된 자원으로 주로 결정된다는 뜻이다(9장에서 더 설명하겠지만 관련된 유전적 요인도 작용한다). 하지만 외골격은 절대로 변하지 않는 반면에 그 안에 있는 근육의 양은 변할 수 있고, 우화 이후에 성체 쇠똥구리는 근육계를 포함해서 연조직이 대량으로 자라는 동안 후식後食 시기period of maturation feeding를 거친다. 그러므로 우리는 쇠똥구리의 뿔 크기가 유충 단계에서 결정되지만, 근육의 양, 즉 힘은 성체의 환경이 만드는 기능이라는 상황에 처하게 된다. 3장에서 뿔의 크기로 다른 수컷에게 힘을 과시하는 쇠똥구리 이야기를 했던 것을 고려할 때 뿔 크기와 힘 사이의 이런 변화하기 쉬운 연결 관계는 이제 생활사라는 분야에서 좀 설명할 필요가 있다.

런던의 퀸메리대학교의 리앤 리니Leeann Reaney와 롭 넬Rob Knell은 내가 앞에서 이야기했던 것과 정확히 같은 쇠똥구리 종인 에우오니티켈루스 인테르메디우스에서 이 해명을 찾기 위한 실험에 돌입했다(같은 종인 것은 당연히 우연이 아니다). E. 인테르메디우스에서 각 번식 경단에 딱 하나의 알만 넣고 경단의 크기를 바꾸어 유충이 입수 가능한 식량의 양을 간단하게 조절할 수 있게 만들었다. 리니와 넬은 몇 개의 경단에서 똥을 일부 제거하고 몇 개는 그냥 두어 조작된 경단에서 나온 쇠똥구리가 후식 시기에 입수할 수 있는 식량의 양 역시 제한했다. 그런 다음에 성체 쇠똥구리의 무게, 힘, 발달 기간, 겉날개의 길이, 그리고 (수컷의 경우에) 뿔의 크기 등 여러 가지 특성을 측정했다. 발달 단계에서 자원을 제한함으로써 중요한 모든 특성의 균형 관계를 밝히겠다는 목적이었다.

결과적으로 이 자원의 양이 미치는 영향이 암컷에서는 간단하게 드러났다. 더 큰 경단은 더 큰 쇠똥구리를 탄생시켰고, 더 큰 쇠똥구리는 더 강했다(그림 8.1a). 하지만 수컷에서의 결과는 측정한 특성들 사이에서 복잡한 연결고리와 균형의 네트워크를 보여주었다. 수컷에서 뿔의 발달은 측정한 다른 특성들로부터 에너지 자원을 징발해서 경단 크기와 힘 사이에 순수하게 음의 상관관계를 일으켰다(그림 8.1b)! 하지만 더 크게 뿔을 키운 수컷 쇠똥구리가 힘과 관련된 조직을 키우는 데 에너지를 더 많이 투자하는 것처럼 뿔 크기와 힘 사이에 긍정적인 관계도 남아 있었다. 이런 연구는 복잡하고 가끔은 반직관적인 생활사 균형의 본질과 이것을 이해하기를 바라는 우리가 맞는 문제를 잘 보여준다.

A. 암컷의 힘에 관한 경로 다이어그램

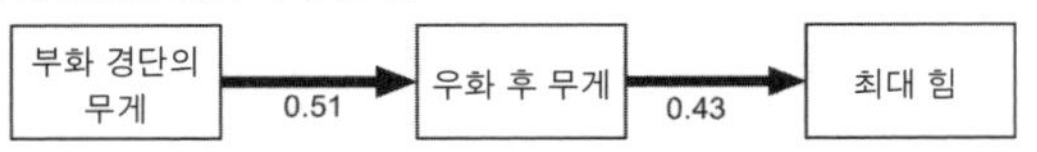

B. 수컷의 힘에 관한 경로 다이어그램

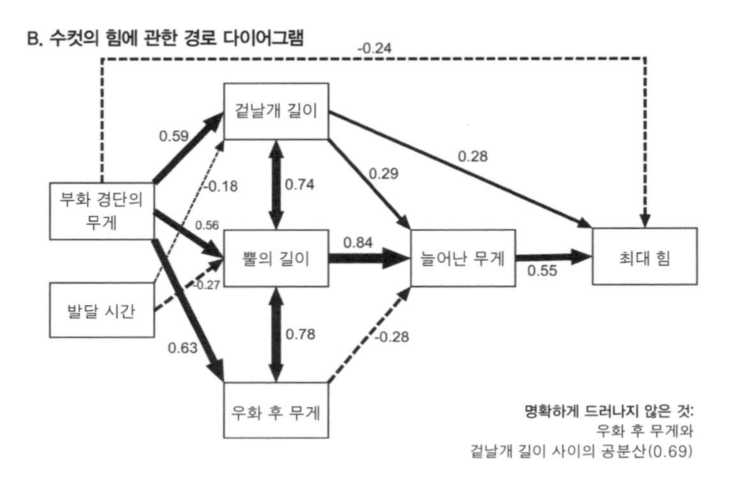

그림 8.1. (a) 암컷과 (b) 수컷 E. 인테르메디우스 쇠똥구리의 힘에 미치는 요소들 사이의 관계를 요약한 경로 다이어그램. 수컷의 뿔과 관련된 자원 할당 균형은 부화 경단 크기가 수컷의 힘과 약간 음의 상관관계를 갖고 있음을 뜻한다. ⓒ Reaney and Knell. 2015.

고통 없이는 얻는 것도 없다

식이 조절은 생활사의 균형을 드러내는 귀중한 수단이지만, 동물이 운동능력에 에너지를 투자하도록 조절하는 것은(면역 문제나 활성화를 통해 면역 기능에 투자하게 만드는 것과 마찬가지로) 특히 유용하다. 하지만 어떻게 동물이 자원을 특별히 운동능력에 할당하도록 만들 수 있을까? 세인트토머스대학교의 제리 후삭은 녹색아놀도마뱀에 특별한 운동 임무를 훈련시켜서 이렇게 할 수 있을 것이라고 생각했다.

이 접근법의 논리는 운동이 동물에게 수행하는 훈련의 종류에 특화된 여러 가지 변화를 촉발한다는 것이다. 예를 들어 인간이 저항 훈련을 하면 근육량이 증가하고, 지구력 훈련을 하면 심장의 크기와 헤마토크릿이 증가하는 등의 변화를 통해 산소 공급량이 늘어난다. 그러니까 훈련 반응exercise response은 전체유기체 운동력에 영향을 미치는 요인들에 투자하는 것이다. 이런 투자가 어느 정도 크면 다른 특성과 균형을 맞추게 된다.

인간 외의 다른 동물들이 훈련 반응을 보인다는 것이 이상할 수도 있겠지만, 양서류, 조류, 특히 어류에서 특정한 방식을 통해서 최대 운동능력이 증가한다는 증거가 있다. 거피에서 훈련은 생태학적으로 의미가 있을 수도 있다. 수컷의 계속적인 괴롭힘에서 도망쳐야 하는 암컷 거피가 낮은 정도의 괴롭힘에 노출된 암컷보다 더 유능한 수영선수가 되기 때문이다. 특별히 도마뱀에서 보자면, 훈련이 효과가 있다는 증거는 역사적으로 모호했으나 후삭은 이전에 도마뱀에 적용했던 훈련 방법이 훈련 반응을 끌어내기에는 부적절했다고 생각했다. 동물용 러닝머신과 학부생 부하들로 무장하고 후삭은 곧 실험실에서 녹색아놀도마뱀에게 지구력 훈련을 시키기 시작했다.

후삭은 적절한 훈련 체계를 적용하면 녹색아놀도마뱀이 인간처럼 지구력을 늘릴 수 있다는 사실을 깨달았다. 러닝머신으로 훈련받은 녹색아놀도마뱀은 8주간의 훈련 후에 보행 지구력 기능에서 상당한 발전을 보였다. 하지만 도마뱀의 이러한 연습 반응이 흥미롭기는 해도 그에 동반된 다른 변화들은 더더욱 흥미로웠다. 지구력 훈련을 받은 암컷 아놀도마뱀은 훈련받지 않은 암컷보다 알을 더 적게 낳아서 훈련 반응이 번식에 쓸 자원을 다른 곳으로 이전시킨다는 사실을 암시했다. 지구력 훈련이 식이 제한법과 합쳐지면 암컷은 더 적은 알을 낳았다. 훈련 반응에 대한 투자는 또한 훈련받은 아놀도마뱀의 면역 기능을 억제했고, 이것은 인간 운동선수의 격렬한 운동과 과도한 훈련이 감염에 민감한 상태로 만든다는 비슷한 발견에 비추어볼 때 더더욱 호기심을 자극하는 사실이다.

후삭의 연구는 운동 훈련이 실제로 적합성에 관련된 특성들 사이에서 생활사의 균형을 잡도록 만들 수 있기 때문에, 우리가 도마뱀이 마라톤 훈련을 받는 사람들처럼 헌신적인 달리기 선수라고 생각하지는 않는다 해도 그들의 운동능력 표현은 공짜가 아니라 진정한 대가를 치르고서 나오는 것임을 알려준다.

횟수가 아니라 주행거리가 문제다

자원 할당은 동물의 생애에서 한 번이나 두어 번의 단계에서만 이루어지는 것이 아니다. 그보다는 현재의 환경 조건과 선택적 사정뿐만 아니라 이미 지나간 할당 균형의 종류와 기간에까지 의존하는 역동적이고 계속적인 과정이다.

선택은 다양한 나이의 동물에서 각기 다르게 나타날 수 있기 때문에 동물이 어릴 때에는 이득이었던 특성이 그 개체의 생애 후반에는 선택적으로 중립이 되거나 심지어는 해가 될 수도 있다. 예를 들어 목도리도마뱀에서 달리기 속도는 청소년기에 생존을 예측할 수 있게 해주지만 성체의 생존에는 영향을 미치지 않는다(성체 수컷에서 번식 성공률을 예측하는 데 쓸 수는 있지만, 암컷에서는 아니다). 그러니까 각기 다른 생애 단계에서 특정한 생활사 균형에 투자를 줄이거나, 없애거나, 심지어는 뒤집는 것이 동물에게 더 이득이 될 수도 있다. 동물의 전체 생애라는 관점에서 보면 이런 할당 균형은 동물이 얼마나 오래 사는지만이 아니라 특정 특성의 표현이 동물의 생애에 따라 어떻게 바뀌는지, 즉 나이 들면 어떻게 바뀌는지에도 영향을 미칠 수 있다.

우리 대부분에게 나이 먹는다는 것은 노쇠해진다는 것과 같은 말이다. 생리적 기능이 점진적으로 소실되어 적합성과 관련된 특성들의 표현이 나이에 따라 점차 위축되기 때문이다. 이것이 우리 삶에서 특정 시점을 넘어서면 우리가 나이 드는 것에 대해 느끼는 감각이고, 인간에게서 나이와 관련된 운동능력 패턴에서도 자명하게 드러난다. 어떤 이유로든 인간의 일부가 경쟁하는 다양한 운동 경기 중에서 하나도 빠짐없이 특정 나이를 넘어서면 운동능력이 상당히 감소하는 모습을 보인다. 30대와 그 이상의 나이가 든 우리 중 일부에게 나쁜 소식을 전하자면, 우리는 이미 지금껏 생각해본 거의 모든 스포츠에서 노화의 내리막을 걷기 시작했다. 좋은 소식이란 없다.

하지만 모든 운동 특성들이 똑같은 방식으로 감소하는 것도 아니고, 이런 감소에 대해서 모두가 겪는 것이 똑같은 것도 아니다. 역도는 나이에 따라 빠른 능력의 감소를 보이고, 점프와 역도는 남자보다 여자에서 특히 더 큰 감소치를 보인다. 노화의 가장 그럴듯한 원인은 생명체가 적절한 세포 기능을 유지하는 데에 필수적인 다양한 세포 과정들이 나이 들어 고장 나기 때문으로 여겨진다. 이 기제들은 흥미롭고 중요하며, 언제든 전세계 신문에는 이런 퇴보를 막고 노화를 '치료'하려는 최신 시도에 대해 이야기하는 다양한 버전의 '영원히 살고 싶은 사람은 누구?' 같은 제목의 기사가 약 4만 개쯤 실린다. 하지만 나이 드는 것이 생물의학적인 질문이 되었다고는 해도, 조지 윌리엄스와 영향력 있는 사상가 피터 메더워Peter Medawar 같은 진화생물학자들은 왜 동물들이 그런 세포 기제를 유지하고 노화가 일어나지 않는 방향으로 진화하지 않은 것인지에 관심을 갖고 있다. 이런 관점에서 핵심 진화적 질문인 "왜 우리는 나이 드는가?"는 좀 더 특화해서 이렇게 물을 수 있을 것 같다. "왜 우리는 노쇠하는가?"

이 질문이 어려운 이유는 노쇠와 노화가 꼭 같은 말은 아니기 때문이다. 우리 인간은 노쇠해지는 것의 음울한 실존적 영향에만 치중하는 경향이 있어서 자연계에서 나이 드는 패턴에 노쇠해지는 것만 있는 것은 아니라는 현실을 대부분 알아채지 못한다. 어떤 동물들은 말기 투자terminal investment라는 생활사 전략을 사용한다. 생존 가능성이 떨어지고 불가피한 죽음이 눈앞에 점점 더 크게 다가올수록 특정한 특성에 자원을 점점 더 많이 할당하는 것이다. 이 말은 이 특성들이 나이가 든다고 노쇠해지는 것이 아니라 동물이 나이 들수록 더 강하게 표현된다는 뜻이다.

이 전략은 일회용 체세포 이론disposable soma theory에 바탕을 두고 있는데, 나이 드는 패턴이 생활사의 균형에 따라 달라질 수 있음을 암시한다. 이 전략의 논리는 오래 살면 살수록 뭔가 더 큰 것이 자신을 잡아먹을 가능성이 점점 더 높아지니까 죽음이 사실상 아주 빨리 다가오는 상황에서 하루하루 점점 더 의미가 없어지는 신체 유지(즉, 모든 세포 수리 기제들이 매끄럽게 잘 돌아가는지 확인하는 것)에 계속해서 자원을 투자할 이유가 별로 없다는 것이다. 남은 시간도 얼마 없는데 짝을 유혹해서 가능한 한 많은 교미를 하는 것처럼 적합성을 높이는 쪽에 에너지를 투자하는 것이 훨씬 좋은 방법이니까. 그러므로 말기 투자는 특정한 특성의 나이 드는 궤도를 변화시켜서 이 특성의 사용 기간은 짧아진다 해도 나이에 따라 표현을 더욱 강화시킨다. 노쇠와 말기 투자 둘 다 운동능력에 적용하고 간접적으로 영향을(균형을 통해서) 미칠 수 있다.

거친 물속의 물고기

거피는 인기 있는 수족관 물고기로 유명하지만, 진화생물학에서 인기 있는 연구 생물이기도 하다. 성선택 연구의 모형 생물이기도 하고(3장을 볼 것) 지금껏 수행된 가장 중요한 생활사 진화 실험 중 하나의 대상이기도 했다. 우리에게는 운 좋게도 이 장기 연구는 운동능력과 분명하게 관련이 있다.

캘리포니아대학교 리버사이드의 데이비드 레즈닉David Reznick과 그 동료들은 1980년대부터 트리니다드에 사는 민물 거피의 생활사를 연구하고 있다. 이 연구는 거피의 번식 일정과 그들의 수명에 집중되어 있고, 각기 다른 생태학적 환경에 의해 생활사가 어떻게 형성될 수 있는지에 관해 중요한 사실을 몇 가지 밝혔다. 연구자들은 어느 개울에서는 포식자(특히 꼬치시클리드pike cichlid)를 제거하고 어느 쪽에서는 제거하지 않는 식으로 자연 상태 개체 수에서 포식 비율을 조절했다. 잡아먹힐 위험률을 바꿈으로써 레즈닉과 그의 팀은 수 세대에 걸쳐 두 실험집단에서 거피의 형태, 색깔, 성숙해지는 나이, 수명, 운동능력을 중대하고 빠르게 변화시킬 수 있었다. 겨우 2년 만에 포식률이 높은 지역의 거피는 더 빨리 죽고, 더 빨리 성숙하고, 더 크기가 작아졌으며, 번식에 더 많은 에너지를 투자했고, 포식률이 낮은 지역의 거피보다 빠른 도주 속도를 보여주었다. 더 빨라진 것에 더해 포식률이 높은 지역의 거피는 색깔이 더 눈에 띄지 않도록 진화했다. 밝은색에 매력적이면(그래서 눈에 잘 띄면) 잡아먹힐 위험이 더 커지기 때문일 것이다.

꼬치시클리드의 배 속에 들어갈 가능성이 높아서 수명이 짧아지자 포식률이 높은 지역에 사는 거피는 자원 할당을 가능한 한 빨리 번식에 집중시켰고, 번식을 할 수 있을 만큼 살아남기 위해서 도망치는 데에도 집중했다. 중요한 것은 후속 연구에서 포식률이 높은 곳과 낮은 곳의 거피를 실험실로 데려와 키웠지만 포식자가 전혀 없는데도 포식률이 높은 지역 출신 거피들은 낮은 지역 거피만큼 오래 살지 못했는데, 이는 이 전략이 고정된 유전적 특성임을 암시한다. 에너지 투자를 세포 보수에서 번식과 탈출 쪽으로 돌리도록 진화함으로써 이 물고기들은 일회용 체세포 이론이 예측한 것처럼 자신의 수명을 줄였다(오래 살 수 없다고 확신하면 어차피 노년의 계획을 세울 이유도 없으니 아마 괜찮을 것이다).

또 다른 사실도 있다. 포식률이 높은 지역의 거피가 낮은 지역의 거피보다 어릴 때는 더 빠르지만, 수영 능력에서도 포식률 낮은 지역의 거피보다 더 일찍, 더 빠르게 노쇠해진다! 그러니까 어릴 때는 운동능력에 에너지를 투자하는 것이 괜찮은 전략이지만, 연기된 노쇠함의 대가를 치르는 걸 영원히 미룰 수는 없는 것이다.

오래 살거나 번창하거나

거피는 번식과 생존 사이의 어디에나 존재하는 균형을 보여주는 눈에 띄는 사례 중 하나일 뿐이고, 그 중요성은 오늘날에도 완전히 인정받지 못하고 있다. 모든 사람이 언젠가 한 번쯤 '적자생존'이라는 말을 아마 들어봤을 것이다. 대단히 간결한 이 금언은 진화적인 면에서 적합성에 따른 생존과 똑같은 말이다. 즉, 가장 적합한 동물이 가장 오래 살아남는다는 것이다. 이 말의 표현 방식은 그 반대 역시 암시하고 있는데, 가장 오래 살아남는 동물이 가장 적합하다는 것이다.

이 말이 꼭 사실은 아니다. 나는 이미 적합성이 생존이 아니라 번식에 있는 여러 가지 경우에 대해서 이야기했고, 가장 적합한 개체는 그 수명이 실제로 얼마였든 간에 평생 동안 가장 많은 수의 자손을 낳은 개체일 수도 있다. 이 말은 번식에 너무 많이 투자해서 결과적으로 자신의 수명마저 훼손하고 그 결과 일찍 죽었으나 풍부한 후손을 생산한 개체가, 번식에 적게 투자하고 오래 살았지만 자손을 적게 낳은 개체보다, 더 적합할 수도 있다는 뜻이다. 특정 동물 종의 수컷이 생존보다 교미와 번식을 선택하는 바로 이런 행동을 한다.

수컷 귀뚜라미는 암컷에게 매력적으로 보임으로써 번식에 성공하기 때문에 매력적이 되는 데에 엄청난 에너지를 투자한다. T. 콤모두스에서 매력은 백 퍼센트 울음소리이고, 더 자주 우는 수컷이 덜 우는 수컷보다 더 많은 암컷을 유혹한다. 하지만 울음은 에너지적으로 상당히 비싸기 때문에 울음에 크게 투자하면 다른 핵심 특성들과 생활사 균형이 촉발된다. 적절한 자원을 투자하면 수컷 귀뚜라미는 몹시 많이 울어서 수명을 상당히 줄이게 되지만, 이렇게 함으로써 매력 수치를 높이기 때문에 어쨌든 높은 적합성을 얻을 수 있다. '빠르게 살고, 일찍 죽고, 수많은 아이를 남겨라'라는 전략으로 사는 수컷들은 말기에 울음에 에너지를 투자해서 울음소리가 노쇠하지 않고 더 강해지지만 기대수명은 하락한다. 이 전략을 사용하지 않는 수컷은 집에서 자식이 별로 없는 다른 독신 수컷 귀뚜라미 친구들과 함께 비디오게임이라도 하며 훨씬 긴 수명을 즐길 것이다.

전에도 T. 콤모두스에 관해 이야기한 적이 있고, 아직 우리 대부분을 기다리는 망각의 강을 향해 노쇠의 내리막을 천천히, 불가피하게 내려가기 시작하지 않은 독자라면 3장에서 매력과 운동능력 사이의 유전적 상관관계에 대해서 이야기할 때 예로 들었던 이 끔찍한 생물을 기억할 것이다.[3] 매력과 운동능력이 수컷 검은초원귀뚜라미black field cricket에서 음의 유전적 상관관계를 보인다는 사실과 울음소리의 에너지 소비량을 고려할 때 울음과 점프 능력 사이에 음의 상관관계가 있다고 합리적으로 추측할 수 있고, 그래서 울음에 말기 투자를 하면 점프 능력은 빠르게 노쇠할 거라고 예상할 수 있다.

하지만 당연하게도 현실은 그렇게 간단하지 않다. 수컷 T. 콤모두스에서 점프 능력은 나이와 관련되어 달라진다는 증거가 거의 없다. 애초에 그들이 점프를 할 수 있게 만들어주는 바로 그 탄성에너지 저장 기제에 의해서 생활사 균형에 완충되기 때문일 것이다. 그러나 무는 힘은 이 귀뚜라미에서 노화의 증거를 확실하

---

3 나는 시드니의 뉴사우스웨일스대학교에서 롭 브룩스Rob Brooks의 '섹스 랩Sex Lab'에서 박사후과정을 하던 시절에 이 동물을 연구했다. 거의 즉시 나는 귀뚜라미의 개인위생에 관한 역겨운 기준과 내가 그들에게 하려고 하는 실험에 대한 형편없는 태도 탓에 모든 귀뚜라미류에 대한 깊고 변치 않는 증오를 품게 되었다. 생물학자가 매번 자신의 연구 생물에 대해서 좋지 않은 얘기를 하는 경우는 드물다고 여러 동료는 지적했다. 내 변명을 하자면, 대부분의 동물은 귀뚜라미만큼 끔찍하지 않다. 하지만 이 녀석들은 생활사를 연구하는 데에 아주 훌륭한 생물이고, 섹스 랩과 다른 곳의 연구자들이 이 귀뚜라미들이 자원을 어떻게 투자하고, 어떤 식으로 나이 드는지에 관해 훌륭한 연구를 해두었다. 사실, 귀뚜라미는 이런 질문을 묻기에 아주 유용해서 10년이 지나도록 이 녀석들에 대한 혐오에도 불구하고 나는 아직도 이들을 상대로 연구하고 있다.

게 보여준다. 여기서는 전후 상황뿐만 아니라 동물의 성별도 아주 중요한 것 같지만 말이다. 평생 생식을 하지 않은 상태의 암컷 귀뚜라미는 무는 힘의 노화 패턴이 말기 투자와 일치하는 모습을 보이고(무는 힘이 나이에 따라 증가한다), 생식하지 않은 수컷도 마찬가지이다. 반면 일주일에 한 번씩 짝짓기를 할 기회가 있었던 수컷은 나이가 들어도 무는 힘의 정도가 달라지지 않지만, 똑같은 짝짓기 기회가 있었던 암컷은 무는 힘이 노쇠한다! 그러니까 T. 콤모두스에서 어느 시점에 다른 어떤 에너지 소모 사건이 일어났느냐에 따라서 운동능력의 나이 드는 패턴이 달라질 뿐만 아니라(여러 가지 이유에서 짝짓기는 에너지가 특히 많이 든다) 문제의 운동능력의 종류에 따라서도 달라질 수 있다.

다른 운동선수 동물들이 나이 드는 모습

동물의 왕국에서 운동능력에 관한 이 쏜살같은 여행에서 내가 아주 잠깐 건드렸던 수많은 주제처럼 나이 드는 것은 복잡하고 매력적인 주제이며, 우리가 여기서 살펴본 것은 새 발의 피일 뿐이다. 비인간 동물에서 나이 드는 것에 관한 연구는 번식과 관련된 특성들에 집중되어 있고, 그럴 만도 하다. 하지만 결과적으로 운동능력에서 나이 드는 것에 관심을 돌린 학자는 몇 되지 않는데, 그래서 우리는 여전히 동물들이 인생의 여러 시점에 운동능력에 에너지 투자를 바꾸는 이유와 방법, 그리고 그 결정이 운동능력의 노화에 미치는 결과에 관해 알아내야 하는 것이 많다.

실제로는 수많은 문제가 생긴다. 나이 드는 것을 연구하는 데 이상적인 생물은 평생을 실험실에서 키우거나 데리고 있을 수 있도록 수명이 비교적 짧고, 많은 수를 한꺼번에 유지할 수 있을 만큼 작아야 한다. 곤충이 아닌 동물 중에는 이 조건에 맞는 것이 거의 없고, 심지어 곤충들도 대부분 별로 이상적이지 못한 실험실 동물이다. 긴 수명을 가진 동물의 노화를 연구하는 건 어렵고, 거피나 귀뚜라미에서 볼 수 있듯이 개체의 평생을 추적할 수 있는 게 아니라 종종 서로 다른 연령대의 동물 집단을 통해서 추측하게 된다.

그러므로 우리가 운동능력의 노화에 관해서 아는 것 대부분은 실험실에서 쉽게 보유할 수 있는 작은 동물들에서 나온 것이고, 몇몇이 이미 물은 것처럼 생활사 균형을 일으키는 수많은 요소들이 제거된 실험실 환경에서 얻은 결과가 야생에서 사는 동물들에게도 유의미한지 의문을 갖는 것도 당연하다. 예를 들어 인간이 키우는 회색쥐여우원숭이grey mouse lemur는 야생에 비해 쥐는 힘이 약하고, 또한 야생의 동료에 비해 쥐는 힘이 더 일찍 노쇠하는 모습을 보인다. 아마도 야생 동물은 사망률이 높기 때문일 것이다. 하지만 다른 연구에서는 이 장의 전제에 관심을 갖고서 나이 드는 것이 운동능력에 어떻게 영향을 미치는지가 아니라 동물의 생애에서 운동 활동이 노화 궤도와 전체적인 수명에 어떻게 영향을 미치는지를 질문했다. 이것은 인간을 대상으로 오랫동안 관심을 가졌던 분야이다. 운동이 여러 가지 건강상의 이득과 관련되어 있는지, 유산소 능력이 (비)흡연 다음으로 수명에 가장 중요한 예측원이 될 수 있는지 말이다.

동물의 세계에서 발견한 것들은 더욱 다양하다. 몇몇 작은 비행 곤충에서는 비행 활동이 억제되면 수명이 늘어나고, 초파리는 정기적으로 비행을 하게 되면 비행 능력이 빨리 노쇠한다. 반면에 유전적으로 보통 쥐보다 빨리 노쇠하도록 개조된 쥐가 지구력 활동을 하면 가만히 있는 개체에서 볼 수 있는 체계적인 노화 현상 여러 가지가 역전되고, 심지어는 수명이 늘어난다. 일반적인 쥐는 높은 지구력을 갖고 있고, 암컷은 노쇠해지는 현상이 늦게 시작되지만 수컷에서는 일찍 시작된다. 우리가 운동능력의 노화에 관해 배워야 하는 것이 엄청나게 많다는 사실은 분명하고, 쥐 연구는 특히 유전적 접근법이 제공하는 도전 과제와 가능성을 희미하게 보여준다.

9
선천성과 후천성

Nature
and Nurture

'선천성 대 후천성'은 틀린 이분법이다. 유전자형과 환경인자는 거의 항상 상호작용한다.

이 책 전반에서 나는 특정한 운동 특성이 어떻게 작용하고 왜 발달했는지에 관해 설명하려고 노력했다. 하지만 자연선택과 성선택이 진화적 변화를 일으키는 중요한 원동력이기는 해도, 그것은 이야기의 일부일 뿐이다. 특성의 진화적 변화를 일으키는 선택을 하기 위해서는 선택적으로 이득을 보는 특성들이 어떤 기제를 통해서 다음 세대로 전달되어야만 한다. 다시 말해서, 선택에 의해 작동하는 특성들(즉, 표현형)은 이 특정 요소들을 물려받은 개체가 부모와 비슷한 방식으로 표현형을 드러낼 수 있도록 최소한 부분적으로 유전 가능한 요소들에 의해 통제되어야 한다.

게다가 자연선택은 여러 가지 가능성 중에서 특정 환경에서 가장 잘 작동하는 특정 표현형을 고르도록 작동한다. 모든 표현형이 똑같다면 최선의 표현형을 고를 수가 없기 때문에 수많은 개체 사이에서 발현되는 표현형은 다양할 수밖에 없다. 그러므로 표현형의 발현에 영향을 미치는 유전 가능한 요소들에도 변이가 있어야 한다. 그렇지 않으면 모든 표현형이 세대마다 똑같을 것이고, 선택이 작용할 변이가 없을 것이다.

19세기 말 오스트리아의 수도사이자 생물학자, 콩 애호가였던 그레고어 멘델Gregor Mendel의 연구 이래로 우리는 표현형의 변이에 영향을 미치고 표현형이 유전되도록 만드는 요소가 유전자라는 것을 알게 되었다. 유전자는 모든 살아 있는 생명체의 DNA를 이루는 특정 핵산 서열이다. 표현형(그리고 유전적) 변이가 진화에 매우 중요하기 때문에 운동력 진화를 일으키는 과정을 이해하고 싶다면 운동력 특성에서 그런 변이의 정도에 대해서 대충이나마 알아야 한다. 실험적 선택과 정량 유전학부터 전장유전체 상관분석genomewide association analysis에 이르기까지 운동 특성의 유전적 기반을 평가하기 위해서 다양한 방법들이 사용되었다. 이런 접근법에도 불구하고 우리의 지식은 슬플 정도로 부족하기 때문에, 이 장의 대부분은 우리가 모르는 것들 사이를 이리저리 빠져나가는 셈이 될 것이다. 내가 여러분에게 이야기하려는 내용의 기본 개념은 이해하기 어려운 것이 아니지만, 전반적인 유전학은 마음 약한 사람을 위한 것이 아니니까 이 장에서는 중간중간 술을 한 잔 마시거나 12시간쯤 낮잠을 자며 쉬는 게 좋을 수도 있다.

후천성을 통한 선천성

아무래도 이제 한 가지 고백을 해야 할 것 같다. 내가 운동능력과 훈련을 대단히 매력적으로 여기긴 하지만, 내가 직접 참여하는 건 그다지 좋아하지 않고 피할 수 있으면 피하는 편이다. 운동을 하고 체력을 유지하는 것은 노력이 들고 그런 걸 안 하고 쓸 수 있는 시간까지 들여야 하기 때문이다. 내가 하는 스포츠와 가장 가까운 활동은 소파에 누워 나보다 신체적·정신적으로 우위에 있는 세계적인 운동선수들에 대해 비난을 퍼붓는 것이다. 어쨌든 일주일에 몇 번씩 내 삐걱거리고 노쇠해가는 몸을 끌고 헬스장에 가서 오로지 한 가지 이유 때문에 달리기를 하고 무거운 물체들을 들어 올린다. 나는 제2형당뇨병과 혈압 가족력이 있기 때문이다.

제2형당뇨병과 혈압 모두 유전자형과 환경인자 간의 상호작용genotype by environment interaction(GxE)에서 발생한다. 이것은 특정한 유전자, 또는 유전적 변이 세트를 가지면 당뇨가 되었든 다른 게 되었든 어떤 특정한 특성이 발현되는 경향이 있는데, (여기가 중요한 부분이다) 그 특성이 발현될 가능성이나 정도는 환경에 강하게 의존한다(여기서 '환경'은 유전이 아닌 다른 모든 것을 말한다)는 상황을 일컫는 기술적인 유전학 단어이다. 이 말은 내가 하루 종일 운동도 하지 않고 컴퓨터 앞에 앉아서 맥주와 감자칩, 라면만 먹고 살면(과학자들이 '대학원 생활'이라고 부르는 상태) 가까운 미래에 인슐린 주사를 맞고 당이 없는 것만 먹어야 하는 삶을 맞이할 가능성이 높다는 뜻이다. 하지만 제대로 된 음식을 먹고 내가 좋아하지도 않는 운동을 억지로 하면 그런 일이 생길 가능성을 약간 낮출 수 있다. (어차피 당뇨병에 걸리면 몹시 짜증이 날 테니까.)

유전자, 또는 유전자 집단의 발현이 그것이 발현되는 환경에 달렸다는 사실은 '선천성 대 후천성: "비만/천재/노화/ADHD/까다로운 식생활/성적 일탈"이 전부 당신의 유전자에 달렸나?' 같은 머리기사와 어구들을 너무도 사랑하는 신문, 잡지, 웹사이트, 뉴스 채널이 잊어버리곤 하는 중대한 사실이다. 당신이 이런 기사를 읽을 시간을 아낄 수 있도록 내가 답을 말해주겠다. 답은 언제나 '아니, 그렇지 않다'이다. '선천성 대 후천성'은 틀린 이분법이다. 개체의 유전적 구조와 환경 둘 다 거의 항상 그 유전자들이 어떻게 발현되는지에 영향을 미치고, 그 말은 많은 표현형이(사실상 대부분이) 그 진화에 중대한 영향을 줄 수 있는 GxE에 민감하다는 뜻이다. 운동 특성도 예외가 아니지만 그 이유를 이해하기 위해서는 우선 유전이 어떤 식으로 일어나는지를 좀 이해해야 한다.

유전자형과 표현형 연결 짓기

생물체가 발현하는 표현형의 범위를 살펴보면, 그중 일부가 쉽게 범주화된다는 것을 알 수 있다. 예를 들어 인간의 눈은 초록, 파랑, 갈색, 회색처럼 몇 가지 별개의 색깔로 제한되어 있다. 비슷하게, 새는 명확한 수의 알을 낳는다. 하나, 셋, 넷, 이렇게 낳지, 절대로 1.5개나 2.8개를 낳지 않는다. 이런 범주형 특성categorical traits(이들의 발현을 별개의 범주로 나눌 수 있기 때문에 이렇게 불린다)은 멘델이 과거에 콩으로 한 실험에서 알아낸 유전적 상속 규칙으로 설명할 수 있다.

짧게 말해서 여러 가지 별개의 특성을 발현하는(둥글거나 주름진 콩, 노란색이나 초록색 콩이 자라는 콩 종자 등) 다양한 콩 종자들을 교배하고 교차교배를 해서 멘델은 초록 콩 종자 하나에 노란 콩 종자 셋처럼, 이 특성들이 이후 세대에서 발현되는 비율을 계산할 수 있었다. 세대를 거듭하며 이 비율이 변하지 않았기 때문에 그는 이 별개의 특성이 우리가 현재 유전자라고 부르는 유전 가능한 특정 요소들로 통제되고, 형질을 아는 부모에게서 나온 자손의 표현형은 부모의 표현형을 바탕으로 예측할 수 있다는 것을 깨달았다.

이것은 자손이 어머니에게서 유전자 한 세트, 아버지에게서 유전자 한 세트를 받기 때문이다. 부모의 대립형질(같은 유전자의 서로 다른 판형)의 특정한 조합이 표현형이 어떻게 발현될지를 결정한다. 콩의 색깔을 예로 들어서 콩 색깔을 통제하는 대립형질이 두 개 있다고 해보자. 콩을 노랗게 만드는 Y와 콩을 녹색으로 만드는 y이다. 하나의 종자에는 두 세트의 염색체(하나는 어머니에게서, 하나는 아버지에게서 받는다)가 있어서 색깔 대립형질이 특정한 조합을 갖게 된다. 정확히 말해서 콩의 색깔에 관해 YY, Yy, yY, yy를 가질 수 있다. 우성dominance이라는 대립형질의 속성 때문에 YY, Yy, yY 개체들은 전부 다 노란 콩을 만드는 반면에 yy 개체만 초록 콩을 만든다. 그러니까 우리는 Y가 y에 대해 우성이고, y는 열성이라고 할 수 있다. 이 대립형질의 우성과 열성 속성은 노란색과 초록색 콩에 3:1이라는 비율을 갖게 만들고, 멘델이 가족의 자손 세대에서 관찰한 다른 별개의 형질에서도 비슷한 비율이 나오도록 만든다.

이 짧은 설명으로는 단순한 멘델 유전조차 제대로 설명

할 수가 없지만, 핵심은 별개의 표현형(콩 색깔)이 특정 유전자나 유전자 조합(유전자형이라고 한다)과 직접 연결될 수 있다는 것이다. 그러나 다른 많은 표현형은 다수의 유전자나 대립형질의 통제 아래 있다. 눈 색깔은 실제로 15개 이상의 유전자에 의해 결정되고, 그래서 우리가 파란색이나 갈색 눈의 각기 다른 색조를 구분할 수 있는 것이다. 하지만 표현형을 결정하는 데 관련된 유전자 수가 늘어나면 멘델의 비율도 점점 더 불분명해져서 결국에 표현형 변이의 바닷속으로 가라앉게 된다. 이쯤 되면 별개의 범주도 더 이상 구분되지 않는다. 변이는 한쪽 끝부터 반대쪽 끝까지 연속적인 스펙트럼이 된다.

예를 들어 키를 생각해보면, 인간들의 키는 그냥 작거나 큰 게 아니라 다양하다. 그 결과 키처럼 연속적인 표현형의 유전은 멘델이 콩 종자에서 알아낸 것 같은 전통적인 유전자 규칙으로는 이해할 수가 없다. 같은 이유로 키에 영향을 미치는 특정 유전자의 정체는 간단한 번식 실험으로 알아낼 수가 없다. 수십, 수백, 어쩌면 수천 가지 유전자가 있을 수 있고, 그중 다수가 서로 상호작용을 해서 복잡한 유전자 네트워크를 형성하기 때문이다. 연속적인 특성의 경우에 문제는 더 이상 서로 색깔이 다른 콩의 유전자를 구분하는 것이 아니라 콩 수프의 재료를 분리하는 것에 더 가깝다.

연속적인 표현형에서 변이에 영향을 미치는 유전자가 많다는 것은 이들의 유전 방식을 결정하는 것도 어렵다는 뜻이다. 하지만 상황은 더 악화된다. 위에서 지적한 것처럼 유전자 발현은 환경에 따라 바뀔 수 있기 때문에 각기 다른 환경 조건은 똑같은 유전자나 유전자 세트에서 각기 다른 표현형을 유발할 수도 있다. 간단한 설명으로 잠재적 기제에 대해서 조금 이해할 수 있을 것이다.

고양이에서 티로시나아제tyrosinase라는 효소를 생성하는 유전자에 점돌연변이point mutation(DNA 서열을 이루는 DNA 뉴클레오티드 '글자' 딱 하나만 바뀐 것)가 발생하면 효소가 약간 다른 단백질 세트를 갖게 된다. 그렇게 만들어진 티로시나아제는 결함이 있다. 보통 티로시나아제는 대부분의 동물의 세계에서 어두운 색깔을 만드는 색소 멜라닌의 형성에 촉매작용을 한다. 완전히 망가진 티로신은 모든 멜라닌 생성을 방해해서 선천성 색소결핍증을 일으키고, 그래서 파란 눈에 하얀 고양이(대체로 귀가 들리지 않고 시력도 나쁘다. 멜라닌이 뇌와 발달 과정에서 다른 기능도 하기 때문이다)가 탄생한다. 그러나 이 점돌연변이로 만들어진 결함을 가진 티로신은 온도에 민감하다. 차가울 때는 잘 작동하지만 따뜻하면 작동하지 않는다. 이 돌연변이는 주둥이, 귀, 다리, 고리, 특히 고환처럼 몸의 차가운 부분은 짙은 색깔이고, 고양이의 따뜻한 부분은 멜라닌이 전혀 생산되지 않아 색이 아예 없는 샴고양이를 탄생시킨다.

모든 샴고양이는 그러니까 잘못된 티로시나아제 유전자와 그 환경(이 경우에는 열적 환경) 사이의 상호작용으로 인해 만들어진 불만스러운 검은 고양이이다. 실제로 차가운 방에서 돌연변이 고양이를 키우면 짙은 색깔 털을 갖게 되고, 따뜻한 돌연변이 고양이는 하얀 털에 파란 눈을 갖게 된다.

먹는 것이 당신을 결정한다

우리가 동물의 세계에서 보는 대부분의 표현형은 상호작용을 하는 유전자들의 네트워크를 통해 예측할 수 있고, 이 중 어떤 것이라도(혹은 전부 다) GxE의 대상일 수 있다. 그러니까 두 개체가 같은 유전자를 갖고 있지만 그들이 사는 환경에 따라서 다른 표현형을 발현할 수도 있다. 이렇게 하나 이상의 환경적 요인의 변화에 영향을 받는 특성 발현 현상을 표현형의 유연성phenotype plasticity이라고 한다. 5장에서 이야기했던 변온동물의 운동력의 열적 의존이나 8장에서 이야기한 훈련 반응 둘 다 운동력이 환경의 영향에 반응해서 달라지는(각각 온도와 활동 수치) 운동력의 유연성 사례이다.

표현형의 유연성의 원천은 수없이 많다. 온도와 습도처럼 명확한 환경적 요소가 표현형의 발현에 영향을 줄 수 있지만, 섭식이나 어머니의 자궁 안이나 알 내의 호르몬 환경처럼 다른 것들도 영향을 줄 수 있고, 심지어 어떤 경우에는 수컷인 짝이 암컷의 생식관에 단기적으로 영향을 미칠 수도 있다! 이런 운동력의 유연성의 원천 중에서 특히 식이의 영향력이 중요하다. 자원 입수의 다양성뿐만 아니라 앞 장에서 이야기한 것처럼 음식의 질도 영향을 미친다.

영양기하학nutritional geometry 분야는 동물의 식생활에서 탄수화물, 지방, 단백질의 비율이 어떻게 다양한 특성의 최적 발현에 영향을 미치는지를 조사하는 것이다. 관련된 접근법인 생태학적 화학량론ecological stoichiometry은 비슷하게 각기 다른 동물 종에서 질소와 인 같은 미량영양소나 원소를 음식에서 입수할 수 있으면 특성의 발현에 어떻게 영향을 미치는지 시험하는 것이다. 우리 모두 지구력 운동선수들이 시합 전에 계속적인 활동의 동력원으로 충분한 글리코겐을 저장해두기 위해 고탄수화물 음식을 먹는 탄수화물 축적법carb-loading을 잘 알 것이다. 이렇게 하면 지구력을 향상시킬 수 있다는 것이 이 전략의 논지이다. 동물들은 다양한 생태 및 선택의 필요성에 맞춘 그 나름의 식생활 선호도가 있고, 식생활의 양보다는 질이라는 면에서(지방과 탄수화물과 단백질에서 선호하는 비율이라든지) 섭취 목표를 맞출 수 있는 음식을 먹으려 한다. 이 말은 동물이 갖도록 진화한 특정 식생활이 그 식생활을 통해 최적화하려는 특성에 따라, 예를 들어 지구력을 제한하거나 강화할 수 있다는 뜻이다. 일상생활에서 지구력에 광범위하게 의존하는 동물은 갑자기 고단백질 저탄수화물 식생활을 해야만 하면 곤란해질 수도 있다.

이런 식생활적 필요조건이 매우 중요하기 때문에, 어떤 동물들은 그들이 필요로 하는 연료 종류를 환경에서 입수할 수 있는 특정 식량 자원과는 독립적으로 재저장할 수 있는 놀라운 능력을 갖도록 발달했다. 사막서부밤색쥐desert western chestnut mouse는 호주 서쪽 해안가에 있는 건조한 배로Barrow섬에서 살며 영양가 없는 스피니펙스라는 풀을 먹이로 먹는다. 이 동물은 아주 작고, 빠르게 포식자에게서 도망치는 등 순발력이 필요한 활동을 할 때 동력이 되는 글리코겐 저장량도 그만큼 적기 때문에 몇 번 연속으로 빠르게 뛰고 나면 저장량을 다 소모해서 지치게 된다. 웨스턴 오스트레일리아대학교의 연구진이 실험실에서 실험한 바에 따르면 이 쥐는 달리기의 동력원이 되는 글리코겐 저장량을 지치도록 운동을 하고 50분 이내에 운동 전의 수치까지 다시 채울 수 있다. 그것도 음식을 전혀 먹지 않고서 말이다! 사막서부밤색쥐가 고급 쳇바퀴 기술을 통해 우리 도시 전체에 전력을 공급할 수 있는 생물학적으로 영구기관일 가능성은 아주 낮기 때문에 이 동물은 글리코겐 저장량을 지방, 젖산, 또는 (좀 더 비효율적이지만) 단백질 같은 다른 잠재적 출처에서 가져와 채워야 한다. 그것도 놀랄 만큼 빠르게 말이다.

알래스카 썰매개sled dog는 훨씬 큰 동물이지만 육상에서 완곡하게 말해 어렵다고 할 수 있는 조건에서도 매일같이 거의 끝없이 달려서 평균 15~20km/h의 속도로 하루에 250~300킬로미터까지도 갈 수 있다. 오클라호마대학교의 연구진은 제한된 탄수화물 음식만 먹고 하루에 160킬로미터씩 연이어 나흘 동안 달린, 훈련된 알래스카 썰매개가 뛰지 않은 통제군의 개들보다 더 빨리 글리코겐 저장량이 보충되었을 뿐만 아니라 첫 번째 날보다 나머지 사흘 동안 달릴 때 저장량이 더욱 빨리 보충되었음을 발견했다. 이 발견은 인간 장거리 달리기 선수들이 일반적으로 지구력에 최상으로 여겨지지 않는 고지방 음식에 썰매개만큼 빠르게는 아니라 해도 차츰 적응할 수 있다는 연구 결과와도 일치한다. 비슷하게 소화관의 구조와 기능 역시 일부 동물 종에서 유연성을 가져서 식이의 변화에 대응해서 바뀐다. 이 말은 운동능력 그 자체도 유연하고 환경적 요소에 영향을 받을 뿐만 아니라 운동력의 유연성에 영향을 미치는 근본 요소들 역시 유연성을 갖고 있다는 뜻이다!

바람을 물려받다

썰매개는 경마용 말이나 그레이하운드처럼 운동능력의 한계까지 도달하도록 인공적인 선택을 거듭해서 말도 안 되게 긴 거리를 어마어마하게 빠른 속도로 달리도록 인간이 교배시킨 종이다. 이런 유도된 인공적인 선택은 야생에서 동물들을 대상으로 하는 자연선택 압력을 흉내 낸 것이다. 다만 자연선택은 장기적인 목표를 염두에 두지 않고 지금 당장 어떤 적합성을 높여야 하는지에만 집중한다는 점이 중대한 차이다. 그러니까 자연선택은 방향과 강도 면에서 변동을 거듭하는 반면에 인간이 하는 선택은 오로지 특정 목표만을 향한다.

하지만 인공 선택이든 실험적 선택이든 문제의 특성에서 유전적 요소와 환경적 요소(또는 선천적 요소와 후천적 요소라고 해도 좋다)를 구분할 수 있다면 훨씬 용이해질 것이다. 오로지 유전적 요소만 부모에서 자식으로, 그리고 그 자식으로 계속해서 전달될 수 있기 때문이다. 부모와 자식은 관계없는 개체들에 비해 훨씬 밀접하게 닮았다. 왜냐하면 친척 관계가 아닌 개체들보다 공통적으로 공유하는 유전자가 훨씬 많기 때문이다. 만약에 자식이 부모와 정확히 똑같은 환경에서 태어났다면 부모와 자식 간의 유사성은 더 커질 것이다. 이제는 그들의 표현형에서 유전적 측면과 환경적 측면 둘 다 공유하니까 말이다.

진화생물학자로서 우리는 자식이 진화적 시간 속에서 종종 그러듯 부모와 완전히 다른 환경에 있다 해도 유지되는 부모-자식의 유사성에 특히 관심을 갖고 있다. 표현형에서 이런 유전적 요소가 자연선택과 성선택을 통해 변형되는 대상이기 때문이다. 우리는 이 유전적 요소를 부가적 유전 변이additive genetic variation라고 부르고, 대체로 특정 표현형에 대한 부가적 유전 변이의 영향력을 편의상 함수로 유전력heritability(h^2)으로 표시한다.

유전력은 수 세대 동안 학생들을 골치 아프게 만들었기 때문에 여기서는 그 의미와 해석을 천천히 설명해보겠다. 이것은 0부터 1까지의 무차원수로 우리에게 우리가 관심을 가진 표현형에서(수십 또는 수백 개의 유전자의 영향을 받았을) 부가적 유전 변이만으로 얼마나 많은(정확히는 어느 정도 비율의) 변이가 설명되는지를 말해준다.[1] 명확하게 말해서 우리는 키 180센티미터의 사람을 보고서 '120센티미터는 유전자 덕택이고, 나머지 60센티미터는 환경 덕택이야'라고 말할 수는 없다. 부가적 유전 영향과 환경적 영향의 상대적인 중요성은 오로지 집단 차원에서만 명백하게 드러나기 때문이다(집단 속에서 우리는 개체들이 서로 어떻게 다른지를 관찰하고 측정할 수 있다). 그러므로 유전력은 개체

1 이것은 특히 좁은 의미의 유전력에 대한 정의이다. 넓은 의미의 유전력(h^2)에 대해서도 이야기할 수 있는데, 여기에는 부가적 유전 변이에 더해 비유전성 유전자 효과의 다른 종류를 포함하고 있어서 덜 유용하다.

가 아니라 집단의 특성이고, 우리가 만약 달리기에 대해서 h^2를 측정한다면 이것은 우리에게 중심 집단의 일원 사이에서 유전적 통제를 받는 각 개체의 달리기 속도의 차이가 어느 정도 규모인지를 알려줄 것이다.

그러므로 h^2가 1인 것은 각 개체들에서 달리기 능력의 차이가 전부 다 부가적 유전으로 인한 것이라는 뜻이다. 집단의 일원들이 각각 달리기에 영향을 주는 서로 다른 대립형질이나 유전자 집단을 갖고 있기 때문이고, 유연성은 전혀 없다고 볼 수 있다. h^2가 0인 것은 반대로 달리기 능력에서 유전적 변이는 거의 없고 집단의 모두가 달리기에 영향을 주는 동일한 유전자를 갖고 있다는 뜻이다. 하지만 그렇다고 해서 달리기에 유전적 기반이 없고 자손에게 물려줄 수 없다는 뜻은 아니다! 유전력이 0인 특성도 유전될 수 있고, 그게 혼란을 일으키는 근원인 것 같다. 하지만 이런 특성이 자손에게 전해질 수 있다 해도, 곧 보겠지만 자연선택을 통해 진화할 수는 없다. 유전력 0이라는 것은 또한 우리가 집단의 개체 사이에서 본 모든 특성 발현의 차이가 유연한 환경적 영향으로 인한 것임을 의미한다.

운동 특성에 관한 유전력은 문제의 동물과 운동능력의 종류에 따라 크게 달라진다. 예를 들어 조오토카 비비파라 도마뱀의 지구력 유전력은 0.4인데, 이 말은 자연계에서 Z. 비비파라가 가진 지구력 변이의 40퍼센트가 부가적 유전 변이이고, 나머지 60퍼센트가 환경적 영향(섭식, 상태, 활동 등등)이라고 설명할 수 있다는 뜻이다. 하지만 같은 종에서 달리기 속도의 유전력은 거의 0에 가깝다.

비도마뱀 종에서 다른 운동능력의 유전력은 비슷하게 낮거나 중간 정도인 편이다. 텔레오그릴루스 콤모두스 귀뚜라미의 점프력은 0.3이고 파리인 드로소필라 알드리키*Drosophila aldrichi*의 비행시간은 0.21, 나비인 파라게 아이게리아*Parage aegeria*의 평균 이륙 가속도는 0.15이다.

유전력 하나만으로는 그다지 많은 것을 알 수 없지만, 이들의 상대적 강도를 바탕으로 대략은 추측할 수 있다. 강한 선택압력을 받는 특성들은 종종 낮은 유전력을 보인다. 강력한 선택압력이 부가적 유전 변이를 약화시키는 경향이 있기 때문이다. 다시 말해서 선택이 열등한 유전적 변이를 솎아내는 쪽으로 강하게 작용하면 대체로 집단에서 모두가 비슷한 유전적 서열을 갖는 결과를 낳고, 그래서 선택이 작용한 특성의 유전력이 낮아진다. 특히 낮은 유전력을 가진 특성(예컨대 Z. 비비파라의 달리기 능력)은 특히 강력한 선택이 작용했다고 추측할 수 있다. 다시 말해 이런 특성이 포식자에게서 도망치거나 짝을 구하는 데에, 혹은 그 두 개 모두에 중요하다는 우리의 관찰을 바탕으로 예측할 수 있는 것처럼 그 동물의 적합성에서 특히 중요한 능력임을 알 수 있다. 하지만 신중해야 한다. 낮은 유전력은 또한 그 특성이 비교적 강한 환경적 영향을 받는다는 뜻일 수도 있기 때문이다(기억하라. h^2는 환경적 영향을 포함하여 총 표현형 변이에 대한 부가적 유전 변이의 비율이고, 그 말은 낮은 h^2가 아주 낮은 부가적 유전 변이의 결과이거나 혹은 상당히 강한 환경적 변이의 결과일 수 있다는 뜻이다).

유전력은 과거에 그 특성에 선택이 어떻게 작용했는지 추측할 수 있게 해주지만, 또한 더 유용한 것을 할 수 있게 해준다.

사육자의 방정식breeder's equation이라는 방정식을 통해서 미래에 유전적 변화를 예측하는 것이다. 당신이 수학에 대해서 무시무시한 두려움을 갖고 있다면 이쯤에서 좀 불안감을 느낄 수도 있지만, 이 방정식은 대단히 간단하다고 장담한다. 이 방정식은 특정한 특성에서 선택에 대한 반응(R)은 그 특성에 대한 선택의 강도(s)와 유전력(h^2)의 곱과 같다는 내용이다.

$$R=h^2s$$

다시 말해서, 선택이 현대 점프 능력 같은 것에 어떻게 작용하고 있는지(점프 능력이 선택에 의해 어느 정도로 강화되거나 약화되는지), 그리고 그 운동능력의 유전력을 알면 점프 능력이 선택에 대응해서 어떻게 바뀔지를 알 수 있다(즉, 다음 세대에서 그 능력이 어느 정도로 강화되거나 약화될지 알 수 있다). 그러므로 선택의 차이(s)는 이 책 전체에서 내가 말하고 있는 진화적 변화를 일으키는 자연선택과 성선택 압력의 강도를 수치로 나타낸 것이다.[2]

이 방정식은 선택이 작동하지 않거나(s=0) 그 특성에 부가적 유전 변이가 없으면($h^2=0$) 선택(R)에 대한 반응이 없을 것이라고 분명하게 말한다. 다시 말해서, 이후 세대에서 표현형의 변화가 없다는 뜻이다. 다시금 기억해야 하는 핵심은 h^2가 명백하게 변이에 관한 것이고, 유전적 변이가 없는 특성은 선택이 아무리 강하다 해도 그 선택에 의해 변화되지 않은 상태로 자손에게 전해지

2 s의 기술적 의미는 선택 이전 초기 집단의 평균 특성치와 다음 세대의 부모로 선택된 집단의 개체의 평균 특성치의 차이다. 이런 식으로 보면 유전력은 자손에게 유전된 표현형에서 변화된 비율이다.

기 때문에 진화할 수 없다는 것은 강조할 만한 가치가 있다.

활동과다 쥐로 진화하기

뉴올리언스대학교의 진화 수업에서 나는 사육자의 방정식을 '아무도 들어본 적 없는 가장 중요한 방정식'이라고 소개했다. 이 방정식이 자연계에서 진화적 변화뿐만 아니라 모든 형태의 인공적 선택에 관한 우리의 지식 기반이 되기 때문이다. 인간은 밀, 양배추, 소, 썰매개(몇 가지만 들자면)처럼 다양한 생물체를 우리의 필요성과 선호도에 맞추어 그 형태와 생활사, 행동을 만들기 위해서 수천 년 동안 선택의 강도와 방향을 조종해왔다. 사육자의 방정식은 이런 오래된 인공적 교배 프로그램의 성공을 설명해주고, 그 예측 능력은(또 다른 중요한 유전적 수치이자 각각의 특정 개체로부터 물려받을 수 있는 특성의 변이에 있어서 순수하게 유전적인 측면을 의미하는 육종가breeding value와 합쳐서) 현대의 교배 프로그램에 전례 없는 세밀함을 가져왔다. 예전에 술집에서 아이오와 출신 은퇴한 농부인 어떤 남자와 동물 교배에 관해서 재미있는 대화를 나눈 적이 있다. 그 사람이 나보다 육종가에 대해서 더 많이 아는 것도 놀랄 일이 아니다.

교배 프로그램은 현대 진화생물학에서 중요한 위치를 차지하고 있다. 관심을 둔 특성에 인공적 선택 기술을 적용하고, 수 세대에 걸쳐 그 선택이 어떻게 반응하는지 관찰하는 것은 강력한 접근법이다. 세대가 긴 생물에서는 쉽게 적용할 수 없는 방법이지만 말이다. 이것을 하기 위해서는 연구자들이 각 세대에서 관심 특성이 선결 범위 내에 있는 개체를 골라야 한다. 예를 들자면 대눈파리에서 대눈의 길이가 백분위수 75 이내에 있는 파리처럼 말이다. 그리고 이들을 이후 세대의 부모로 이용해서 사육자의 방정식에서 s를 조종한다. 연이은 수 세대에서 반복적으로 선택함으로써 생물학자들은 그 혈통에서 진화적 변화를 일으킬 수 있고, 이를 선택을 하지 않은 통제 혈통의 변화와 비교하고 다른 방식으로 선택한 다른 혈통과도 비교한다. 이것은 다른 방법으로는 존재하는 것조차 모를 특성들 사이의 관계를 밝힐 수 있기 때문에 유용한 기술이다. 당신이 해야 하는 일은 선택의 방향이나 강도를 바꾸고 무슨 일이 벌어지는지 보는 것뿐이다. 내가 이 문장을 쓴 방식에서 이게 아주 쉬운 일이라는 느낌을 받을지 모르겠지만, 그렇지는 않다. 선택 실험은 시간을 잡아먹고 실질적으로 무척 힘든 작업이다.

1998년 이래로 테드 갈런드와 그의 수많은 동료 연구자는 "자발적인 쳇바퀴 돌리기 행동의 유전적·생리적 기반을 결정하고 동시에 행동과 생리학과 연관된 진화 연구"를 하기 위해서 쥐의 자발적인 쳇바퀴 돌리기에 대한 장기적 선택 연구를 수행했다. 이 실험은 지금까지 70세대 이상을 달리게 만들었고, 보행 능력에 관한 선택이 쥐의 신체 구조와 생활 방식 전체를 어떻게, 왜 바꾸어놓는지에 관해 정보의 보물창고를 얻었다.

갈런드와 그의 동료들은 개별 우리에 쳇바퀴를 넣고 보행 능력을 측정하는 기발한 방식을 개발했다. 조사원들은 다른 개체들보다 쳇바퀴에서 더 많은 시간을 보내려고 하는 쥐들을 골라 더 높은 쳇바퀴 돌리기 능력을 기반으로 선택했다. 실험적 진화 실험은 결과가 우연이나 무작위적인 게 아니라는 것을 보증하기 위해서 똑같이 복제해야 한다. 갈런드의 팀은 자발적으로 열심히 쳇바퀴를 돌리는 쥐들 네 팀과 어떤 선택도 거치지 않은 통제군 네 팀을 유지했다.

이 실험의 결과는 상당히 흥미롭다. 쳇바퀴 돌리기를 열심히 하는 쥐들은 쳇바퀴 돌리는 능력이 증가했을 뿐만 아니라 여러 가지 다른 변화도 보였다. 선택된 쥐들은 현재 통제군보다 더 빠르고, 더 작고, 더 날씬하고, 더 천천히 자라고, 더 에너지를 조금 소모해서 달렸다. 그들은 또한 통제군보다 더 큰 심장과 다른 미토콘드리아 효소 수치와 근섬유 종류를 갖고 있었다. 이 변화 중 일부는 예상된 것이지만, 다른 것들은 무척 놀라웠다. 예를 들어 열심히 바퀴를 돌리는 쥐들은 전체적으로 더 큰 뇌를 가졌고, 흥미롭게도 더 큰 중뇌를 가졌다. 사실 뇌의 크기 전체를 변화시키는 것에 더해 열심히 쳇바퀴를 돌리는 쪽에 대한 선택은 신경계의 다른 측면도 변화시켜서 쳇바퀴를 많이 돌리는 쥐의 뇌의 신경생물학적 내용은 ADHD주의력결핍과잉행동장애와 몹시 비슷하다.

실험이 자발적 쳇바퀴 돌리기 행동만 특별히 선택하기 때문에 쳇바퀴 집단과 통제군 쥐가 주요하게 다른 것은 그들의 달리는 동기이다. 쥐들은 통제군보다 더 활동적이고 우리 안을 더 자주 돌아다닌다(꼭 빠르게는 아니지만). 이후의 실험들은 뇌의 보상 시스템, 특히 신경전달물질 도파민에 의해 통제되는 부분이 쳇바퀴를 많이 돌리는 쥐에서 달랐고, ADHD가 있는 인간의 뇌가 ADHD가 없는 인간의 뇌와 다른 것과 비슷한 방식임을 알아냈다. 쳇바퀴를 달리는 쥐에게 ADHD 약인 리탈린을 먹이자 도파민을 방출하는 중뇌의 일부분에 영향을 미쳐 인간에서처럼 그들의 과잉행동이 줄어들고, 선택된 쥐와 통제군 쥐에서 각기 다르게 뇌의 일부가 활성화되었다. 하지만 도파민은 예상되는 보상에 대한 신호 피드백을 하는 역할 때문에 다른 많은 것 중에서 중독에 중대한 영향을 미치는 대단히 복잡한 분자이다. 이 경우에 인간의 뇌가 오르가슴을 느낄 때 도파민으로 가득해지는 것과 비슷하게 쥐들은 달리는 대가로 도파민이라는 보상을 받았다(아마도 더 적은 양이겠지만). 사실상 쳇바퀴를 열심히 돌리는 쥐들은 뇌의 도파민 기반 보상 체계에 대한 선택을 통해서 유전적 차원에서 운동에 중독되었고, 달리는 것을 금지당한 선택된 쥐들은 매일의 코카인이나 니코틴, 모르핀 투약을 금지당한 마약 중독 쥐와 비슷한 뇌 활동 패턴을 보였다. (하지만 이 기제는 인간이 러너스 하이runner's high를 느끼는 것과는 아마 다를 것이다.)

이 놀라운 실험은 생리학과 형태학이 보행 능력의 선택하에 진화할 수 있고, 진화한다는 것뿐만 아니라 행동과 그 신경생물학적 기반이 협력해서 진화한다는 것을 보여준다. 실제로 뇌의 크기나 능력과 운동능력 사이의 연결 관계는 진화 이야기에서 계속해서 등장하는 특징이고, 포유류처럼 어떤 동물 집단에서 뇌의 크기는 최소한 어느 정도 보행의 진화적 변화와 다른 인지적 요소들을 통해서 생기는 것임을 암시한다.

거의 무효한 유전적 부분공간과 다른 단어

갈런드와 그 동료들은 처음에 0이 아닌 h^2를 가진 자발적 쳇바퀴 돌리기를 바탕으로 한 실험적 선택 체제(s)에서 진화적 반응(R)을 얻을 수 있었다. 하지만 이 반응 대부분은 연구 초반에 나타난 것으로 보이고 16~28세대를 지나 40세대 정도의 기간 동안에는 자발적 쳇바퀴 돌리기에서 주목할 만한 변화가 거의 없었다. 이것은 최소한 어느 정도는 내가 앞에서 이야기한 강한 선택으로 인해 유전적 변이가 가로막혀서일 것이다. 시간이 지나며 h^2가 낮아지고 그래서 선택에 대한 반응이 상당히 감소한 것이다.

부가적 유전 변이가 없는 것은 유전자풀에 새로운 유전적 변이가 들어옴으로써만 극복 가능한 특성 진화에서의 유전적 제약이 해결되지 않는다는 것이다. 이것은 문제의 특성에 영향을 미치는 다른 종류의 대립형질들을 가진 다른 곳 출신의 새로운 개체와 이계교배異系交配를 하거나 돌연변이를 통해서만 해결할 수 있다. 경주마들은 오랫동안 이런 면에서 모순을 겪는 중인데, 3, 4세기에 거친 계속된 선택적 교배의 결과인 서러브레드thoroughbred(영국 재래종과 아랍 말을 교배하여 개량한 경마용의 우수한 말)의 우승 속도가, 달리기 능력에 대한 높은 유전력 추정치에도 불구하고, 1970년대 이래로 증가하지 않고 있기 때문이다. 그러나 엑서터대학교의 패트릭 샤먼Patrick Sharman과 앨리스터 윌슨Alistair Wilson의 연구는 거리 범위에 따른 승자와 패자 모두의 속도를 포함해서 고려의 범위를 넓혔다. 이렇게 하자 일반적으로 경주마들이 여전히 대단히 빨라지고 있지만, 단거리 달리기에서만이고 중거리와 장거리 속도는 정체 상태임이 밝혀졌다. 그러니까 주로 단거리 경주에 걸맞은 유전적 변이가 존재하지만, 장거리용은 고갈되었을 수 있다.

수 세대에 걸친 강하고 변함없는 선택은 유전적 변이의 고갈 외에 다른 결과도 가져올 수 있다. 살아 있는 생명체는 대단히 복잡하고, 생물이 발현하는 개개의 특성은 다른 것들과 독립적으로 존재하지 않는다. 운동능력 같은 특성은 형태학과 생리학부터 행동에 이르기까지 간단한 요소들이 한데 얽혀 만들어진 복잡한 유전적 태피스트리의 새로운 무늬다. 어느 요소 하나를 바꾸면 그 요소들 사이의 밀접한 관계로 인해 다른 여러 가지까지 바뀔 수 있다. 이런 연결 관계는 대부분의 유전자들이 동시에 여러 특성에 영향을 미치고, 어떤 한 특성에 영향을 미치는 각기 다른 유전자 집단이 가끔은 함께 유전되기 때문에 발생한다. 이런 공통된 기능은 이 특성들이 유전적 변이를 공유한다는 뜻이다. 다시 말해서, 특성의 부가적 유전 변이의 일정 부분이 하나 이상의 다른 특성과 공유되고, 이 공유되는 변이를 유전공분산genetic covariance이라고 한다.

공통된 유전적 기반을 통해서 하나의 표현형 발현이 다른 것의 발현에 영향을 미치듯이, 많은 유전자가 같은 방식으로 두 개의 특성에 영향을 미칠 때 우리는 유전적 상관genetic correlation이라는 숫자로 이 특성들 사이의 관련 강도를 계산할 수 있다. 이 유전적 상관은 양수일 수도 있고 음수일 수도 있고, 3장에서 내가 이야기했던 빠르게 발달하고 점프를 잘하지만 매력 없는 수컷 귀뚜라미처럼 여러 가지 특성으로 이루어진 특정한 유전적 조합의 상속 기반이 된다(그리고 8장에서 내가 이야기했던 생활사 균형의 패턴을 결정한다). 특히 어떤 복잡한 형태들은 세대를 거치며 기능적 통일성을 유지하기 위해서 밀접하고 단단하게 결합된 특성들 사이의 유전적 상관에 크게 의존한다. 예를 들어 뱀은 팔다리의 도움 없이 커다란 음식을 삼켜야만 한다. 뱀이 턱관절을 풀 수 있다는 개념은 미신이다. 대신에 아래턱뼈가 자유롭게 돌아가는 방형골方形骨이라는 뼈를 통해 두개골에 연결되어 있어서 턱이 상당히 유연하게 움직일 수 있다. 즉, 뱀의 두개골과 아래턱뼈는 유연한 관절, 아래쪽에서 턱 두 부분을 서로 연결하는 잘 늘어나는 힘줄, 두개골의 다양한 역학 요소들로 입이(그리고 궁극적으로 머리가) 팽창해서 커다란 먹이를 삼킬 수 있도록 우수하게 적응했다. 뱀의 섭식 체계를 이루는 모든 형태적 요소는 함께 유전되어(표현형 통합이라고 하는 현상) 통합 유전적 상관의 패턴을 용이하게 만든다.

특성 집단에서 보이는 이런 유전적 상관 패턴은 이 특성들이 발견되는 조합에 크게 영향을 미치고, 진화의 방향을 두 개로 한정할 수 있다. 선택이 가장 유전적 변이가 많은 쪽으로 특성 조합을 고르도록 만들거나(다른 특성 조합보다 이 조합에서 선택에 대한 반응이 더 크기 때문이다), 특정한 특성 조합이 아예 존재하지 못하게 막는 것이다. 불가능한 특성 조합은 거의 무효한 유전적 부분공간에 있다고들 하는데, 특성 진화가 완전히 제한되어 새로운 유전적 변이가 들어와야만 극복할 수 있다.

모래귀뚜라미(그릴루스 피르무스*Gryllus firmus*)는 두 종류, 정확히는 두 가지 형태가 있다. 다른 지역으로 분산될 때 비행에 의존하는, 이주하는 날개가 긴 형태가 있고 이주하지 않는 날개가 짧은 형태가 있다. 특정 개체가 날개가 긴 형태로 발전할지 짧은 형태로 발전할지 결정하는 것은 유전자와 환경의 통제 둘 다이지만, 두 형태는 발현되는 특성의 종류와 그 특성들 사이의 유전적 상관이 다르다. 날개가 긴 귀뚜라미는 비행을 통한 분산에 적응했기 때문에 짧은 날개 수컷보다 더 긴 비행 근육을 가졌고, 더 큰 날개에 더불어 더 적게 울고 고환이 더 작다. 제한된 자원을 번식에 최적으로(즉, 고환을 키우고 암컷 귀뚜라미를 유혹하는 쪽으로) 투자하면서 동시에 비행 근육까지 키울 수 없었기 때문이리라. 비행 근육과 고환 크기 사이의 음의 상관관계처럼 이런 관계들은 긴 날개 수컷의 유전적 상태를 반영하고, 그래서 긴 날개 수컷이 크고 기능적인 비행 근육을 가졌으면서 동시에 큰 고환을 가질 수는 없다. 비슷한 유전적 균형이 암컷에서도 나타나는데, 긴 날개 암컷은 큰 난소와 큰 비행 근육을 동시에 가질 수 없고 이유도 비슷하다. 그러니까 유전적 상관은 7장에서 이야기한 기계적 제약과 비슷하게 특성 진화에 제약을 만든다.

특성의 선천성과 후천성 사이의 갈등은 우리가 단순히 특성들 사이의 표현형 상관관계만 보고 그 기반이 되는 유전적 상관을 보여주는 거라고 주장할 수 없다는 뜻이다. 유전적 상관의 방향과 강도는 표현형의 유연성으로 감춰질 수 있으므로 그 유전적 상관은 환경 조건을 일정하게 유지한 상태에서 개체들 사이의 관계를 조작하는 번식 설계를 통해서 추측해야 한다. 불행히 전체유기체 운동 특성에서 이 유전적 매개변수를 계산하는 것은 아무래도 어렵고 대부분의 동물들이 실험실 환경에서 유전적 변이를 계산할 수 있을 만큼 유순하지도 않기 때문에 유전적 운동능력 제약에 관한 우리의 지식에는 한계가 있다. 하지만 이론상으로 운동능력이 이런 제약의 대상이 되어서는 안 된다고 생각할 만한 부분은 없고, 동물의 운동능력의 진화적 궤적이 다른 특성들과 똑같은 방식으로 변화할 거라고 믿을 만한 이유가 충분하다.

가족 내에서 보존하기

내가 지금까지 설명한 교배와 실험적 선택 방법은 정량 유전학quantitative genetics의 범위에 들어간다. 정량 유전학은 연속적인 표현형의 발현에 대해 내가 이 장 첫머리에 설명한 것 같은 온갖 이유로 영향을 미치는 특정한 유전자의 수와 정체를 모르는 상태에서 이 표현형들을 다루는 특별한 유전학 분야이다.

표현형 발현에 관련된 특정한 유전자에 대한 지식이 필요치 않기 때문에 유전자 없이 유전학을 연구하는 법이라고도 불리는 정량 유전학은 친척들 사이에 표현형의 유사점을 이용해 그 유사점의 얼마만큼이 유전자 때문이고, 얼마만큼이 환경적 영향인지를 알아내려 한다. 이것을 생각하는 방법 중 한 가지는 어떤 특성이 어떤 식으로 가족 내에서 유전되는지를 살피는 것이다. 가족은 공통 유전자풀을 공유하지만, 가족 내의 개인은 서로에게 많이, 또는 적게 연관되어 있기 때문에 이런 연구가 가능하다. 형제는 평균적으로 서로 유전물질을 50퍼센트쯤 공유하고, 부모와 50퍼센트를 공유하고, 부모, 즉 부부는 사실상 남남이다(전형적인 시골뜨기나 라니스터 가문에 대한 당신이 선호하는 욕을 여기에 마음대로 끼워 넣어도 좋다). 한 명의 부모만을 공유하는 이복/이부형제는 평균적으로 25퍼센트의 유전적 유사성을 가졌고, 삼촌과 조카도 마찬가지이다. 공유하는 유전자의 비율은 친척 관계가 멀어질수록 점점 작아진다. 정량 유전학은 가족 내에서 이런 유전적 유사점과 차이점을 이용해서 통계적으로 관찰한 특성에서 얼마만큼의 변이가 유전적인 것인지를 계산한다. 다시 말해서, 특성의 유전력과 여러 특성 사이의 유전적 상관을 계산하는 것이다.

대부분의 운동력 특성은 정량 유전학 연구가 알아낼 수 있는 종류라는 것은 사실이지만, 다시 말해 아주아주 많은 유전자에 의해 영향을 받는 특성이라는 것이지만, 연구자들은 어쨌든 운동능력에 불균형할 정도의 영향력을 미치는 별개의 유전자가 있는지, 만약 있다면 이런 큰 영향을 미치는 유전자의 정체를 알아보는 데에 관심이 있다. 분자생물학이 탄생하고 특정 DNA 서열을 분리하는 능력이 생긴 이래로 비교적 짧은 시간 동안 인간의 운동능력을 연구하는 연구자들은 운동능력에 이득을 줄 수 있는 특정 표현형과 관련된 다양한 유전자와 대립형질들의 정체를 파악했다.

이 추정적 운동능력 유전자 중 몇 가지는 확실하게 훌륭한 후보들이다. 예를 들어 COL5A1이라는 특정한 유전자는 콜라겐의 낮은 유연성과 관련이 있고, 그래서 힘줄과 관계가 있다. 뻣뻣한 힘줄은 대단히 유연한 힘줄보다 탄성에너지를 더 잘 저장하기 때문에(이유는 7장을 보라) 이 COL5A1 대립형질과 달리기 능력 사이의 연결 관계는 아킬레스건처럼 힘줄의 더 큰 에너지 저장 능력 덕분일 수 있다. ACTN3라는 또 다른 유전자는 빠른 달리기 속도와 관계된 알파-악티닌3라는 특정한 근육 단백질을 만든다. 하지만 다른 많은 유전자처럼 ACTN3도 여러 가지 타입으로 나타나고, 잘못된 타입의 ACTN3를 갖고 있으면 절대로 세계 수준의 달리기 선수가 될 수 없다. 올바른 ACTN3 대립형질을 갖고 있기만 해서도 엄청나게 빨라질 수 없다. EPOR 유전자의 점돌연변이 형태라는 또 다른 대립형질을 갖고 있어야만 그 사람의 적혈구 세포가 과잉생산이 된다. 핀란드의 올림픽 선수 에로 맨티란타 Eero Mäntyranta가 맨티란타 가문의 다른 여러 사람과 마찬가지로 이런 EPOR형을 갖고 있고, 평균보다 65퍼센트 높은 그의 헤마토크릿은 아마 가장 지구력을 많이 요구하는 스포츠인 크로스컨트리 스키에서 올림픽 메달 일곱 개를 거머쥐게 만든 중대한 요소일 수 있다.

운동 유전자 로또

이런 추정적 운동 유전자에 관한 지식은 귀중하지만, 그 발견은 우연한 사건이었다. 미국과 캐나다의 대학들을 아우르는 가족 연구인 해리티지HERITAGE(HEalth, RIsk factors, exercise Training And GEnetics, 건강, 위험 요소, 운동 훈련과 유전자)라는 대단히 큰 협동 프로젝트의 결과로 인간의 운동력의 바탕이 되는 유전자에 대한 이해도가 크게 높아졌다.

현재 루이지애나 주립대학교 페닝턴 생물의학 연구센터에 있는 클로드 부샤르Claude Bouchard가 지휘한 이 놀라운 연구는 인간의 지구력의 바탕이 되는 특정 유전자의 정체를 파악하는 것이 목표였다. 클로드와 그의 수많은 동료는 이를 위해서 20주 동안 2세대로 된 99가족(즉, 부모와 자식 모두를 포함한 가족이라는 뜻이다)을 대상으로 주로 앉아서 생활하는 481명의 자전거 지구력과 정기적인 자전거 훈련에 대한 반응을 측정했다. 이 연구가 수많은 가족을 대상으로 하고 가까운 친척과 친척이 아닌 사람들까지 포함했기 때문에 연구자들은 동물의 정량 유전학 번식 설계에서 했던 것과 마찬가지로 운동 반응의 선천적·후천적 요소를 분리할 수 있었다. 이 연구의 결과는 놀라웠고, 시간을 들여 세세하게 살펴볼 만한 가치가 있다.

우선 해리티지팀은 자전거 지구력의 h^2가 0.42라는 것을 알아냈고, 이것은 유전적 변이가 앉아 있는 사람들의 자전거 지구력 다양성의 42퍼센트를 설명해준다는 뜻이다. 이것은 다른 동물에서 운동력의 h^2와 대략 비슷한 수치이다. 하지만 이 실험 설계에서는 실험대상의 자전거 능력을 한 번이 아니라 반복적으로 측정했다. 다시 말해서, 대상이 운동을 한 것이다. 평균적으로 실험 참여자들의 VO_2max는 연구 기간 동안 19퍼센트 증가했다. 하지만 모두가 똑같은 훈련을 받았음에도 불구하고 개개인의 반응은 달라서 참여자의 5퍼센트는 거의 변화를 보이지 않았고, 또 다른 5퍼센트는 VO_2max가 40퍼센트에서 50퍼센트까지 증가했다! 부샤르와 그의 동료들은 지구력 훈련에 반응하는 능력 역시 유전적 변이를 보여주고, VO_2max에 관한 훈련 반응의 약 47퍼센트를 부가적 유전 요소로 설명할 수 있다는 것을 알아냈다.

놀랍게도 이 두 종류의 변이는 서로 유전적으로 연관되어 있지 않다. 그러니까 뛰어난 지구력을 가진 사람들이 지구력 훈련에 꼭 강하게 반응하는 것은 아니라는 뜻이다. 사실 이 연구를 바탕으로 하자면, 천 명 중 한 명 정도가 뛰어난 지구력과 훈련을 통한 지구력의 빠른 증가라는 두 가지 능력을 모두 갖고 있는 것으로 보인다. 가장 지구력이 뛰어난 자전거 선수가 또한 가장 매력적인 얼굴을 가졌다고 여겨진다는 3장의 연구 결과를 감안하면, 높은 VO_2max와 지구력 훈련에 강하게 반응하는 능력, 매력적인 것까지 유전적으로 모두 가진 사람의 비율은 아마 더욱 적을 거라고 추측할 수 있다. 이 말은 무엇보다도 세상이 몹시 불공평하다는 뜻이다.

인간의 상태에 대한 예상치 못한 음울한 통찰력을 제공한 것으로도 모자라서 부샤르와 그의 유전자 공모자들은 한 발 더 나아가 전장유전체 연관분석GWA(genome-wide association)이라는 기술을 적용했다. 이것은 모든 참여자에게서 DNA 샘플을 채취하고 서열을 분석해서 연구에 참여한 각 개인의 유전체를 밝히는 것이다. 즉, 각 개인의 DNA에 들어 있는 유전 정보를 전부 다 밝힌다는 뜻이다. 그런 다음에 특정한 대립형질이 연구에 참여한 사람 중 높은 지구력을 가진 사람들에게서 더 자주 발견되는지 살펴보고, 부샤르의 팀은 인간에게서 지구력과 지구력 훈련에 대한 반응을 결정하는 것과 관련된 120개의 유전자 후보를 찾았다. 하지만 이 유전자 중 몇 개를 가리키며 '이게 지구력과 훈련에 중요할 것 같아'라고 말할 수는 있지만, 이 유전자들이 정확히 뭘 하는지 알아내는 것은 다른 문제이다.

몇몇 경우에는 알아냈다. 예를 들어 유전자의 CaMK(칼슘/칼모듈린 의존 단백질 키나아제)는 산화적 지근 단백질의 발현을 촉진하고 미토콘드리아 밀도를 높이는 데 관련된다.[3] 비슷하게 안지오텐신1-전환효소유전자ACE(Angiotensin-1-converting enzyme gene)는 특정 ACE 형태에 의존하는 지구력과 체력 모두와 관련이 되어 있다고 여겨졌다. 즉, ACE-1형(효소의 활동을 감소시켜 혈압을 낮추고 혈액순환을 강화한다)은 지구력과 관계가 있는 반면에 효소의 활동을 증가시키는 ACE-D형은 체력과 관련이 있다는 것이다. 아포리포단백질 E(APOE)를 코딩하는 것 같은 다른 유전자들은 운동력 측면에서 정확히 알아내기가 더 어렵다.

---

3 미토콘드리아는 오로지 난자에만 들어 있기 때문에 어머니 쪽을 통해서 유전된다. 정자는 작아지느라 세포 내 기제 대부분을 제거했다. 미토콘드리아는 또한 자신만의 DNA(mtDNA)를 갖고 있는데, 원래 유영세포游泳細胞였다가 세포내공생endosymbiosis이라는 현상을 통해서 다른 세포의 일부로 합쳐진 과정의 유산이다. 해리티지 연구는 VO_2max가 주로 어머니에게서 유전되었다는 증거를 찾아내서 VO_2max를 결정하는 데 있어서 미토콘드리아 변이, 즉 mtDNA가 연관되었을 거라는 추측을 하게 만들었다.

우리가 현재 이 모든 유전자 후보들의 역할을 이해하지는 못하지만, 조만간 이해하게 될 가능성이 높다. 해리티지 연구의 가장 귀중한 결과 중 하나가 운동 연구자들에게 지구력을 결정하는 데 있어서 어떤 유전자에 집중해야 할지 로드맵을 제시했다는 것이다. 그러나 운동력의 다유전자적 특성을 항상 염두에 두어야 하는데, 이 유전자 후보 중에서 APOE처럼 몇 가지는 서로에게 영향을 미치고, 심지어는 통제해서 지구력에 영향을 미치고 지구력 반응에도 약간이나마 간접적으로 영향을 줄 수 있는 복잡한 유전자 통합 네트워크의 일부일 수 있다. 대규모 GWA 연구의 결과에 대해서 점차 불만이 커지고 있고, 큰 영향을 미치는 유전자들보다 DNA 서열의 노이즈 안에 숨겨진 중요한 표현 및 통제 신호를 이루는 수천 개의 다른 유전자의 집단적 영향이 훨씬 더 중요하다고 유전학계에서 목소리가 높아지고 있다. 이 유전자 중 일부는 가망이 있어 보이지만, 언제나처럼 유전적 결정론이라는 길에서 너무 엇나가지 않도록 조심해야 한다. 실제로 인간의 지구력 훈련 반응이 GxE의 대상이고, 저글리코겐 식이에 크게 영향을 받는다는 증거가 있다.

운동능력 전사

해리티지 연구에서 가장 중요한 교훈은 인간의 지구력 능력에 수많은 표현형 변이가 있고, 그중 상당 부분이 유전적 차이 때문이라는 것이다. 하지만 인간이 아닌 동물의 세계로 눈을 돌리면, 상황은 여전히 쉽지 않다.

특정 유전자와 유전적 변이를 파악하고, 이들을 인간의 특정 특성과 연관 짓는 것은 최근에 얻은 인간 유전체 서열분석 능력 덕택에 점점 쉬워지고 있다. 하지만 전장유전체 서열분석이 점점 쉽고 싸지고 있다 해도, 우리가 관심을 갖는 모든 동물 종의 유전체를 서열분석 하기까지는 아직도 한참 걸릴 것이다. 그러나 기술적 발전은 생물체의 유전자 코드를 살피고 이를 과거에는 전혀 할 수 없었던 방식으로 특정 표현형과 연관 지을 수 있게 만들어주었다. 이런 접근법 중 하나는 DNA에 인코딩된 정보를 풀어내 이것을 표현형을 만드는 단백질로 전환시키는 여러 종류의 RNA를 서열분석 하는 전사학transcriptomics 분야가 폭발적으로 커지면서 탄생했다.

수명이 아주 짧고 특정 조건에서만 활동하는 이 전사 요소들을 파악함으로써 우리는 어떤 신진대사 및 생화학적 경로(생리적 과정의 연속)가 특정한 타이밍에 켜지거나 꺼지는지를 알 수 있다. 이런 핵심 경로 중 하나는 곤충부터 인간에 이르는 동물에서 산소 전달 네트워크의 발달을 통제하는 산소결핍 유도인자(HIF)를 조절하는 것이다. HIF는 세포 내 산소를 감지하고 동물이 높은 고도에서 겪는 것 같은 저산소 상태에서는 산소 전달을 강화하는 생리적 반응을 촉발한다. 이 경로는 높은 고도에서 훈련하는 인간에서도 활발하게 작동하고, 곤충에서 HIF의 작동은 산소를 필요로 하는 조직과 세포로 산소를 직접 전달하는 기관氣管이라는 공기가 가득한 관의 성장을 강화시킨다.

펜실베이니아 주립대학교의 제임스 마든James Marden과 그 동료들은 글랜빌표범나비Glanville fritillary butterfly가 미토콘드리아에서 석신산탈수소효소succinate dehydrogenase(SDH)라는 효소를 생성하는 *Sdhd*라는 세 개의 대립형질로 된 유전자를 갖고 있음을 밝혀냈다. SDH는 석신산이라는 중간 분자를 통해서 전사 요소 HIF-1*α*의 발현을 통제하고, SDH가 석신산을 분해한다. 이 대립형질 중 하나인 *Sdhd M*은 석신산을 축적해서 SDH 생산을 감소시킨다. 석신산이 SDH에 의해 제거되지 않기 때문에 농도가 계속 높아지다가 HIF-1*α*와 결합해서 이것을 안정화하고 분해되는 것을 방지한다. 이렇게 HIF-1*α* 수치가 높아지면 기관의 성장을 촉진해서 나비의 비행 근육에 기관의 밀도가 두 배 높아져서 실험적 저산소 환경에서 비행 지구력이 더 강화되는 모습을 보인다.

자연 상태의 그랜빌표범나비에서 이 *Sdhd* 대립형질의 존재는 이 동물들이 높은 고도나 유산소 활동이 증가하는 경우처럼 만성적 저산소 조건에 있을 경우에 선택에 반응하기 좋은 입장임을 알려준다. *Sdhd M*을 가진 개체들은 이 대립형질이 없는 개체들에 비해 적합성에서 우위를 누릴 것이기 때문이다. 그러니까 전사 요소를 알아내는 능력은 마든과 그 동료들에게 유전자부터 이 생물체의 능력에까지 일직선을 긋게 해주었고, 그 사이에 있는 여러 단계까지 이해할 수 있게 만들어주었다. 전사학적 접근은 또한 훈련 반응에서 관찰된 유전적 변이에 관해서도 통찰력을 선사했다. 예를 들어 혈관내피성장인자vascular endothelial growth factor(VEGF)라는 관련 전사 요소는 척추동물에서 새로운 혈관의 성장을 통제하고, 쥐에서는 러닝머신을 몇 시간 정도 달리면 활성화된다. 그리고 인간의 경우에는 훈련 반응이 더 강한 사람들의 경우에는 더 많이 활성화되고, 훈련 반응이 약한 사람들은 활성화되지 않는 모습을 보인다.

교미는 됐어요, 우린 도마뱀붙이거든요

이 모든 유전적 변이에 관한 이야기 때문에 섹스에 관해 생각하게 되었다면, 축하한다. 당신은 진화생물학자가 될 소질이 있다! 생물체가 자신의 유전물질 일부를 다른 생물의 유전물질과 합쳐서 번식하는 섹스의 진화는 오늘날까지도 복잡한 주제이고, 이 책은 지금도 충분히 기니까 섹스의 복잡함에 대해서는 넘어가도록 하겠다. 하지만 우리 모두 동의할 수 있는(아마도) 한 가지 사실은 유성생식은 수정을 통해서 암컷과 수컷의 난자와 정자를 합쳐서(그리고 난자와 정자를 만들 때 각 부모로부터 유전된 염색체들을 짜 맞춰서) 새롭고 종종 독특한 유전자 조합을 만들고, 이를 통해 유전적·표현형적 변이를 증가시킨다. 이것은 새롭고 유용할 가능성이 높은 유전자형의 조합을 만들 기회를 제시하기 때문에 상당히 유용하다. 별로 유용하지 않은 조합을 가진 개체에 비해 운 좋은 개체의 적합성을 더 높이기 때문이다(물론 유해한 유전자형이 나타날 가능성도 있다).

규모를 좀 더 늘려서 한동안 서로 접촉이 없었던 다른 집단(혹은 다른 종) 출신의 개체가 다시 접촉하게 되었을 때 어떤 일이 생길지 생각해보자. 증거에 따르면 집단이 오랜 기간 다른 집단으로부터 고립되어 있을 경우에 이들은 서로를 잠재적 짝으로 알아보지 못할 가능성이 높다. 설령 알아본다 해도 이들의 짝짓기는 결실을 맺지 못할 것이다. 두 집단이 유전적으로 크게 분리되었기 때문에 번식 및 발달 기제가 더 이상 딱 맞지 않다. 그러나 가끔 이런 짝짓기에서 자손이 태어날 수도 있고, 이 자손들은 부모 각자와 놀랄 만큼 다르다. 이런 교배에서 나올 수 있는 결과 중 하나가 염색체 숫자가 증가하는 다배체이다.

대부분의 동물들은 두 세트의 염색체를 갖고 있고 (아버지와 어머니로부터 각각 하나씩) 그래서 2배체이다. 하지만 어떤 경우에 서로 다른 두 종의 잡종 자손은 각각의 염색체를 전부 합친다. 예를 들어 각자 10개의 염색체를 가진 두 종이라면 20개의 염색체를 가진 자손이 태어날 수도 있다! 다배체는 식물에서 아주 많고, 무척추동물에서는 좀 덜 흔하고, 척추동물에서는 가장 적다.

도마뱀에서 가장 흔한 다배체의 결과는 불임이다. 이 잡종 동물은 또한 전적으로 암컷인 경향이 있다. 하지만 수컷이 없다고 해서 생각처럼 잡종 도마뱀이 늘 멸종하는 것은 아니다. 어떤 잡종 암컷들은 단위생식parthenogenesis이라는 과정을 통해서 무성으로 번식할 수 있기 때문이다. 이 무성생식 암컷들은 난자를 수정시키기 위해 정자가 필요하지 않지만, 그래도 어떤 종들은 번식하기 위해서 교미 행위를 해야만 한다. 다시 말해, 다른 개체와 유전물질의 교환은 아니지만 어쨌든 수정되지 않은 난자가 발달하고 분화해서 어미의 유전적 복제품인 배아가 되도록 자극하는 의사교미疑似交尾가 필요하다. 이런 무성 혈통 중 하나가 호주 도마뱀붙이인 헤테로노티아 비노이이*Heteronotia binoei*이다. 암컷으로만 이루어진 이 잡종은 삼배체로 염색체를 세 세트씩 갖고 있다. 이배체 조상과 비교할 때 단위생식을 하는 H. 비노에이는 낮은 T_b(10~15℃)에서 더 활동적일 뿐만 아니라 그 온도에서 더 높은 지구력을 보여준다. 하지만 이들이 모든 것에 더 뛰어난 것은 아니다. 한 가지 예를 들자면, 무성 H. 비노에이는 기생 진드기에 감염될 가능성이 150배 더 높다.

단위생식 도마뱀붙이가 이렇게 더 강한 지구력을 가진 이유는 불분명하다. 가능성 있는 설명 중 하나는 잡종이 증가한 유전적 다양성 덕분에 부모 혈통보다 더 나은 경향이 있다는 것이다. 간단히 말해서 두 개의 독립적인 유전자풀을 섞으면 새로운 유전적 조합이 탄생하며, 보행 같은 중요한 적합성 관련 특성의 유전적 변이가 증가하고, 자연선택에서 고를 수 있는 대립형질이 더 많아진다.

이 잡종강세hybrid vigor의 기반이 되는 기제는 다른 동물 종으로부터의 개념적 지원이다. 예를 들어 퀸즐랜드대학교 연구자들은 밀접하게 연관된 두 드로소필라 종을 교배하면 각 종에서 수 세대에 걸쳐 쌓인 형태와 행동의 유전적 연관성 패턴이 깨지고, 이전에는 유전적 제약으로 접근할 수 없었던 유전적 부분공간에 유전적 변이가 풀려난다는 사실을 발견했다. 새롭고 유전적으로 해방된 잡종 드로소필라 파리에서 다양한 특성 조합을 고름으로써 연구자들은 부모 종 양쪽 모두에서 반응하지 않았던 특성 조합의 선택 반응을 측정할 수 있었다.

하지만 잡종강세는 부모 혈통에 비해 보행 능력이 달라지지 않았거나 감소한 무성 잡종의 존재를 설명하지 못한다. 예를 들어 단위생식을 하는 도마뱀붙이가 아닌 잡종 크네미도포루스 *Cnemidophorus* 도마뱀 다섯 종과 그들의 유성생식 부모 여섯 종 사이에서 다섯 가지 생리적 특성(속도, 지구력, 활동력을 포함해서)을 비교하면 무성생식 종의 운동력이 달라지지 않았거나(달리기와 활동력 부분에서), 또는 더 나빠졌음을(지구력 부분에서) 알게 되었다. 무성생식 잡종으로 유성생식 부모 종보다 능력이 떨어지는 비슷한 결과가 폭시누스 *Phoxinus* 물고기의 수영 가속도에서도 보고되었다.

왜 운동력이 무성 도마뱀붙이에서는 증가하지만 다른 군의 무성 혈통에서는 감소하는지 정확하게 말하기는 어렵다. 도롱뇽의 특별한 집단이 실마리를 갖고 있을 수 있다. 암비스토마 *Ambystoma*속의 무성 도롱뇽 일부 종은 친척 관계인 유성 종에서 수컷의 정포를 훔쳐서 난자의 발달을 자극하는 독특한 행동을 보인다. 하지만 수컷의 DNA를 난자에 주입할 필요까지는 없다. 그런데 다른 종에서는 놀랍게도 여러 종의 DNA를 난자에 주입해서(클렙토제네시스kleptogenesis라는 과정이다) 다른 종에서 훔친 유전체 조각들로 이루어진 일종의 조각보식 잡종을 만든다!

오하이오 주립대학교의 로버트 덴턴Robert Denton이 이끄는 연구에서는 여러 암비스토마 종을 사용해서 무성 종 하나가 유성생식을 하는 사촌들에 비해서 약 네 배 느린, 가장 형편없는 보행 지구력을 가졌음을 알아냈다. 덴턴과 동료들은 여러 종 사이에서 미토콘드리아와 다른 유전적 요소들 사이의 부조화로 인해 무성 종에서 산소를 효율적으로 나르는 능력의 저하가 일어난다고 주장했다. 하지만 또 다른 놀라운 동물 체계는 특히 유성 염색체들이 운동력에 영향을 미친다고 주장한다.

아프리카피그미쥐African pygmy mouse는 우리와 비슷하게 암컷은 두 개의 X염색체(XX)를 갖고, 수컷은 X와 Y염색체(XY)를 갖는 유전적 성결정 체계를 갖고 있다. 하지만 이 동물은 또한 X°이라는 세 번째 성염색체도 갖고 있다. X°Y 쥐는 수컷으로 발달하지 않는다. 육체적으로 암컷으로 남아 있지만, XX 암컷보다 수컷처럼 행동한다. 이 X°Y 암컷은 더 공격적이고 보통 암컷보다 번식 성공률이 더 높을 뿐만 아니라 머리도 더 크고, 수컷보다도 무는 힘이 더 강하다. 종종 그렇듯이 아프리카피그미쥐 같은 동물들은 답보다 의문을 더 많이 던지는데, 이런 슈퍼 암컷의 존재는 우리가 여전히 운동력의 유전적 기반에 대해서 배워야 하는 것이 많다는 사실을 알려준다.

10

쥐와 사람

Mice
and Men

동물의 운동능력에 관한 이야기는 먹이를 부수는 가재나 하늘을 나는 뱀만큼이나 우리 자신에 관한 것이기도 하다.

동물의 세계에서 운동능력에 대한 어떤 조사도 인간을 고려하지 않고는 완전하지 않다. 스포츠와 운동 취미의 인기는 집단으로서 인간이 지구상에서 그 어떤 동물보다도 많은 종류의 운동능력을 보이며 정기적으로 사용한다는 의미이고, 20세기 초에 생리학자 A. V. 힐은 스포츠 경기 기록이 인간의 운동능력에 관한 귀중한 데이터임을 깨달았다. 이후 수십 년 동안 연구자들은 이 데이터와 가끔은 실험실의 연구 내용을 합쳐서 인간의 운동능력과 그 형태적·생리적 토대에 대해서 많은 것을 배웠다. 사실 6장과 7장에서 살펴본 형태학과 운동능력 사이의 관계는 스포츠과학과 전세계의 훈련생리학 연구소의 노력 덕택에 다른 어떤 동물보다도 인간에게서 잘 파악되었다. 그러므로 인간의 운동력에 관한 이런 기능적 데이터의 풍부함에도 불구하고 인간이 동물 실험 대상과 같은 식으로 생태학과 진화생물학에서 실험 대상으로 거의 사용되지 않고, 인간 운동능력에 대한 연구도 전혀 다른 방식으로 수행된다는 사실은 조금 기묘하다.

물론 인간도 동물이고, 다른 모든 동물처럼 우리도 자연선택과 성선택을 통한 진화의 대상이었다(지금도 그렇고). 하지만 내가 이 책에서 진화 개념을 설명하기 위해서 인간의 운동능력에 관한 예를 자유롭게 갖다 쓰긴 했지만, 동물의 운동능력에 대한 이런 포괄적 관점에 모두가 동의하는 것은 아니다. 인간과 비인간의 운동능력을 연구하는 연구자들이 서로 완전히 독립적으로 연구한다는 사실은 참으로 흥미롭다. 인간과 동물의 운동능력 연구자들의 벤다이어그램을 그리면 아주 조금만 겹칠 뿐 서로 전혀 다른 측면을 강조하는 커다랗고 상호보완적이지만 별개인 두 개의 운동능력에 대한 지식의 원이 나타난다. 인간의 운동능력과 스포츠의학 분야는 운동학과 에너지학, 생물역학, 영양학에 집중하는 반면에, 동물의 운동 연구는 비교 역학, 생태적 환경, 생리적 생태학, 서로 다른 수많은 동물 종 사이에 상호 연관된 적합성을 강조한다.

결과적으로 인간의 운동능력에 관한 연구는 동물 운동능력 연구자들이 비인간의 데이터를 해석할 때 사용하는 진화적·생태적 기틀의 바깥에서 대체로 수행되었다(공평하게 말하자면 인간의 운동능력을 연구하는 연구자 대부분은 진화생태학에 관한 질문에 1차적으로, 심지어는 2차적으로조차 관심을 갖고 있지 않다). 인간의 운동능력 연구자들이 통찰력을 얻기 위해 동물 모형(대체로 다른 영장류나 쥐) 쪽으로 관심을 돌릴 때 그런 모형들은 우리에게 인간에 관해 이야기해주는 가이드나 자산으로 이용될 뿐이다. 상호적 관점에서 보자면 인간에 대한 데이터는 어떤 경우에 매우 관련이 깊을 수 있는 비교 동물 연구에 거의 포함되지 않는다.

어떤 면에서 이런 거부감은 역사적으로 특별하거나 선택의 영향에서 제외되었다고 여겨진 인간 행동의 특정 분야에 진화적 사상이 침범하는 것에 분개했던 다른 분야 과학자들과 진화생물학자들 사이의 영역 싸움의 유산일 수도 있다. 그러나 인간은 특별하지 않으며, 반대되는 관점을 찾기 위해 그리 멀리 볼 필요도 없다. 운 좋게도 양쪽 모두에 언제나 이 간극을 넘어서려고 하는 사람들이 있다. 점점 더 연구자들은 상대방의 세계에 있는 의문을 해결하기 위해서 자신의 세계에 있는 도구를 가져오고 있다. 이 마지막 장에서 나는 앞에서 소개한 여러 가지 주제들을 다시 이야기하고 인간의 운동능력과 진화생태학 양쪽 모두에 통합적 기계론 및 진화학적 접근법을 사용해서 얻은 통찰력을 보여주는 인간과 관련된 연구를 설명해보겠다.

인간의 경주

다른 동물과 비교할 때 인간의 운동능력 대부분은 그 평범함으로 구별된다. 우리는 딱히 빠르게 뛰지도 못하고 그리 멀리 점프하지도 못한다. 별로 대단한 수영선수나 다이버도 아니고, 심지어 우리 힘만으로는 날지도 못한다. 기능적·진화적·유전적 제약으로 우리가 모든 것에 뛰어날 수 없는 게 당연하지만, 그렇다 해도 우리 운동능력의 전반적인 부족함은 창피할 정도이다. 그러나 동물의 왕국에서 인간에게는 경쟁자가 없을 정도로 뛰어난 분야가 하나 있다. 장거리 지구력 달리기이다.

인간은 영장류 중에서는 유일하게, 포유류 중에서도 아주 드물게, 덥고 건조한 환경에서 과열되거나 피로로 쓰러지지 않고 장거리를 달릴 수 있는 존재 중 하나이다. 멕시코 북서부의 협곡 사이 수백 킬로미터를 달리는 것으로 유명한 타라후마라 인디언부터 인간 달리기 선수들이 말을 탄 사람들과 경쟁하는(그리고 종종 이기는) 웨일스의 연례 32킬로미터 인간 대 말 마라톤에 이르기까지, 인간은 여러 번 궁극적인 지구력 선수들임을 증명했다. 이런 성과는 진화생물학에 설명을 요구한다.

고고학적·민족지학적 자료들은 약 200만 년 전 초기 인간이 현대의 들개처럼 먹이를 준최고속도로 한참 동안 쫓아가서 먹이동물이 피로나 열로 지쳐서 느려지면 몽둥이로 때리거나 창으로 찔러 잡았던(들개가 아니라 인간이) 지구력 사냥persistent hunting이라는 먹이수집전략의 탄생을 지적한다. 장거리를 한참 동안 달리면 심부 체온이 올라가는데, 단열이 되는 털로 덮여 있는 데다가 주로 숨을 헐떡여서 열을 방출하는 동물의 경우에, 이것은 심각한 문제이다.

더운 환경에서 과열의 위험은 큰 포유동물의 경우에는 몹시 중대하고, 이것은 제곱-세제곱의 법칙square-cube law의 또 다른 결과이다. 큰 동물은 부피에 비해 상대적으로 작은 표면적을 가졌고, 그래서 작은 동물과 비교할 때 열교환을 위해 외부 환경과 접촉하는 부피가 더 적다. 이로 인해 큰 동물은 열을 방출하는 것이 더 어렵지만 작은 동물은 금세 열을 방출할 수 있고, 이것이 이전에 이야기한 큰 체구를 통해 열이 빠져나가는 속도를 느리게 만드는(거대항온성gigantothermy) 방법의 물리적 기반이다. 하지만 어떤 가젤들은 열저장을 견딜 수 있게 진화했고(5장 참조), 인간은 대신에 장거리 달리기에서 축적되는 열 대부분을 효율적으로 방출할 수 있는 몇 가지 특성을 보인다. 우리를 다른 영장류와 구별 짓는 특징은 많다. 그중 털이 없고, 땀샘의 밀도가 높고, 걸을 때 조금밖에 수축하지 않지만 달릴 때 무게중심을 안정적으로 잡아주는 커다란 대둔근과 달릴 때 속도가 빠르게 변할 수 있도록 민감도가 높은 귀 속의 커다란 반고리관 같은 것이 우리의 영장류 친척들과 인간 수렵-채집자들이 좋아했던 커다란 포유류 먹이들을 지치게 만들고 심지어 죽게 만드는 장거리 유산소 달리기에 우리 인간이 뛰어나도록 만들어준 적응 요소들이다. 특히 땀을 흘리는 것은 상당히 효과적인 열 식히기 전략으로 과열을 방지하기 위해서 새로운 로봇 설계에도 도입되었다.

인간의 지구력 달리기의 운동학은 우리에게 유리하게 작동한다. 네발 동물의 경우에는 동물이 빨리 걷기trotting에서 전속력으로 달리기gallop로 전환하는 데 필요한 한계속도가 있다. 두발 동물로서 우리는 전속력으로 달리기를 할 능력은 없지만(다리가 두 개 더 필요하니까) 우리가 선호하는 지구력 달리기 속도는 우리의 네발 동물 먹잇감들의 걷기-달리기 전환 속도를 넘어선다. 그러니까 인간은 네발 동물이 전속력으로 달려야 해서 에너지가 많이 들고 장거리 동안 유지할 수 없는 속도로 장거리를 편안하게 달릴 수 있다. 네발 동물은 또한 달리는 동안에 주된 열 방출 방법인 숨 헐떡이기를 할 수가 없다. 결과적으로 우리는 우리 먹이가 시간과 거리에 압도되어 피로와 과열이 혼합된 영향으로 바닥에 쓰러질 때까지 계속 달릴 수 있다.

1984년 데이비드 캐리어David Carrier가 처음 주장했고, 후에 유타대학교의 데이비드 브램블David Bramble과 하버드대학교의 대니얼 리버먼Daniel Lieberman이 옹호한 인간이 지구력 사냥을 한다는 개념은 일부 학계에서는 인기가 없다. 비판자들은 특히 지구력 사냥이 현대의 토착민 집단에서 드물다는 것을 종종 지적한다. 하지만 지구력 사냥이 진화해서 오늘날까지 존재하게 된 역사적·환경적 배경을 인지하는 것은 중요하다. 오늘날 잠재적 먹이의 밀도는 가까운 과거보다도 훨씬 적어서 적절한 먹이를 찾는 것이 어렵다. 토착민들의 지구력 사냥은 또한 그들이 한때 즐겼던 이동의 자유가 현재는 없어진 데다 보츠와나와 아프리카 남부 다른 지역의 광범위한 울타리 때문에 더더욱 이동이 제한된 상태이다. 게다가 지구력 사냥꾼들은 일주일에 2~3일만 사냥을 하면 충분한 식량을 얻을 수 있다. 그 결과 계속해서 사냥을 하기 위해 개인이 이 전략을 연습해야 할 필요가 없다. (어느 인류학자는 앉아서 주로 생활하는 현대의 연구자들은 영양을 쫓아서 달려야 하는 지구력 사냥꾼들의 사냥 빈도를 정확하게 수치화할 수 없다고 냉담하게 지적했다!)

마지막으로, 지구력 사냥이 활과 화살의 발명과 개와 말의 가축화를 바탕으로 한 전략으로 좀 더 최근에 대체되었을 수도 있다. 하지만 지구력 사냥의 진화를 이끌었던 조건이 더 이상 존재하지 않는다 해도, 가지뿔영양처럼 이 뛰어난 전략의 진화적 유산은 여전히 남아 있다. 이상하게 보일지 몰라도 마라톤에서 경쟁하는 우리의 성향은 인간이 무엇인지에 관한 궁극적인 표명일지도 모른다.

분노한 원숭이

데이비드 캐리어는 인간 진화에 관한 자신의 가설이 불러온 논쟁을 두려워하지 않았다. 더 중요한 것은 그에게 이 가설들을 뒷받침할 증거가 있었다는 것이다. 캐리어의 또 다른 주장들은 지구력 사냥보다 더욱 큰 논쟁을 불러왔다. 인간의 손이 진화한 것은 어느 정도 싸움 능력을 위한 성선택에 대한 반응이라는 것이다.

이 가설의 기원은 캐리어와 그 동료들이 향유고래가 포경선을 침몰시킨 것이 박치기를 바탕으로 하는 수컷의 전투 전략의 증거라고 주장하는 논문에서 시작되었다. 1821년, 미국의 포경선 에식스호가 침몰했다. 수컷 향유고래가 특징적으로 크고 뇌유腦油가 가득한 기관으로 강화된 머리를 공성攻城 망치처럼 사용해서 선체를 부쉈기 때문이다. 에식스호가 고래보다 훨씬 크고 무겁고 강했는데도 말이다. 뇌유 기관에 관한 전통적인 생물학적 설명은 바이오소나biosonar(동물의 음파 탐지 기능)°와 부력 통제에 집중되어 있지만, 캐리어와 동료들은 대신에 뇌유 기관이 수컷의 싸움을 위한 무기로 진화했으며 수고래가 그것을 효과적으로 사용해서 배를 침몰시킨 것이라고 주장했다. 수컷 향유고래는 이런 식으로 박치기를 하는 모습이 종종 목격되는데, 뇌유 기관 자체도 수컷의 전투에 주로 사용되는 기관이라는 사실에서 예상할 수 있듯이 암컷보다 수컷에서 훨씬 크다. 박치기 또한 돌고래와 알락돌고래 같은 다른 고래목 동물들에게서도 보고되고 있으며, 뇌유 기관에 상응하는 머리 부위인 멜론도 다른 고래목에서 발견된다. 수컷에 편중된 성적 이형은 범고래과 돌고래부터 외뿔고래에 이르기까지 21개 고래목에서 멜론의 크기와 관련되어 있고, 성적이형이 더 큰 종의 수컷일수록 암컷보다 더 큰 멜론을 가졌다. 다시금, 이 패턴은 수컷의 무기의 경우와 일치한다.

연구자들은 무게 39,000킬로그램에 체중의 20퍼센트를 이루는 뇌유 기관(7,800킬로그램 또는 작은 차 무게의 4.5배)을 가졌고, 3m/s의 속도(~10.7km/h)로 움직이는 수컷 고래의 공격의 영향력과 에식스호와 고래의 속도의 추측 합계를 모형으로 만들어보았다. 그들은 이 시나리오에서 가속도가 있었을 것임을 보여주었다. 또한 가속도 때문에 배의 선체가 부서졌을 것이고, 이 가속도는 수컷 향유고래의 박치기의 목표물이 된 어떤 고래든 부상을 입혔을 테지만 공격한 고래는 뇌유 기관의 충격 흡수력 덕택에 멀쩡했을 것이다. 향유고래가 이상적인 실험동물이 아니라는 점을 고려하면, 모형 연구는 우리가 수컷의 싸움에서 고래의 운동능력을 측정할 수 있는 가장 좋은 방법일 것이고, 정황적이긴 하지만 이 결과가 뇌유 기관이 이런 조건에서 기능하도록 진화했을 것임을 암시한다.

고래 연구로 모두를 다 설득할 수 있었던 것은 아니다. 특히 어느 생물학자는 캐리어에게 직접 뇌유 기관 무기설에 관해 격렬하게 반박하고 자신의 주먹을 휘두르며 말했다. “내가 당신 얼굴에 이걸 휘두를 수도 있지만, 그렇다고 이게 싸움용으로 진화한 건 아니라고!”

이 말에 캐리어는 아이디어를 얻었다. 인간의 주먹이 다른 사람의 얼굴을 후려치기 위한 무기로 진화한 것이라면? 이 가설을 시험하기 위해서 마이클 모건Michael Morgan과 캐리어는 손바닥으로 칠 때와 주먹으로 칠 때 손이 내는 힘을 측정하고서, 인간의 손뼈가 주먹으로 강하게 칠 때 손을 부상으로부터 보호하고 지지하는 방식으로 생겼음을 알아냈다. 이런 특징은 우리의 호미닌 혈통 초기에 진화했고 우리의 영장류 친척들에게는 없는 것이다. 그러니까 주먹을 기반으로 한 수컷의 싸움이 역사적으로 인간 진화에서 중요했음을 암시한다.

주먹이 수컷의 싸움 목적으로 진화했다는 주장은 즉각적인 비판을 불러왔다. 적응에 관한 어이없는 이야기에 대한 비판이 나오고, 몇몇 연구자는 뇌유 기관 가설에 대한 비판자들과 비슷한 입장을 취했다. 무술 경험이 있는 다른 연구자들에게서도 새로운 공격이 날아들었다. 인간 사이의 진짜 싸움은 무술 영화에 나오는 것과는 당연히 달라서 현실에서의 싸움은 품위 없고 허접스러운 일이며, 이런 면에서는 옛날 액션영화들이 더 정확하다.[1]

---

1 가끔은 지나칠 정도로 정확하다. 예를 들어 다른 면에서 과소평가되는 1969년 제임스 본드 영화 〈007 여왕폐하 대작전〉의 싸움 장면은 성난 바다표범의 춤을 찍어놓은 것처럼 보인다. 특히 조지 라젠비는 넘어지지 않고서는 주먹을 휘두를 수 없는 것 같다.

하지만 인간의 싸움에서 영화가 거의 다루지 않는 한 가지 측면은 뼈로 된 인간의 머리를 자연적 버팀대가 있든 없든 보호막 없는 주먹으로 칠 경우에 심각한 손 부상을 입을 수 있다는 점이다. 두툼한 글러브는 주먹에 맞는 사람의 머리보다 주먹을 휘두르는 사람의 손을 훨씬 잘 보호하고, 어떤 전통 무술 스타일은 이런 이유 때문에 주먹으로 치는 것보다 손바닥으로 때리는 것을 장려한다. 그러니까 손이 무기로 자주 쓰였다는 진화적 시나리오를 주장하는 사람이라면 손을 사용할 때 부상으로부터 보호를 받았다는 것뿐만 아니라 우리 조상들이 부상을 입을 엄청난 위험을 무릅쓰고 고조된 논쟁을 해결하는 방법으로 주먹다짐을 주로 사용했다는 사실을 보여주어야만 한다. 같은 맥락에서, 몇몇 사람은 주먹이 무기로 진화한 것이라면 주먹이 가장 자주 때리는 부분을 보호하기 위해서 주먹과 얼굴의 형태 사이에 공진화가 이루어져야 했을 거라고 지적한다.

이런 반박은 이 주제에 관해 캐리어와 모건의 다음 논문을 곧장 탄생시켰다. 여기서 그들은 주먹다짐이 우리 조상들이 고조된 논쟁을 해결하는 가장 주된 방법이었고, 주먹이 가장 자주 때리는 부분을 보호하기 위해서 주먹과 얼굴의 형태 사이에 공진화가 이루어졌다는 사실을 보여주었다. 훈련받지 않은 사람들 간의 싸움에서 주된 공격 목표를 알아내기 위해서 그들은 역학조사 데이터를 찾아보았다. 사람들 간의 싸움에서, 그리고 가정폭력 희생자에게서 가장 흔한 부상 부위는 얼굴이었는데, 미국에서 가정폭력 희생자 중 81퍼센트가 얼굴에 계속적으로 부상을 입었으며 69퍼센트의 시간 동안 얼굴 가운데 부분에 상처를 입고 있었다. 또한 영국, 덴마크, 스웨덴의 부상 비율 연구는 주먹이 싸움에서 사용되기에는 너무 약하다는 비판을 반박했다. 이 연구에서 얼굴 골절의 46퍼센트에서 67퍼센트 사이가 주먹으로 생긴 것인 반면에 이와 관련해 손에서 손바닥뼈나 지골 골절이 일어난 경우는 아주 드물었다. 캐리어와 모건의 말을 직접 인용하자면 다음과 같다. "그러니까 인간의 주먹은 흔하고 효과적인 무기이며, 인간이 싸울 때에는 주먹보다 얼굴이 훨씬 자주 부서진다."

인간과 우리의 호미닌 조상의 얼굴 형태학으로 관심을 돌려서 캐리어와 모건은 다른 인간과 논쟁이 벌어졌을 때 부서질 위험이 가장 큰 얼굴뼈에 보호대가 있다는 증거가 있는지 물었다. 있었다. 우리의 오스트랄로피테쿠스 조상의 경우에는 그 뼈가 무척 강하고 여성보다 남성에서 더 뚜렷하게 드러났다. 커다란 턱 내전근 또한 주먹에 맞았을 때 충격 흡수재 및 턱 안정판 역할을 하고, 커다란 송곳니 뒤쪽 이는 주먹의 에너지를 턱에서 두개골 나머지 부분으로 전달할 수 있었다.

인간의 얼굴 구조에 관한 이 권투 가설은 다른 증거들로 뒷받침된다. 테스토스테론 수치가 더 높은 현대 남자들은 테스토스테론이 낮은 남자들보다 더 넓고 단단한 얼굴을 갖고 있다. 힘과 근육 기능에 미치는 테스토스테론의 영향 때문에 넓은 얼굴과 더 많은 테스토스테론을 가진 남자들이 더 훌륭한 싸움꾼이라고 생각하기 쉬운데, 실제로도 그렇게 밝혀졌다. 전문 격투가들 간의 싸움 결과는 얼굴의 너비(정확히는 얼굴 너비 대 길이의 비율, fWHR이다)(facial Width to Height Ratio)°만으로 예측할 수 있으며, 얼굴이 넓은 격투가가 더 많이 이기는 경향이 있다. 또한 다른 연구에서는 격투가들의 사진을 여자들에게 보여주면(한 번에 승자와 패자를 함께 보여주되 누가 승자이고 패자인지는 가르쳐주지 않는다) 여자들이 승자를 확률적 수치보다 더 잘 맞추고, 승자를 패자보다 더 매력적이라고 여겼다. 3장에서 이야기한 얼굴 신호 연구에서처럼 뛰어난 자전거 선수들이 섹시하다고 여겨진다면, 그리고 넓은 얼굴을 가진 남자들이 훌륭한 싸움꾼이라면, 격투 스포츠에서 우위를 차지한 사람들과 반대로 엘리트 지구력 선수들은 fWHR이 어느 범위에 들어갈지 궁금하다.

불리한 왼손잡이의 스포츠 전략

스포츠 연구는 인간이 다른 동물 종에 싸움 능력을 형성하는 것과 같은 종류의 선택압력을 받는 경향이 있다는 것을 보여주었을 뿐만 아니라 다른 생물체에서 볼 수 있는 수컷 싸움에 관해서도 통찰력을 제시한다. 왼쪽-오른쪽 비대칭은 동물의 세계에서 흔하고 종종 더 잘 쓰는 손의 형태로 나타난다. 생물체는 특정한 행동을 하는 데 왼쪽이나 오른쪽 손발을 선호하거나 편중하곤 한다. 잘 쓰는 손은 척추동물과 무척추동물 양쪽 모두에서 나타나지만, 인간에서 특히 잘 나타난다. 인간의 약 90퍼센트가 오른손잡이이고 나머지 10퍼센트 정도가(나를 포함해서) 왼손잡이이거나 교차성(어떤 일은 왼손으로, 다른 일은 오른손으로 하는 것)을 보이거나, 아주 드문 경우에는 양손으로 똑같이 일을 잘할 수 있다.

오른손잡이가 압도적으로 많기 때문에 한 손으로 작동해야 하는 대부분의 기구가 오른손잡이 사람이 쓰기 편하게 설계된다. 왼손잡이는 가위, 코르크 따개, 캔 오프너 같은 단순한 것을 다루는 데에도 매일 자기 자신이나 다른 사람에게 심각한 상처를 입히지 않도록 고생해야 한다. 다른 단점들도 있다. 1980년대 이래로 수많은 연구가 오른손잡이와 비교해서 왼손잡이가 조현병이나 자가면역질환을 앓을 아주 우스운 가능성이 훨씬 높고, 평균 9년 더 빨리 사망하며, 전동톱과 관련된 사고를 맞을 가능성이 높다는 사실을 보여주었다. 왼손잡이 외과 의사가 신기할 정도로 적다는 사실을 지적하는 2004년 연구에서는 심지어 이런 외과 의사들의 10퍼센트가 다른 왼손잡이 외과 의사에게 치료를 받을까 봐 두렵다고 이야기했다고 밝혔고, 왼손잡이 의사가 다루는 데 '상당한 어려움'을 느끼는 수술 도구들의 짧지만 불안한 목록도 실었다.

이 문제들은 언어에서도 드러난다. '손재주가 좋은dexterous'의 라틴어 근원은 오른쪽을 지향한다는 뜻의 'dexter'이고, 원래 왼쪽을 지향한다는 단어인 'sinister'는 오늘날 '사악하다'는 말과 동일한 뜻으로 쓰인다. 왼손이나 오른손으로 뭔가를 뛰어나게 잘하는 사람을 일컬어 'ambidextrous'라고 하는데, 이것은 문자 그대로 '두 개의 오른손'이라는 뜻이고, 반대로 뭘 해도 서투른 사람을 'ambisinister'라고 한다! 게다가 프랑스어로 '왼쪽'

은 '*gauche*'인데, 이것은 영어로 '어색한'이나 '품위 없는'이라는 뜻이다. 이런 모욕은 수두룩하지만, 결론은 나 자신처럼 사악한 사람들도 우리를 살해하려고 적극적으로 애를 쓰는 것처럼 보이는 적대적이고 무정한 오른손잡이 세상에 살고 있다는 것이다.

내 잘못도 아닌데 단순한 일을 계속 형편없이 처리하며 수십 년간 살아온 끝에 어차피 조만간 죽을 테니 더 이상 이런 일을 하고 싶지 않다는 사실을 깨닫고 나면 화가 나기 쉽다. 하지만 이런 단점을 벌충할 만한 왼손잡이로서의 장점도 있을 수 있다. 좌우대칭 발달 프로그램을 가진 우리 같은 생물체에서는 양쪽이 고르게 발달하고 양쪽 특성을 모두 쓸 수 있는 것이 진화적 '기본' 설정이라는 것을 고려할 때 이런 대칭에서 벗어나는 것, 특히 한쪽을 계속해서 다른 쪽보다 선호하게 되는 유전적 영향력은 그 비대칭적 특성에 직접적으로 작용하는 선택의 결과이거나 선택된 다른 무언가와 유전적 상관관계를 통한 간접적인 결과일 것이다. 이 말은 잘 쓰는 손의 방향 선택과 관련해서 적합성의 우위가 있을 수 있다는 뜻이다. 인간에 있어서 왼손잡이는 드물고 유전 가능한데(유전율이 대략 ~0.3 정도이다), 이는 우리에게 왼손잡이에게 생기는 선택적 이득 중 한 종류에 대한 실마리를 준다.

3장에서 농게 부분에서 잠깐 이야기한 역逆빈도의존 선택이라는 개념은 드문 전략이나 특성이 흔한 것에 비해 경쟁 우위를 차지하는 경우를 뜻한다. 상상력 부족한 이름인 싸움 가설 fighting hypothesis은 왼손잡이가 드물기 때문에 오른손잡이와의 싸움에서 이득을 볼 수 있다는 내용으로 인간 집단에서 오른손잡이가 아닌 사람이 적지만 계속해서 발생하는 이유를 충분히 설명해 준다. 드문 손의 우위에 깔린 논리는 오른손잡이 싸움꾼들이 왼손잡이를 마주하면 낯선 각도에서 오는 공격에 대처하기 위해 싸움 방식을 바꿔야 하고, 그래서 한손 무기를 쓰는 싸움에서 불리해진다는 것이다. 반면 종종 오른손잡이와 싸우는 왼손잡이는 그런 핸디캡이 없다. 이런 면에서 보면 최선의 전략은(《프린세스 브라이드》의 이니고 몬토야와 공포의 해적 로버츠 둘 다 사용했던) 왼손잡이와 오른손잡이 싸움 모두에 능숙해지는 것이다. 하지만 말이 쉬운 전법이다. 직관적이기는 하지만 싸움 가설의 역빈도의존이 왼손잡이의 유리함에 관한 유일한 설명은 아니다. 예를 들어 왼손잡이가 뇌의 우측 반구가 더 큰 덕분에 공간 및 시각 능력이 전반적으로 더 뛰어날 가능성이 높다.

싸움 가설은 문화적으로 반反왼손잡이 경향까지도 설명해줄 수 있는 실증적 증거를 갖고 있다. 여러 전통적인 인간 사회에서 살인율은 왼손잡이의 빈도와 양의 상관관계가 있다. 평화로운 사회에서는 왼손잡이가 인구의 3퍼센트 정도를 차지하지만, 더 호전적인 경향이 있는 사회에서는 인구의 27퍼센트까지도 차지한다. 이것은 간접적이기는 해도 왼손잡이가 싸움에 유리하다는 주장을 암시한다. 하지만 격투 스포츠뿐만 아니라 인간의 스포츠 경기에서 왼손잡이의 경쟁 우위에 관해서도 통찰력을 얻을 수 있다.

왼손잡이는 펜싱과 테니스 같은 쌍방향 스포츠에 지나칠 정도로 많지만, 체조 같은 비쌍방향 스포츠에서는 비율상 그렇게까지 흔하지 않다. 왼손잡이는 쌍방향 팀스포츠에서도 다수가 나타난다. 뉴사우스웨일스대학교의 롭 브룩스가 2003년 크리켓 월드컵 결과 분석을 바탕으로 했던 2004년 연구에서는 왼손잡이 타자가 세계 일류 크리켓 팀에 비율에 안 맞을 만큼 많았음을 보여주었다. 이런 타자들은 또한 대부분 오른손잡이인 투수들을 상대로, 특히 왼손잡이에게 볼을 던져본 경험이 적은 하급 팀을 상대로 우수한 실력을 뽐냈다. 특히 격투 분야를 보면 얼티밋 파이팅 챔피언십UFC에도 왼손잡이가 과도하게 많지만 신기하게도 오른손잡이보다 더 많은 싸움을 이기지는 못한다.

과거의 딱 한 번 있었던 싸움 데이터만을 조사한 초기 단면 연구와 관련된 몇 가지 문제들, 예컨대 적은 샘플 크기와 왼손잡이와 오른손잡이의 역학적 상대 빈도로 인해 왼손잡이가 흔해짐으로써 우위를 잃게 되었을 가능성 등을 극복하기 위해서, 독일 카셀대학교 연구자들은 1924년부터 2012년까지 대규모 권투선수 샘플들을 분석했다. 그들은 왼손잡이 권투선수들이 실제로 더 많은 싸움에서 이겼음을 알아냈고, 이것은 싸움 가설의 역빈도의존 경향에 관해 격투 스포츠로부터 직접적인 증거를 발굴한 것이었다.

왼손/왼발 선호는 인간에게서 특히 강하지만, 우리가 싸움 가설을 적용할 수 있는 유일한 동물인 것은 아니다. 농게 역시 잘 쓰는 손을 갖고 있고, 신호와 싸움에 사용하는 주된 집게인 오른쪽이나 왼쪽 집게가 좀 더 커진다. 하지만 인간과 다르게 대부분의 농겟과에서 잘 쓰는 손이 별로 중요치 않고 왼쪽과 오른쪽 주요 집게가 일대일 비율을 보이기 때문에 왼쪽-오른쪽 집게의 비대칭적 사용을 선택했을 때의 영향은 미미하다. 실제로 농게에서 싸움 가설을 시험해보니 모순된 결과가 나왔다. 싸우는 게의 잘 쓰는 손은 같은 손이나 다른 손을 쓰는 상대와 만났을 때 싸우는 방식에 영향을 미치긴 하지만, 싸움 결과에는 별 영향이 없었다. 그러나 최소한 농게 가운데 알려진 102종 중 5종은 오른쪽 집게발이 우세해서 이 종에서는 정말로 선택을 통한 손의 우위로 진화되었음을 추측할 수 있다. 이 종에서 싸움 가설을 시험해보면 특히 많은 것을 알 수 있을지 모른다.

구경꾼 과학

인간의 스포츠 데이터세트는 생리학과 진화학에서 가져온 아이디어들을 시험하는 커다란 샘플로서 외에 다른 이점도 있다. 최상급 실력을 보여주는 전문 운동선수들은 훈련 수준, 동기, 식이, 다른 복잡할 수 있는 환경 요인 등에서 상당히 비슷하며, 그런 유사성이 운동능력의 비교를 용이하게 해준다. 많은 스포츠가 최상급 실력의 남녀 선수들을 끌어들이기 때문에 성별 간의 여러 가지 운동능력 차이에 관한 통찰력을 제공한다.

선수 각각의 능력을 기록을 따라 추적할 수 있는 일부 스포츠의 종적인 특성은 또 다른 이점이다. 8장에서 지적했듯이 노화에 대한 연구는 종종 많은 생명체의 긴 수명 때문에 제한을 받는데, 이로 인해서 개체들이 시간에 따라 특성 발현을 어떻게 바꾸는지 알아내는 것이 힘들었다. 이론상 인간의 스포츠 데이터세트는 이런 장애물을 넘을 수 있게 해주어야 하지만, 실제로는 일이 그렇게 쉽지 않다. 나이와 관련된 활동의 노쇠 때문인지 부상으로 인한 강제 은퇴 때문인지 모르지만 운동선수의 기록은 전체 수명에 비해 짧은 경향이 있다. 22세부터 42세까지 미국 프로 농구에서 뛰었던 카림 압둘-자바나 1981년부터 2004년까지 23시즌을 뛰어 프로 하키 리그 명예의 전당에 오른 론 프랜시스 같은 사람들도 있지만, 프로로서의 경력이 20대 초반에 1, 2년밖에 되지 않는 운동선수가 훨씬 더 많다. 그러나 꽤 큰 시간 범위에서 우리는 특정 스포츠에서 몇 가지 가설을 시험해볼 수 있는 개인 기록을 충분히 모아볼 수 있다.

이 책에서 반복되는 주제는 동물이 특성 발현에서 균형을 이루는 대상이라는 것이다. 하지만 개체들이 꼭 포기하고 동반되는 대가를 그저 받아들이기만 할 필요는 없으며, 종종 다른 방식으로 보상을 받아 잘 살아간다. 우리는 이미 이런 특성 보상trait compensation의 여러 가지 예를 보았다. 4장에서 수컷에서 다른 날개 모양이 진화하는 내재적 성적 갈등으로 인해 대눈이 길게 튀어나오게 된 암컷 대눈파리의 사례가 그랬다. 연구를 통해서 특성 보상이 일어나는 조건을 살펴보았으며, 생활사가 중요한 요인이라고 추측하게 되었다. 예를 들어, 새로운 환경에서 엄청난 탐험 활동을 보이는 갈색아놀도마뱀은 모험심이 덜한 도마뱀에 비해 더 빨리 꼬리를 떼어버리는 선구자가 되어 내재적 위험을 보완

하지만, 식량 자원이 풍부할 때만이다(잃은 꼬리를 다시 키우는 것은 에너지적으로 싸지 않기 때문일 것이다). 노화 측면에서, 그리고 모든 운동 특성이 같은 속도로 노쇠하는 것이 아니기 때문에(8장 참조) 동물이 특정한 운동능력의 노쇠를 다른 것에 대한 투자를 늘려서 보완하고, 이를 통해 (최소한 일시적으로) 전반적인 적합성의 저하를 막는지가 중대한 의문으로 떠올랐다. 이 질문은 비인간 동물에서는 대답하기 어렵지만, 인간의 스포츠 데이터를 이용해서 이야기할 수 있다.

인공적 신체 경쟁에서 점수를 기록하는 것은 개인의 적합성을 꼭 높이는 것은 아니다. 최소한, 운동계의 슈퍼스타들이 보통의 선수들이나 다른 사람들보다 적합성이 더 높다든지, 운동선수가 선수가 아닌 사람들보다 적합성이 더 높은지 시험하는 연구에 대해서는 들어본 적이 없다. 그러나 생태학적으로 관련이 있는 운동 활동을 잘하는 것이 그와 같은 것으로 여겨질 수도 있다. 점수를 기록하는 것은 또한 운동능력의 명확한 척도이다. 모든 선수가 팀이 승리하도록 점수를 올려야 하는 팀 스포츠에서도 마찬가지이다. 농구에서 골대를 둘러싼 정해진 3점 선의 바깥에서 공을 던져 넣었을 때 점수를 얻는 3점골 지역은 1945년 처음 도입된 이래 계속 논쟁을 불러일으켰으나 1979~1980년 시즌에 NBA에 마침내 도입되었다. 이것은 3점 선 안쪽에서 넣는 보통의 2점 골과 상대 팀이 파울을 범했을 때 선수에게 주어지는 1점짜리 프리스로free throw를 포함해서 농구에서 점수를 얻는 방법을 세 가지로 늘렸다.

2점 골과 3점 골, 프리스로를 하기 위해서는 선수가 점프,

정확도, 힘, 운동 제어 같은 여러 가지 신경근 및 운동능력을 각기 다른 방식으로, 또는 각기 다른 강도로 합쳐야만 한다. 그러나 2점 골에서만 덩크를 할 수 있고, 초기 연구에서 86년의 기간 동안 올림픽의 멀리뛰기와 높이뛰기 경기의 최적 연령이 각각 22세와 24세임을 보여주었으므로 선수들이 나이가 들면서 감소하는 점프 능력을(그래서 2점 골을 넣을 확률이 줄어드는 것을) 3점 골로 보완할 가능성이 있다. 게다가 여성 NBA가 겨우 1996년 4월에 창설되긴 했지만, 경기 규칙은 동일하므로 NBA와 WNBA 사이의 나이 궤적을 비교해보면 남자와 여자에서 비슷한 보완 패턴이 나타나는지를 (만약에 있다면) 확인할 수 있다.

나이 궤적을 알아보기 위해서 1979년부터 2010년까지 모든 NBA 경기의 모든 농구 점수 데이터를 분석하면(키, 경기 시간, 슛의 성공률, 전체적인 팀 성적 같은 요인들을 모두 고려해서) NBA 선수가 점수를 내는 최적의 연령은 25세나 그 약간 이후이고(그림 10.1a) 그 뒤로는 빠르게 떨어진다.[2] 이것은 점프가 관련된 스포츠들을 포함해서 다른 많은 개인 스포츠에서 보이는 경향과 일치한다. 점수를 프리스로, 2점 골, 3점 골로 분리할 경우에 프리스로와 2점 골의 최적 연령은 다시금 25세 정도이다. 하지만 3점 골의 최적 연령은 훨씬 나중인 30세 정도이다.

---

2 이것은 31년의 기간 동안 1,035명의 선수들에 관한 평균 나이 궤적임을 강조해야겠다. 운동능력이 전혀 감소하지 않는 것처럼 보였던 마이클 조던이나 르브론 제임스 등등도 신뢰구간에 의해 한정된 변수의 일부로 모두 여기에 들어 있다. 그러나 평균적으로 점수를 내는 최적 연령은 25세이다.

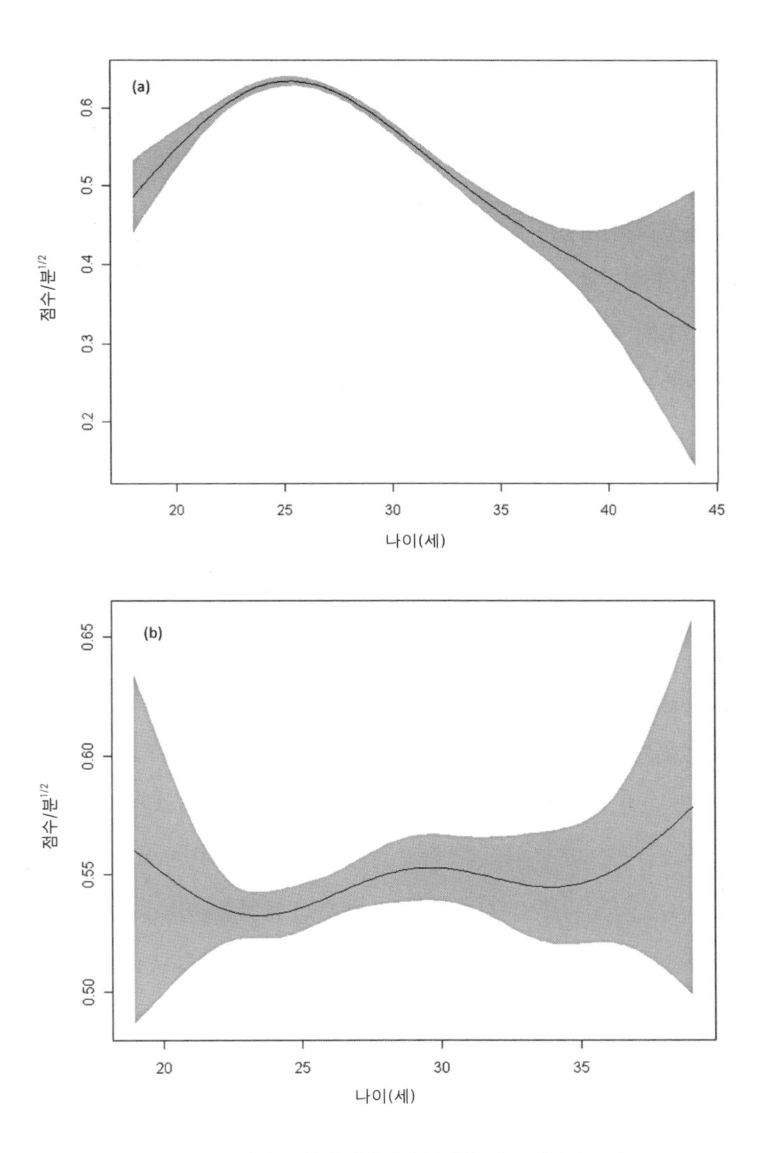

그림 10.1. 프로 농구 선수 남성(a)과 여성(b)에서 분당 총 점수 기록의 노화(지루한 통계적 이유로 제곱근으로 처리했다). 그림자 부분은 95퍼센트 신뢰구간을 뜻하고 이는 각각에서 진짜 기울기가 나타나는 수치 범위를 뜻한다. 2014년 레일보 외 수정.

이것은 보상 가설을 어느 정도 뒷받침하는 것 같고, 선수들이 고강도 단시간의 순발력이 감소하는 것과 같은 시기에 정확도가 증가하기 시작한다는 시나리오를 쉽게 떠올릴 수 있게 만든다. 하지만 전체 점수 기록의 연령 곡선이 2점 골과 프리스로의 연령 곡선과 훨씬 비슷하다는 점을 고려하면, 시간에 따라 전체 농구 점수를 좌우하는 것은 3점 골이 아니라 나머지 둘이고 3점 골을 통한 보완 노력은 (그런 게 있다면) 전체 점수 기록에 그리 큰 영향을 미치지 못한다고 추측하는 것이 합리적이다.

프로 농구 선수의 노화 경향 분석에서 나온 두 번째 관심사는 WNBA 선수들이 전체 점수 기록과 여러 가지 점수 종류 양쪽 모두에서 남자들과는 놀랄 만큼 다른 나이 궤적을 보여준다는 점이다. WNBA 선수들은 전체 점수 기록 능력에서 명백한 노화의 모습을 보이지 않는다(그림 10.1b). 특정한 점수 기록 방법 면에서는 3점 골만이 비슷한 노쇠 패턴을 보여주어 대략 25세에서 최고치를 기록한 후 긴 정체기가 이어진다. 하지만 WNBA 경기는 1997~1998년부터 시작되었고, 추출한 WNBA 데이터세트는(31년간 1,035 NBA 선수들에 비해 겨우 1998년부터 2009년까지 11년 동안 540명의 WNBA 선수들의 데이터) WNBA 분석 결과가 그리 탄탄하지는 못하다는 뜻이다.

이런 한계에도 불구하고 어쨌든 점수를 내기 좋은 나이는 남자와 여자에서 다른 것으로 보인다. 이런 차이는 여러 가지 출처에서 원인을 찾을 수 있다. 예를 들어 점수를 내고 남녀가 같은 경기를 상당히 다른 방식으로 풀어나가게 만드는 운동능력의 바탕에 깔린 내재적 생리의 차이를 반영한 것일 수 있다. 예를 들어 여자가 남자에 비해 수직 점프 능력이 33퍼센트 더 낮기 때문에 여자 농구에서는 덩크가 아주 드물다. 하지만 또 다른 잠재적 요소는 NBA와 WNBA 시즌의 서로 다른 일정과 강도이다. 플레이오프를 제외하고 정규 NBA 시즌은 82경기를 뛰는 반면에 정규 WNBA 시즌은 32경기로 이루어진다. 설령 NBA와 WNBA 선수들이 똑같은 양의 훈련을 받는다고 해도 보통의 NBA 선수는 보통의 WNBA 선수보다 시즌당 140퍼센트 더 많은 경기 시간을 갖는데, 이런 훨씬 힘든 경기 일정이 여성 프로 농구 선수에게서는 나타나지 않는 남성 선수의 점수 능력 노화를 설명해줄 수 있다.

믿을 수 없는 축구선수들

다양한 스포츠에서 선수들의 상호작용과 행동이 서로 다르다는 사실이 진화론의 아이디어를 새로운 방식으로 시험해보고 싶어 하는 과학자들의 눈에 포착되었다. 특정 스포츠의 상호작용을 특정한 생물학적 현상이나 추측과 연결시키는 것은 과학과 문제의 스포츠 양쪽 모두에 대한 내밀한 이해가 필요할 뿐만 아니라 두 가지를 연관된 방식으로 연결 짓는 통찰력을 필요로 한다(종종 주말에 술 한두 잔 마시면 아주 잘된다). 스포츠에 관련된 거의 모든 분야에 그렇듯이 호주가 이런 면에서 선두에 서 있다. 퀸즐랜드대학교 운동능력 실험실의 연구자들은 진화론의 렌즈를 축구로 돌려서 정직함과 속임수라는 개념을 평가하는 풍요로운 기반을 찾아냈다.

앞에서 보았지만 착각을 일으키도록 진화된 신호를 포착하는 것이 어렵기 때문에 비인간 동물에서 속임수를 시험하는 것은 몹시 어렵다. 축구선수들은 가짜 신호 행동, 다이빙, 상대 선수에게 불법 태클을 당한 척하며 의도적으로 넘어지는 행동 등을 하는 것으로 악명이 높다. 성공적으로 다이빙을 하면 신호를 받은 사람(심판)이 신호를 보낸 사람(다이빙한 선수)에게 프리킥이라는 이득을 줄 수 있지만, 다이빙은 또한 실패하면 심판으로부터 강압적 대가를 물게 될 수도 있다. 다이빙에 이득과 잠재적 대가 두 가지 모두가 있기 때문에 동물 신호 가설에서는 관련된 대가에 비해 이득을 최대로 얻을 수 있을 경우에 가장 많이 이런 일이 일어난다고 한다. 축구 경기에서 이것은 선수들이 경기장 내에서 다이빙을 하는 것이 유리할수록 더 자주 해야 한다는 뜻이고, 그래서 다이빙은 수비 라인에서는 별로 흔하지 않고 공격 라인에 가까운 곳에서 훨씬 흔하다. 비슷하게, 다이빙을 하는 잠재적 이득은 팀이 이기거나 지고 있을 때보다 동점일 때 더 크다. 현재의 리드를 유지하거나 동점으로 만드는 것보다 앞서는 쪽이 훨씬 더 가치가 크기 때문이다.

그웬돌린 데이비드Gwendolyn David는 박사 논문의 일부로 이런 추측을 시험하기 위해 텔레비전으로 방송된 축구 경기 60개를 보았다(전세계 6개 프로 축구 리그의 경기를 각 10개씩). 그녀는 슬로모션 다시 보기와 다각도 화면을 이용해서 모든 선수가 다이빙, 태클, 또는 딱히 신호가 없는 넘어짐(예를 들어 선수가 발을 헛디뎠거나 태클을 당하지 않는 상황에서 넘어지는 것) 장면을 분류했다. 그리고 경기 강도를 구역별로 나누고 수비 라인과 공격 라인 중 어디서 더 많이 넘어지는 모습을 보이는지 확인하고 넘어질 때의 점수와 넘어질 때 심판과의 거리 정도를 기록했다. 그웬돌린의 결과는 선수들이 수비 라인보다 공격 라인에서 가까운 지역에서 대략 두 배 이상 다이빙을 하고, 다이빙하는 선수의 팀이 이기거나 질 때보다 점수가 동점일 때 더 자주 다이빙을 한다는 추측이 옳다는 것을 확인했다.

하지만 놀랍게도 심판이 다이빙하는 선수에게 가까이 있을수록 속임수를 더 잘 알아챘다는 사실에도 불구하고 이 샘플의 심판들은 명백한 다이빙에 벌을 가하지 않았다. 왜 심판이 명백한 속임수 행동에 벌주는 것을 망설였는지는 잘 모르지만, 합리적인 의심이 있으면 실수에 관용을 베푸는 경향이 있다는 사실부터 일부 심판은 쓸모없는 개자식들이라는 좀 더 흔한 의견에 이르기까지 설명할 만한 방법은 많다. (우연히도 다이빙에 소급적으로 벌을 주기 시작한 미국과 호주의 축구 리그에서는 눈에 띄게 다이빙 빈도가 줄었다.) 하지만 이 연구에서 심판이 다이빙이 더 흔한 리그에서 다이빙에 더 자주 보상을 해주었다는 추가 결과가 나왔는데, 이것이 왜 이 행동이 이런 리그에서 선수들에게 흔한지를 설명해줄 수 있다. 그웬돌린과 공동 저자들은 선수들이 가장 자주 다이빙을 하는 국제 리그의 이름을 대지 않았지만, 우리 모두 어딘지 잘 알 것이다.

구경꾼 과학의 한계

크리켓 경기, 종합격투기 시합, 농구의 노화, 축구의 다이빙 분석이 현존하는 스포츠 데이터를 이용해서 동물 체계에서 나온 추측을 시험해보는 새롭고 창의적인 방법의 범위를 보여주긴 했지만, 어쨌든 여기에도 한계는 있다. 가장 큰 문제점은 데이터가 특정 가설을 시험하기 위해서 설계된 실험에서 나온 것이 아니라는 부분이다. 과학자들은 항상 실험하는 것을 선호한다. 시스템에 조작을 가하고 조작하지 않은 통제군에서는 관찰되지 않았던 이후의 변화를 관찰하면 우리가 조작한 것과 변화한 것 사이의 상관관계에 확신을 가질 수 있기 때문이다. 제대로 했다면 실험 조건에서 그 상관관계에 어느 정도까지 신뢰를 가질 수 있는지도 추정할 수 있다. 하지만 스포츠 데이터세트는 전적으로 임의적인 것이고 몇몇 경우에 조작과 비슷한 상황을 찾아서(예를 들어 규칙의 변화라든지) 그 결과를 이용할 수도 있지만, 별로 이상적이지는 않다.

이런 스포츠 데이터세트의 임의적 본질은 데이터 분석 면에서도 문제를 일으킨다. 실험 설계의 핵심 부분은 조작을 계획해서 결과가 가능한 한 명료하도록 만드는 것이다. 스포츠 데이터세트 분석은 종종 혼란스러운 여러 가지 변수와 제대로 설계된 실험에서는 나타나지 않는 상관관계들로 휘둘리거나 복잡해진다. 이런 문제 중 몇 가지는 적절한 통계 기술을 사용해서 해결할 수도 있지만, 복잡하고 통제 불가능한 데이터세트를 억지로 끼워 맞춰서는 잘해도 엉뚱한 결과가, 최악의 경우에는 완전히 틀린 결과가 나올 수도 있다. 그러나 엄격하고 풍부한 데이터세트에서 정보로 가득한 핵심 부분만을 짜내기 위해서 통계를 사용하는 것이 실험과 간섭의 멋진 커플링만큼 만족스럽지는 못하다 해도, 어쨌든 이런 노력에는 가치가 있다. 최소한 이렇게 해서 차후에 실험으로 더 엄격하게 조사할 때 가이드 역할을 할 수 있는 새로운 추측을 만들 수 있기 때문이다.

동물의 운동능력 연구법과 사고방식을 인간의 운동능력에 적용하는 것은 우리를 원점으로 되돌아오게 만들었다. 우리의 광범위한 문화적 화려함에도 불구하고 우리는 자연선택의 경계에서 벗어나지도, 우리의 진화적 조상의 손길에서 빠져나가지도 못했다. 동물의 운동능력에 관한 이야기는 먹이를 부수는 가재나 하늘을 나는 뱀만큼이나 우리 자신에 관한 것이기도 하다. 그러니까 작은 곤충부터 커다란 포유류에 이르기까지 운동능력의 본질을 이해하는 것은 결국 우리 자신을 이해하는 것이다.

감사의 글

여러 동료, 공동 연구자들, 친구들이 바쁜 일정에서 기꺼이 시간을 내서 이 책의 각 부분을 읽어주었다. 몇 명은 심지어 전체를 다 읽어주겠다고 자원했다. 아마도 내가 그들에게 그렇게까지 부탁을 못한다는 잘못된 인상을 받아서 그랬던 것이었겠지만 말이다. 그레이엄 알렉산더, 롭 브룩스, 데이비드 캐리어, 맬컴 고든, 레이 휴이, 제리 후삭, 덩컨 어쉭, 조너선 로소스, 어셰이디 밀러, 실라 파텍, 에릭 포스트마, 마이클 세이디, 오언 테레블랜치, 글리니스 윌리엄스, 로비 윌슨에게 여러 장에 대한 조언과 비판, 그리고 책의 질에 관한 좋은 의도의 거짓말에 관해서 고마움을 표하고 싶다. 많은 창피한 실수가 이들의 관찰 덕분에 없어졌는데, 이들이 없었다면 이 책은 몹시 끔찍했을 것이다.

내가 얼굴을 키보드에 처박고 있는 동안에 보내준 논문에도 이메일에도 답을 받지 못했던 나의 공동 연구자들과 학생들에게 수천 번 사과의 말을 전한다. 당신들이 나를 별로 필요로 하지 않아서 그나마 다행이다. 캔디스 바이워터는 데이터를 분석하고(!) 자신의 농게 연구에 관한 질문에 답을 해주기 위해서 유럽 휴가까지 중단했으니, 이에 대해서 정말로 감사한다. 나라면 그렇게 협조적이지 않았을 텐데! 알랭 드장, 타냐 디토, 제리 후삭, 미셸 존슨, 롭 넬, 스탠 린드슈테트, 리앤 리니, 에발트 바이벨은 친절하게도 그들의 사진과 숫자를 사용해도 좋다고 허가해주었다. 모두에게 감사를 표한다.

내가 연구를 끌어다 쓴 수많은 훌륭한 연구자에게 본문 내에서 어떻게 칭찬하는 게 가장 좋을지 꽤 한참 고민했다. 책이 이름과 연구소로 이루어진 장광설이 되는 건 원하지 않았지만, 가끔 내가 잘난 척 들먹이는 연구를 실제로 한 사람들을 강조하는 것이 중요하다고 생각했다. 결국에 나는 다른 많은 것을 할 때와 비슷한 방식으로 하고 말았다. 일관성 없이, 변덕스럽게 말이다. 근사한 연구로 이 책에 도움을 준 많은 동료 여러분, 고맙다. 내가 책에서 제대로 표현했기를 바란다. 또한 처음부터 이 프로젝트를 믿어주었던 나의 에이전트, 불굴의 러셀 게일런에게도 고마움을 표한다. 최고의 원고 교정자 로라 존스 둘리, 그리고 진 톰슨 블랙, 마이클 디닌, 마거릿 오첼, 다른 모든 예일대학교 출판사 여러분의 성실한 작업(과 인내심)에 감사한다!

마지막으로 나의 파트너, 데비 라밀에게 특별히 감사를 표하고 싶다. 그녀가 없었다면 모든 일이 더 빨리 끝났을 것이다.

참고 문헌

전체유기체 운동력의 역학과 생리학에 관한 기본 정보에 관해서 두 권의 정말 훌륭한 참고도서에서 큰 도움을 받았다. R. 맥닐 알렉산더의 《동물 보행의 원리Principles of Animal Locomotion》와 스티븐 보겔Steven Vogel의 《비교 생물역학: 생명의 물리적 세계Comparative Biomechanics: Life's Physical World》이다. (두 권 모두 프린스턴대학 출판사에서 출간되었다.) 두 권 모두 잘 쓰이고, 이 주제에 빠져들 관심과 시간이 있는 모든 사람이 볼 수 있는 책으로 유명하다. (알렉산더의 책이 좀 더 기술적 내용이 많지만 말이다.) 더 상세한 사례 연구에 대해서는 출간되고 동료 비평을 거친 과학 논문과 (아주) 자주 비과학적 출처에 의존했다. 각 장의 주요 참고자료를 아래에 적어둔다. 여러 장에 정보를 제공한 논문들은 출처로 사용된 첫 장에만 적어두었다.

1. 달리기, 점프하기, 물기

Alexander, R. McN., V. A. Langman, and A. S. Jayes. 1977. Fast locomotion of some African ungulates. *Journal of Zoology* 183: 219-300.

Brown, G. P., C. Shilton, B. L. Phillips, and R. Shine. 2007. Invasion, stress, and spinal arthritis in cane toads. *Proceedings of the National Academy of Sciences of the United States of America* 104: 17698-17700.

Christiansen, P., and S. Wroe. 2007. Bite forces and evolutionary adaptations to feeding ecology in carnivores. *Ecology* 88: 347-358.

Coburn, T. A. 2011. *The National Science Foundation: Under the Microscope.*

Dlugosz, E. M., et al. 2013. Phylogenetic analysis of mammalian oxygen consumption during exercise. *Journal of Experimental Biology* 47: 4712-4721.

Gilman, C. A., M. D. Bartlett, G. B. Gillis, and D. J. Irschick. 2012. Total recoil: perch compliance alters jumping performance and kinematics in green anole lizards (*Anolis carolinensis*). *Journal of Experimental Biology* 215: 220-226.

Lailvaux, S. P., et al. 2004. Performance capacity, fighting tactics and the evolution of life-stage male morphs in the green anole lizard (*Anolis carolinensis*). *Proceedings of the Royal Society of London B: Biological Sciences* 271: 2501-2508.

Llewelyn, J., et al. 2010. Locomotor performance in an invasive species: cane toads from the invasion front have greater endurance, but not speed, compared to conspecifi cs from a long-colonised area. *Oecologia* 162: 343-348.

Phillips, B. L., G. P. Brown, J. K. Webb, and R. Shine. 2006. Invasion and the evolution of speed in toads. *Nature* 39: 803.

Wilson, A. M., et al. 2013. Locomotion dynamics of hunting in wild cheetahs. *Nature* 498: 185-192.

2. 잡아먹기와 먹히지 않기

Butler, M. A. 2005. Foraging mode of the chameleon, Bradypodion pumilum: a challenge to the sit-and-wait versus active foraging paradigm? *Biological Journal of the Linnean Society* 84: 797-808.

Crotty, T. L., and B. C. Jayne. 2015. Trade-offs between eating and moving: what happens to the locomotion of slender arboreal snakes when they eat big prey? *Biological Journal of the Linnean Society* 114: 446-458.

FitzGibbon, C. D., and J. H. Fanshawe. 1988. Stotting in Thomson's gazelles: an honest signal of condition. *Behavioral Ecology and Sociobiology* 23: 69-74.

Fu, S., et al. 2009. The behavioural, digestive and metabolic characteristics of fishes with different foraging strategies. *Journal of Experimental Biology*

212: 2296-2302.

Huey, R. B., and E. R. Pianka. 1981. Ecological consequences of foraging mode. *Ecology* 62: 991-999.

Kane, S. A., and M. Zamani. 2014. Falcons pursue prey using visual motion cues: new perspectives from animal-borne cameras. *Journal of Experimental Biology* 217: 225-234.

Leal, M., and J. A. Rodríguez-Robles. 1995. Antipredator responses of *Anolis cristatellus* (Sauria: Polychrotidae). *Copeia* 1995: 155-161.

Leong, T. M., and S. K. Foo. 2009. An encounter with the net-casting spider *Deinopis* species in Singapore (Araneae: Deinopidae). *Nature in Singapore* 2: 247-255.

Losos, J. B., T. W. Schoener, R. B. Langerhans, and D. A. Spiller. 2006. Rapid temporal reversal in predator-driven natural selection. *Science* 314: 1111.

McElroy, E. J., K. L. Hickey, and S. M. Reilly. 2008. The correlated evolution of biomechanics, gait and foraging mode in lizards. *Journal of Experimental Biology* 211: 1029-1040.

McHenry, M. J. 2012. When skeletons are geared for speed: the morphology, biomechanics, and energetics of rapid animal motion. *Integrative and Comparative Biology* 52: 588-596.

Mehta, R. S., and P. C. Wainwright. 2007. Raptorial jaws in the throat help moray eels swallow large prey. *Nature* 449: 79-83.

Miller, L. A., and A. Surlykke. 2001. How some insects detect and avoid being eaten by bats: tactics and countertactics of prey and predator. *BioScience* 51: 570-581.

Neutens, C., et al. 2014. Grasping convergent evolution in syngnathids: a unique tale of tails. *Journal of Anatomy* 224: 710-723.

Patek, S. N., and R. L. Caldwell. 2005. Extreme impact and cavitation forces of a biological hammer: strike forces of the peacock mantis shrimp *Odontodactylus scyllarus*. *Journal of Experimental Biology* 208: 3655-3664.

Patek, S. N., W. L. Korff, and R. L. Caldwell. 2004. Deadly strike mechanism of a mantis shrimp. *Nature* 428: 819-820.

Patek, S. N., J. E. Baio, B. L. Fisher, and A. V. Suarez. 2006. Multifunctionality and mechanical origins: ballistic jaw propulsion in trap-jaw ants. *Proceedings of the National Academy of Sciences of the United States of America* 103: 12787-12792.

Pruitt, J. N. 2010. Differential selection on sprint speed and *ad libitum* feeding behaviour in active vs. sit-and-wait foraging spiders. *Functional Ecology* 24: 392-399.

Robinson, M. H., and B. Robinson. 1971. The predatory behavior of the ogre-faced spider *Dinopis longipes* F. Cambridge (Araneae: Dinopidae). *American Midland Naturalist* 85: 85-96.

Rose, T. A., A. J. Munn, D. Ramp, and P. B. Banks. 2006. Foot-thumping as an alarm signal in macropodoid marsupials: prevalence and hypotheses of function. *Mammal Review* 36: 281-291.

Van Wassenbergh, S. 2013. Kinematics of terrestrial capture of prey by the eel-catfi sh Channallabes *apus. Integrative and Comparative Biology* 53: 258-268.

Van Wassenbergh, S., G. Roos, and L. Ferry. 2011. An adaptive explanation for the horselike shape of seahorses. *Nature Communications* 2:5.

Van Wassenbergh, S., et al. 2006. A catfish that can strike its prey on land. *Nature* 440: 881.

__________________________. 2009. Suction is kid's play: extremely fast suction in newborn seahorses. *Biology Letters* 5: 200-203.

Westneat, M. W. 1991. Linkage biomechanics and evolution of the unique feeding mechanism of *Epibulus insidiator* (Labridae, Teleostei). *Journal of Experimental Biology* 159: 165-184.

3. 연인과 싸움꾼

Allen, J. J., D. Akkaynak, A. K. Schnell, and R. T. Hanlon. 2017. Dramatic fighting by male cuttlefish for a female mate. *American Naturalist* 190: 144-151.

Andersson, M. 1994. *Sexual Selection.* Princeton, NJ: Princeton University Press.

Backwell, P. R. Y., M. D. Jennions, N. Passmore, and J. H. Christy. 1998. Synchronized courtship in fiddler crabs. *Nature* 391: 31-32.

Backwell, P. R. Y., et al. 2000. Dishonest signalling in a fiddler crab. *Proceedings of the Royal Society of London B: Biological Sciences* 267: 719-724.

Bely, A. E., and K. G. Nyberg. 2010. Evolution of animal regeneration: re-emergence of a field. *Trends in Ecology and Evolution* 25: 161-170.

Blackburn, D. C., J. Hanken, and F. A. Jenkins. 2008. Concealed weapons: erectile claws in African frogs. *Biology Letters* 4: 355-357.

Blows, M. W., R. Brooks, and P. G. Kraft. 2003. Exploring complex fitness surfaces: multiple ornamentation and polymorphism in male guppies. *Evolution* 57: 1622-1630.

Bywater, C. L., and R. S. Wilson. 2012. Is honesty the best policy? Testing signal reliability in fiddler crabs when receiver-dependent costs are high. *Functional Ecology* 26: 804-811.

Bywater, C. L., M. J. Angilletta, and R. S. Wilson. 2008. Weapon size is a reliable indicator of strength and social dominance in female slender crayfish (*Cherax dispar*). *Functional Ecology* 22: 311-316.

Emlen, D. J., J. Marangelo, B. Ball, and C. W. Cunningham. 2005. Diversity in the weapons of sexual selection: horn evolution in the beetle genus *Onthophagus* (Coleoptera: Scarabaeidae). *Evolution* 59: 1060-1084.

Hall, M. D., L. McLaren, R. C. Brooks, and S. P. Lailvaux. 2010. Interactions among performance capacities predict male combat outcomes in the field cricket *Teleogryllus commodus*. *Functional Ecology* 24: 159-164.

Husak, J. F., S. F. Fox, and R. A. Van Den Bussche. 2008. Faster male lizards are better defenders not sneakers. *Animal Behaviour* 75: 1725-1730.

Husak, J. F., A. K. Lappin, and R. A. Van Den Bussche. 2009. The fitness advantage of a high-performance weapon. *Biological Journal of the Linnean Society* 96: 840-845.

Husak, J. F., S. F. Fox, M. B. Lovern, and R. A. Van Den Bussche. 2006. Faster lizards sire more offspring: sexual selection on whole-animal performance. *Evolution* 60: 2122-2130.

Husak, J. F., A. K. Lappin, S. F. Fox, and J. A. Lemos-Espinal. 2006. Bite-force performance predicts dominance in male venerable collared lizards (*Crotaphytus antiquus*). *Copeia* 2006: 301-306.

Jacyniak, K. R., R. P. McDonald, and M. K. Vickaryous. 2017. Tail regeneration and other phenomena of wound healing and tissue restoration in lizards. *Journal of Experimental Biology* 220: 2858-2869.

Lailvaux, S. P., and D. J. Irschick. 2006. No evidence for female association with high-performance males in the green anole lizard, *Anolis carolinensis*. *Ethology* 112: 707-715.

______________________________. 2007. The evolution of performance-based male fighting ability in Caribbean *Anolis* lizards. *American Naturalist* 170: 573-586.

Lailvaux, S. P., M. D. Hall, and R. C. Brooks. 2010. Performance is no proxy for genetic quality: trade-offs between locomotion, attractiveness, and life history in crickets. *Ecology* 91: 1530-1537.

Lailvaux, S. P., L. T. Reaney, and P. R. Y. Backwell. 2009. Dishonest signalling of fighting ability and multiple performance traits in the fiddler crab *Uca mjoebergi*. *Functional Ecology* 23: 359-366.

Lailvaux, S. P., J. Hathway, J. Pomfret, and R. J. Knell. 2005. Horn size predicts physical performance in the beetle *Euoniticellus intermedius*. *Functional Ecology* 19: 632-639.

Lappin, A. K., et al. 2006. Gaping displays reveal and amplify a mechanically based index of weapon performance. *American Naturalist* 168: 100-113.

Lee, S., S. Ditko, and A. Simek. 1963. Face to face with ... the Lizard! *Amazing Spider-Man* 6.

McElroy, E. J., C. Marien, J. J. Meyers, and D. J. Irschick. 2007. Do displays send information about ornament structure and male quality in the ornate tree lizard, *Urosaurus ornatus*? *Ethology* 113: 1113-1122.

Meyers, J. J., D. J. Irschick, B. Vanhooydonck, and A. Herrel. 2006. Divergent roles for multiple sexual signals in a polygynous lizard. *Functional Ecology* 20: 709-716.

Mowles, S. L., P. A. Cotton, and M. Briffa. 2010. Whole-organism performance capacity predicts resource-holding potential in the hermit crab *Pagurus bernhardus*. *Animal Behaviour* 80: 277-282.

______________________________. 2011. Flexing the abdominals: do bigger muscles make better fighters? *Biology Letters* 7: 358-360.

Nicoletto, P. F. 1993. Female sexual response to condition-dependent ornaments in the guppy, *Poecilia reticulata*. *Animal Behaviour* 46: 441-450.

____________. 1995. Offspring quality and female choice in the guppy *Poecilia reticulata*. *Animal Behaviour* 49: 377-387.

Pomfret, J. C., and R. J. Knell. 2006. Sexual selection and horn allometry in the dung beetle *Euoniticellus intermedius*. *Animal Behaviour* 71: 567-576.

Postma, E. 2014. A relationship between attractiveness and performance in professional cyclists. *Biology Letters* 10: 20130966.

Reby, D., and K. McComb. 2003. Anatomical constraints generate honesty: acoustic cues to age and weight in the roars of red deer stags. *Animal Behaviour* 65: 519-530.

Snowberg, L. K., and C. W. Benkman. 2009. Mate choice based on a key ecological performance trait. *Journal of Evolutionary Biology* 22: 762-769.

Vanhooydonck, B., A. Y. Herrel, R. Van Damme, and D. J. Irschick. 2005. Does dewlap size predict male bite performance in Jamaican *Anolis* lizards? *Functional Ecology* 19: 38-42.

Wilson, R. S., et al. 2007. Dishonest signals of strength in male slender crayfish (*Cherax dispar*) during agonistic encounters. *American Naturalist* 170: 284-291.

______________. 2010. Females prefer athletes, males fear the disadvantaged: different signals used in female choice and male competition have varied consequences. *Proceedings of the Royal Society B: Biological Sciences* 277: 1923-1928.

4. 여자와 남자

Andrade, M. C. B. 1996. Sexual selection for male sacrifice in the Australian redback spider. *Science* 271: 70-72.

Arnqvist, G., and L. Rowe. 2005. Sexual Conflict. Princeton, NJ: Princeton University Press.

Becker, E., S. Riechert, and F. Singer. 2005. Male induction of female quiescence/catalepsis during courtship in the spider, *Agelenopsis aperta*. *Behaviour* 142: 57-70.

Brodie, E. D. 1989. Behavioral modification as a means of reducing the cost of reproduction. *American Naturalist* 134: 225-238.

Cox, R. M., D. S. Stenquist, J. P. Henningsen, and R. Calsbeek. 2009. Manipulating testosterone to assess links between behavior, morphology, and performance in the brown anole *Anolis sagrei*. *Physiological and Biochemical Zoology* 82: 686-698.

Husak, J. F. 2006. Do female collared lizards change field use of maximal sprint speed capacity when gravid? *Oecologia* 150: 339-343.

Husak, J. F., and D. J. Irschick. 2009. Steroid use and human performance:

lessons for integrative biologists. *Integrative and Comparative Biology* 49: 354-364.

Husak, J. F., G. Ribak, G. S. Wilkinson, and J. G. Swallow. 2011. Compensation for exaggerated eye stalks in stalk-eyed flies (Diopsidae). *Functional Ecology* 25: 608-616.

Husak, J. F., et al. 2013. Effects of ornamentation and phylogeny on the evolution of wing shape in stalk-eyed flies (Diopsidae). *Journal of Evolutionary Biology* 26: 1281-1293.

Huyghe, K., et al. 2009. Effects of testosterone on morphology, performance and muscle mass in a lizard. *Journal of Experimental Zoology Part A: Ecological Genetics and Physiology* 313A: 9-16.

Ketterson, E. D., V. Nolan, and M. Sandell. 2005. Testosterone in females: mediator of adaptive traits, constraint on sexual dimorphism, or both? *American Naturalist* 166: S85-S98.

Miles, D. B., R. Calsbeek, and B. Sinervo. 2007. Corticosterone, locomotor performance, and metabolism in side-blotched lizards (*Uta stansburiana*). *Hormones and Behavior* 51: 548-554.

Mohdin, A. 2015. Zoologger: oral sex may be a life saver for spider. *New Scientist* http:// www.newscientist.com/article/dn26995-zoologger-oral-sex-may-be-a-life-saver-for-spider.html#.VOVrCmR4pCC.

Ramos, M., D. J. Irschick, and T. E. Christenson. 2004. Overcoming an evolutionary conflict: removal of a reproductive organ greatly increases locomotor performance. *Proceedings of the National Academy of Sciences* 101: 4883-4887.

Ramos, M., J. A. Coddington, T. E. Christenson, and D. J. Irschick. 2005. Have male and female genitalia coevolved? A phylogenetic analysis of genitalic morphology and sexual size dimorphism in web-building spiders (Araneae: Araneoidea). *Evolution* 59: 1989-1999.

Ribak, G., and J. G. Swallow. 2007. Free flight maneuvers of stalk-eyed flies: do eye-stalks affect aerial turning behavior? *Journal of Comparative Physiology A: Neuroethology, Sensory, Neural, and Behavioral Physiology* 193: 1065-1079.

Scales, J., and M. Butler. 2007. Are powerful females powerful enough? Acceleration in gravid green iguanas (*Iguana iguana*). *Integrative and Comparative Biology* 47: 285-294.

Seebacher, F., H. Guderley, R. M. Elsey, and P. L. Trosclair. 2003. Seasonal acclimatisation of muscle metabolic enzymes in a reptile (*Alligator mississippiensis*). *Journal of Experimental Biology* 206: 1193-1200.

Shine, R. 2003. Effects of pregnancy on locomotor performance: an experimental study on lizards. *Oecologia* 136: 450-456.

Swallow, J. G., G. S. Wilkinson, and J. H. Marden. 2000. Aerial performance of stalk-eyed flies that differ in eye span. *Journal of Comparative Physiology B* 170: 481-487.

Tarka, M., M. Åkesson, D. Hasselquist, and B. Hansson. 2014. Intralocus sexual conflict over wing length in a wild migratory bird. *American Naturalist* 183: 62-73.

Trivers, R. L. 1972. Parental investment and sexual selection. In *Sexual Selection and the Descent of Man*, 136-179. New York: Aldine de Gruyter.

Veasey, J. S., D. C. Houston, and N. B. Metcalfe. 2001. A hidden cost of reproduction: the trade-off between clutch size and escape take-off speed in female zebra finches. *Journal of Animal Ecology* 70: 20-24.

Warrener, A. G., K. L. Lewton, H. Pontzer, and D. E. Lieberman. 2015. A wider pelvis does not increase locomotor cost in humans, with implications for the evolution of childbirth. *PLoS One* 10: e0118903.

Webb, J. K. 2004. Pregnancy decreases swimming performance of female northern death adders (*Acanthophis praelongus*). *Copeia* 2004: 357-363.

Wells, C. L., and S. A. Plowman. 1983. Sexual differences in athletic performance: biological or behavioral? *Physician and Sportsmedicine* 11: 52-63.

5. 뜨겁고 차갑고

Alexander, R. M. 1989. *Dynamics of Dinosaurs and Other Extinct Giants*. New York: Columbia University Press.

Alonso, P. D., et al. 2004. The avian nature of the brain and inner ear of *Archaeopteryx*. *Nature* 430: 666-669.

Autumn, K., D. Jindrich, D. DeNardo, and R. Mueller. 1999. Locomotor performance at low temperature and the evolution of nocturnality in geckos. *Evolution* 53: 580-599.

Bakker, R. T. 1986. *The Dinosaur Heresies*. New York: Citadel Press.

Bennett, A. F., and J. A. Ruben. 1979. Endothermy and activity in vertebrates. *Science* 206: 649-654.

Chown, S. L., and S. W. Nicolson. 2004. *Insect Physiological Ecology: Mechanisms and Patterns*. Oxford: Oxford University Press.

Condon, C. H. L., and R. S. Wilson. 2006. Effect of thermal acclimation on female resistance to forced matings in the eastern mosquitofish. *Animal Behaviour* 72: 585-593.

Cowles, R. B. 1958. Possible origin of dermal temperature regulation. *Evolution* 12: 347-357.

Dial, K. P., B. E. Jackson, and P. Segre. 2008. A fundamental avian wing-stroke provides a new perspective on the evolution of flight. *Nature* 451: 985-983.

Else, P. L., and A. J. Hulbert. 1987. Evolution of mammalian endothermic metabolism: "leaky" membranes as a source of heat. *American Journal of Physiology: Regulatory, Integrative and Comparative Physiology* 253: R1-R7.

Feduccia, A. 1993. Evidence from claw geometry indicating arboreal habits of *Archaeopteryx*. *Science* 259: 790-793.

Gamble, T., et al. 2012. Repeated origin and loss of adhesive toepads in geckos. *PloS One* 7: e39429.

Gomes, F. R., C. R. Bevier, and C. A. Navas. 2002. Environmental and physiological factors influence antipredator behavior in *Scinax hiemalis* (Anura: Hylidae). *Copeia* 2002: 994-1005.

Grady, J. M., et al. 2014. Evidence for mesothermy in dinosaurs. *Science* 344: 1268-1272.

Gunn, D. L. 1933. The temperature and humidity relations of the cockroach (Blatta orientalis). *Journal of Experimental Biology* 10: 274-285.

Gunn, D. L., and C. A. Cosway. 1938. The temperature and humidity relations of the cockroach. *Journal of Experimental Biology* 15: 555-563.

Heinrich, B. 2013. *The Hot-Blooded Insects: Strategies and Mechanisms of Thermoregulation*. Berlin: Springer.

Herrel, A., R. S. James, and R. Van Damme. 2007. Fight versus flight: physiological basis for temperature-dependent behavioral shifts in lizards. *Journal of Experimental Biology* 210: 1762-1767.

Hertz, P. E., R. B. Huey, and E. Nevo. 1982. Fight versus flight: body temperature influences defensive responses of lizards. *Animal Behaviour* 30: 676-679.

Hetem, R., et al. 2013. Cheetah do not abandon hunts because they overheat. *Biology Letters* 9: 20130472.

Huey, R. B., and A. F. Bennett. 1987. Phylogenetic studies of coadaptation: preferred temperatures versus optimal performance temperatures of lizards. *Evolution* 41: 1098-1115.

Huey, R. B., and M. Slatkin. 1976. Costs and benefits of lizard thermoregulation. *Quarterly Review of Biology* 51: 363-384.

Huey, R. B., P. H. Niewiarowski, J. Kaufman, and J. C. Herron. 1989. Thermal biology of nocturnal ectotherms: is sprint performance of geckos maximal at low body temperatures? *Physiological Zoology* 62: 488-504.

Hulbert, A. J., and P. L. Else. 2000. Mechanisms underlying the cost of living in animals. *Annual Review of Physiology* 62: 207-235.

Kingsolver, J. G. 1985. Butterfly thermoregulation: organismic mechanisms and population consequences. *Journal of Research on the Lepidoptera* 24: 1-20.

Kramer, A. E. 1968. Motor patterns during flight and warm-up in Lepidoptera. *Journal of Experimental Biology* 48: 89-109.

Krogh, A., and E. Zeuthen. 1941. The mechanism of flight preparation in some insects. *Journal of Experimental Biology* 18: 1-10.

Lailvaux, S. P., G. J. Alexander, and M. J. Whiting. 2003. Sex-based differences and similarities in locomotor performance, thermal preferences, and escape behaviour in the lizard Platysaurus intermedius wilhelmi. *Physiological and Biochemical Zoology* 76: 511-521.

Martin, T. L., and R. B. Huey. 2008. Why "suboptimal" is optimal: Jensen's inequality and ectotherm thermal preferences. *American Naturalist* 171: E102-E118.

McNab, B. K. 2002. *The Physiological Ecology of Vertebrates: A View from Energetics*. Ithaca, NY: Comstock.

Pearson, O. P. 1954. Habits of the lizard *Liolaemus multiformis multiformis* at high altitudes in southern Peru. *Copeia* 1954: 111-116.

Pontzer, P., V. Allen, and J. R. Hutchinson. 2009. Biomechanics of running indicates endothermy in bipedal dinosaurs. *PLoS One* 4: e7783.

Ruben, J. 1991. Reptilian physiology and the flight capacity of *Archaeopteryx*. *Evolution* 45: 1-17.

Schaeffer, P. J., K. E. Conley, and S. L. Lindstedt. 1996. Structural correlates of speed and endurance in skeletal muscle: the rattlesnake tailshaker muscle. *Journal of Experimental Biology* 199: 351-358.

Seebacher, F., G. C. Grigg, and L. A. Beard. 1999. Crocodiles as dinosaurs: behavioural thermoregulation in very large ectotherms leads to high and stable body temperatures. *Journal of Experimental Biology* 202: 77-86.

Sellers, W. I., and P. L. Manning. 2007. Estimating dinosaur maximum running speeds using evolutionary robotics. *Proceedings of the Royal Society of London B: Biological Sciences* 274: 2711-2716.

Sellers, W. I., et al. 2017. Investigating the running abilities of *Tyrannosaurus rex* using stress-constrained multibody dynamic analysis. *PeerJ* 5: e3402.

Seymour, R. 2013. Maximal aerobic and anaerobic power generation in large crocodiles versus mammals: implications for dinosaur gigantothermy. *PLoS One* 8: e69361.

Shine, R., M. Wall, T. Langkilde, and R. T. Mason. 2005. Battle of the sexes: forcibly inseminating male garter snakes target courtship to more vulnerable females. *Animal Behaviour* 70: 1133-1140.

Shipman, P. 1998. *Taking Wing: Archaeopteryx and the Evolution of Bird Flight.* New York: Simon and Schuster.

Spotila, J. R., M. P. O'Connor, P. Dodson, and F. V. Paladino. 1991. Hot and cold running dinosaurs: body size, metabolism, and migration. *Modern Geology* 16: 203-227.

Taylor, C. R., and V. J. Rowntree. 1973. Temperature regulation and heat balance in running cheetahs: a strategy for sprinters? *American Journal of Physiology* 224: 848-851.

Wilson, R. S., C. H. L. Condon, and I. A. Johnston. 2007. Consequences of thermal acclimation for the mating behaviour and swimming performance of female mosquito fish. *Philosophical Transactions of the Royal Society B: Biological Sciences* 362: 2131-2139.

6. 모양과 형태

Arnold, S. J. 1983. Morphology, performance, and fitness. *American Zoology* 23: 347-361.

Biewener, A. A. 2003. *Animal Locomotion.* Oxford: Oxford University Press.

Blob, R. W., R. Rai, M. L. Julius, and H. L. Schoenfuss. 2006. Functional diversity in extreme environments: effects of locomotor style and substrate texture on the waterfall-climbing performance of Hawaiian gobiid fishes. *Journal of Zoology* 268: 315-324.

Bomphrey, R. J., T. Nakata, N. Philips, and S. M. Walker. 2017. Smart wing rotation and trailing-edge vortices enable high frequency mosquito flight. *Nature* 544: 92-95.

Bonine, K. E., and T. Garland. 1999. Sprint performance of phrynosomatid lizards, measured on a high-speed treadmill, correlates with hindlimb length. *Journal of Zoology* 248: 255-265.

Clifton, G. T., T. L. Hedrick, and A. A. Biewener. 2015. Western and Clark's grebes use novel strategies for running on water. *Journal of Experimental Biology* 218: 1235-1243.

D'Amore, D. C., K. Moreno, C. R. McHenry, and S. Wroe. 2011. The effects of biting and pulling on the forces generated during feeding in the Komodo dragon (*Varanus komodoensis*). *PLoS One* 6: e26226.

Davenport, J. 1994. How and why do flying fish fly? *Reviews in Fish Biology and Fisheries* 4: 184-214.

Dickinson, M. H., et al. 2000. How animals move: an integrative view. *Science* 288: 100-106.

Dudley, R., et al. 2007. Gliding and the functional origins of flight: biomechanical novelty or necessity? *Annual Review of Ecology, Evolution, and Systematics* 38: 179-201.

Flammang, B. E., A. Suvarnaraksha, J. Markiewicz, and D. Soares. 2016. Tetrapod-like pelvic girdle in a walking cavefish. *Scientific Reports* 6: 23711.

Fry, B. G., et al. 2009. A central role for venom in predation by *Varanus komodoensis* (Komodo dragon) and the extinct giant *Varanus* (*Megalania*) *priscus*. *Proceedings of the National Academy of Sciences* 106: 8969-8974.

Gilbert, C. 1997. Visual control of cursorial prey pursuit by tiger beetles

(Cicindelidae). *Journal of Comparative Physiology A* 181: 217-230.

Glasheen, J. W., and T. A. McMahon. 1996a. Size-dependence of water-running ability in basilisk lizards (*Basiliscus basiliscus*). *Journal of Experimental Biology* 199: 2611-2618.

______________________________. 1996b. A hydrodynamic model of locomotion in the basilisk lizard. *Nature* 380: 340-342.

Harpole, T. 2005. Falling with the falcon. *Air and Space Magazine* http://www.air spacemag.com/fl ight-today/falling-with-the-falcon-7491768/?no-ist=&page=1.

Hoyt, J. W. 1975. Hydrodynamic drag reduction due to fish slimes. In *Swimming and Flying in Nature*, vol. 2, ed. T. Wu, 653-672. Berlin: Springer.

Hudson, P. E., et al. 2011. Functional anatomy of the cheetah (*Acinonyx jubatus*). *Journal of Anatomy* 218: 375-385.

Humphrey, J. A. C. 1987. Fluid mechanic constraints on spider ballooning. *Oecologia* 73: 469-477.

Hutchinson, J. R., D. Famini, R. Lair, and R. Kram. 2003. Are fast-moving elephants really running? *Nature* 422: 493-494.

Jenkins, A. R. 1995. Morphometrics and flight performance of southern African peregrine and lanner falcons. *Journal of Avian Biology* 26: 49-58.

Johansson, F., M. Söderquist, and F. Bokma. 2009. Insect wing shape evolution: independent effects of migratory and mate guarding flight on dragonfly wings. *Biological Journal of the Linnean Society* 97: 362-372.

Krausman, P. R., and S. M. Morales. 2005. *Acinonyx jubatus*. *Mammalian Species* 771: 1-6.

Laybourne, R. C. 1974. Collision between a vulture and an aircraft at an altitude of 37,000 feet. *Wilson Bulletin* 86: 461-462.

Lentink, D., et al. 2007. How swifts control their glide performance with morphing wings. *Nature* 446: 1082-1085.

McGuire, J. A., and R. Dudley. 2005. The cost of living large: comparative gliding performance in flying lizards (Agamidae: *Draco*). *American Naturalist* 166: 93-106.

Miles, D. B., L. A. Fitzgerald, and H. L. Snell. 1995. Morphological correlates of locomotor performance in hatchling *Amblyrhynchus cristatus*. *Oecologia* 103: 261-264.

Myers, M. J., and K. Steudel. 1985. Effect of limb mass and its distribution on the energetic cost of running. *Journal of Experimental Biology* 116: 363-373.

Ropert-Coudert, Y., et al. 2004. Between air and water: the plunge dive of the Cape Gannet *Morus capensis*. *Ibis* 146: 281-290.

Sagong, W., W. Jeon, and H. Choi. 2013. Hydrodynamic characteristics of the sailfish (*Istiophorus platypterus*) and swordfish (*Xiphias gladius*). *PLoS One* 8: e81323.

Sharp, N. C. C. 2012. Animal athletes: a performance review. *Veterinary Record* 171: 87-94.

Socha, J. J. 2002. Gliding flight in the paradise tree snake. *Nature* 418: 603-604.

Socha, J. J, T. O'Dempsey, and M. LaBarbera. 2008. A 3-D kinematic analysis of gliding in a flying snake, *Chrysopelea paradisi*. *Journal of Experimental Biology* 208: 1817-1833.

Svendsen, M. B. S., et al. 2016. Maximum swimming speeds of sailfish and three other large marine predatory fish species based on muscle contraction time and stride length: a myth revisited. *Biology Open* 5: 1415-1419.

Van Valkenburgh, B., et al. 2004. Respiratory turbinates of canids and felids: a quantitative comparison. *Journal of Zoology* 264: 281-293.

Videler, J. J. 2006. *Avian Flight*. Oxford: Oxford University Press.

Videler, J. J., et al. 2016. Lubricating the swordfish head. *Journal of Experimental Biology* 219: 1953-1956.

Wang, L., et al. 2011. Why do woodpeckers resist head impact injury? A biomechanical investigation. *PLoS One* 6: e26490.

Wassersug, R. J., et al. 2005. The behavioral responses of amphibians and reptiles to microgravity on parabolic flights. *Zoology* 108: 107-120.

Wen, L., J. C. Weaver, and G. V. Lauder. 2014. Biomimetic shark skin: design, fabrication, and hydrodynamic function. *Journal of Experimental Biology* 217: 1656-1666.

Williams, T. M., et al. 1997. Skeletal muscle histology and biochemistry of an elite sprinter, the African cheetah. *Journal of Comparative Physiology B* 167: 527-535.

Wojtusiak, J., E. J. Godzínska, and A. Dejean. 1995. Capture and retrieval of very large prey by workers of the African weaver ant, *Oecophylla longinoda*. *Tropical Zoology* 8: 309-318.

Yafetto, L., et al. 2008. The fastest flights in nature: high-speed spore discharge mechanisms among fungi. *PLoS One* 3: e3237.

Young, J., et al. 2009. Details of insect wing design and deformation enhance aerodynamic function and flight efficiency. *Science* 325: 1549-1552.

7. 한계와 제약

Abe, T., K. Kumagai, and W. F. Brechue. 2000. Fascicle length of leg muscles is greater in sprinters than distance runners. *Medicine and Science in Sports and Exercise* 32: 1125-1129.

Alexander, R. M. 1991. It may be better to be a wimp. *Nature* 353: 696.

Bayley, T. G., G. P. Sutton, and M. Burrows. 2012. A buckling region in locust hindlegs contains resilin and absorbs energy when jumping or kicking goes wrong. *Journal of Experimental Biology* 215: 1151-1161.

Biewener, A. A. 2016. Locomotion as an emergent property of muscle contractile dynamics. *Journal of Experimental Biology* 218: 285-294.

Bro-Jørgensen, J. 2013. Evolution of sprint speed in African savannah herbivores in relation to predation. *Evolution* 67: 3371-3376.

Burrows, M. 2003. Froghopper insects leap to new heights. *Nature* 424: 509.

Burrows, M., S. R. Shaw, and G. P. Sutton. 2008. Resilin and chitinous cuticle form a composite structure for energy storage in jumping by froghopper insects. *BMC Biology* 6: 16.

Byers, J. A. 2003. *Built for Speed: A Year in the Life of Pronghorn*. Cambridge, MA: Harvard University Press.

Carrier, D. R. 2002. Functional trade-offs in specialization for fighting versus running. In *Topics in Functional and Ecological Vertebrate Morphology*, ed. P. Aerts, K. D'Août, A. Herrel, and R. Van Damme, 235-255. Maastricht: Shaker.

___________. 1996. Ontogenetic limits on locomotor performance. *Physiological Zoology* 69: 467-488.

Costello, D. F. 1969. *The Prairie World*. New York: Thomas Y. Crowell.

Cullen, J. A., T. Maie, H. L. Schoenfuss, and R. W. Blob. 2013. Evolutionary novelty versus exaptation: oral kinematics in feeding versus climbing in the waterfall-climbing Hawaiian goby *Sicyopterus stimpsoni*. *PLoS One* 8: e53274.

Curry, J. W., R. Hohl, T. D. Noakes, and T. A. Kohn. 2012. High oxidative capacity and type IIx fibre content in springbok and fallow deer skeletal muscle suggest fast sprinters with a resistance to fatigue. *Journal of Experimental Biology* 215: 3997-4005.

Deban, S. M., and J. A. Scales. 2016. Dynamics and thermal sensitivity of ballistic and non-ballistic feeding in salamanders. *Journal of Experimental Biology* 219: 431-444.

de Groot, J. H., and J. L. van Leeuwen. 2004. Evidence for an elastic projection mechanism in the chameleon tongue. *Proceedings of the Royal Society B: Biological Sciences* 271: 761-770.

Farley, C. T. 1997. Maximum speed and mechanical power output in lizards. *Journal of Experimental Biology* 200: 2189-2195.

Hedenström, A., et al. 2016. Annual 10-month aerial life phase in the common swift *Apus apus*. *Current Biology* 26: 3066-3070.

Heers, A. M., and K. P. Dial. 2015. Wings versus legs in the avian *bauplan*: development and evolution of alternative locomotor strategies. *Evolution* 69: 305-320.

Hudson, P. E., et al. 2011. Functional anatomy of the cheetah (*Acinonyx jubatus*). *Journal of Anatomy* 218: 363-374.

Husak, J. F., and S. F. Fox. 2006. Field use of maximal sprint speed by collared lizards. (*Crotaphytus collaris*): compensation and sexual selection. *Evolution* 60: 1888-1895.

Iosilevskii, G., and D. Weihs. 2008. Speed limits on swimming of fishes and cetaceans. *Journal of the Royal Society Interface* 5: 329-338.

Irschick, D. J., and J. B. Losos. 1999. Do lizards avoid habitats in which performance is submaximal? The relationship between sprinting capabilities and structural habitat use in Caribbean anoles. *American Naturalist* 154: 298-305.

Irschick, D. J., B. Vanhooydonck, A. Herrel, and A. Andronescu. 2003. The effects of loading and size on maximum power output and gait characteristics in geckos. *Journal of Experimental Biology* 206: 3923-3934.

Killen, S. S., J. J. H. Nati, and C. D. Suski. 2015. Vulnerability of individual fish to capture by trawling is influenced by capacity for anaerobic metabolism. *Proceedings of the Royal Society of London B: Biological Sciences* 282: 20150603.

Kohn, T. A., J. W. Curry, and T. D. Noakes. 2011. Black wildebeest skeletal muscle exhibits high oxidative capacity and a high proportion of type

IIx fibres. *Journal of Experimental Biology* 214: 4041-4047.

Kropff, E., J. E. Carmichael, M. Moser, and E. I. Moser. 2015. Speed cells in the medial entorhinal cortex. *Nature* 523: 419-424.

Lindstedt, S. L., et al. 1991. Running energetics in the pronghorn antelope. *Nature* 353: 748-750.

Losos, J. B., and B. Sinervo. 1989. The effects of morphology and perch diameter on sprint performance of Anolis lizards. *Journal of Experimental Biology* 145: 23-30.

Marsh, R. L., and A. F. Bennett. 1986. Thermal dependence of sprint performance of the lizard *Sceloporus occidentalis*. *Journal of Experimental Biology* 126: 79-87.

McKean, T., and B. Walker. 1974. Comparison of selected cardiopulmonary parameters between the pronghorn and the goat. *Respiration Physiology* 21: 365-370.

Noakes, T. D. 2011. Time to move beyond a brainless exercise physiology: the evidence for complex regulation of human exercise performance. *Applied Physiology, Nutrition, and Metabolism* 36: 23-35.

Pasi, B. M., and D. R. Carrier. 2003. Functional trade-offs in the limb muscles of dogs selected for running vs. fighting. *Journal of Evolutionary Biology* 16: 324-332.

Quillin, K. J. 2000. Ontogenetic scaling of burrowing forces in the earthworm *Lumbricus terrestris*. *Journal of Experimental Biology* 203: 2757-2770.

Vanhooydonck, B., R. Van Damme, and P. Aerts. 2001. Speed and stamina trade-off in lacertid lizards. *Evolution* 55: 1040-1048.

Vanhooydonck, B., et al. 2014. Is the whole more than the sum of its parts? Evolutionary trade-offs between burst and sustained locomotion in lacertid lizards. *Proceedings of the Royal Society B: Biological Sciences* 281: 10.

Wainwright, P. C., M. E. Alfaro, D. I. Bolnick, and C. D. Hulsey. 2005. Manyto-one mapping of form to function: a general principle in organismal design? *Integrative and Comparative Biology* 45: 256-262.

Wakeling, J. M., and I. A. Johnston. 1998. Muscle power output limits fast-start performance in fish. *Journal of Experimental Biology* 201: 1505-1526.

Watanabe, Y. Y., et al. 2011. Poor flight performance in deep-diving cormorants. *Journal of Experimental Biology* 214: 412-421.

Weir, J. P., T. W. Beck, J. T. Cramer, and T. J. Housh. 2006. Is fatigue all in your head? A critical review of the central governor model. *British Journal of Sports Medicine* 40: 573-586.

Wilson, R. S., J. F. Husak, L. G. Halsey, and C. J. Clemente. 2015. Predicting the movement speeds of animals in natural environments. *Integrative and Comparative Biology* 55: 1125-1141.

Williams, S. B., et al. 2008. Functional anatomy and muscle moment arms of the pelvic limb of an elite sprinting athlete: the racing greyhound (*Canis familiaris*). *Journal of Anatomy* 213: 361-372.

Wolfman, M., and G. Pérez. 1985. A flash of lightning. *Crisis on Infinite Earths* 8. DC Comics.

8. 죽음과 세금

Au, D., and D. Weihs. 1980. At high speeds dolphins save energy by leaping. *Nature* 284: 548-550.

Bailey, I., J. P. Myatt, and A. M. Wilson. 2013. Group hunting within the Carnivora: physiological, cognitive and environmental influences on strategy and cooperation. *Behavioral Ecology and Sociobiology* 67: 1-17.

Baker, A. B., and Y. Q. Tang. 2010. Aging performance for masters records in athletics, swimming, rowing, cycling, triathlon, and weightlifting. *Experimental Aging Research* 36: 453-477.

Biewener, A. A., D. D. Konieczynski, and R. V. Baudinette. 1998. In vivo muscle force-length behavior during steady-speed hopping in tammar wallabies. *Journal of Experimental Biology* 201: 1681-1694.

Bronikowski, A. M., T. J. Morgan, T. Garland, and P. A. Carter. 2006. The evolution of aging and age-related physical decline in mice selectively bred for high voluntary exercise. *Evolution* 60: 1494-1508.

Cespedes, A. M., and S. P. Lailvaux. 2015. An individual-based simulation approach to the evolution of locomotor performance. *Integrative and Comparative Biology* 55: 1176-1187.

Cespedes, A., C. M. Penz, and P. DeVries. 2014. Cruising the rain forest floor: butterfly wing shape evolution and gliding in ground effect. *Journal of Animal Ecology* 84: 808-816.

Chatfield, M. W. H., et al. 2013. Fitness consequences of infection by *Batrachochytrium dendrobatidis* in northern leopard frogs (*Lithobates pipiens*). *EcoHealth* 10: 90-98.

Dawson, T. J., and C. R. Taylor. 1973. Energetic cost of locomotion in kangaroos. *Nature* 246: 313-314.

Garland, T. 1983. Scaling the ecological cost of transport to body mass in terrestrial animals. *American Naturalist* 121: 571-587.

Hämäläinen, A., M. Dammhahn, F. Aujard, and C. Kraus. 2015. Losing grip: senescent decline in physical strength in a small-bodied primate in captivity and in the wild. *Experimental Gerontology* 61: 54-61.

Higham, T. E., and D. J. Irschick. 2013. Springs, steroids, and slingshots: the roles of enhancers and constraints in animal movement. *Journal of Comparative Physiology B: Biochemical, Systemic, and Environmental Physiology* 183: 583-595.

Hubel, T. Y., et al. 2016. Energy cost and return for hunting in African wild dogs and cheetahs. *Nature Communications* 7: doi 10.1038/ncomms11034.

Hunt, J., et al. 2004. High-quality male field crickets invest heavily in sexual display but die young. *Nature* 432: 1024-1027.

Husak, J. F. 2006. Does speed help you survive? A test with collared lizards of different ages. *Functional Ecology* 20: 174–179.

Husak, J. F., H. A. Ferguson, and M. B. Lovern. 2016. Trade-offs among locomotor performance, reproduction and immunity in lizards. *Functional Ecology* 30: 1665–1674.

Husak, J. F., A. R. Keith, and B. N. Wittry. 2015. Making Olympic lizards: the effects of specialised exercise training on performance. *Journal of Experimental Biology* 218: 899–906.

Killen, S. S., D. P. Croft, K. Salin, and S. K. Darden. 2016. Male sexually coercive behaviour drives increased swimming efficiency in female guppies. *Functional Ecology* 30: 576–583.

Kogure, Y., et al. 2016. European shags optimize their flight behaviour according to wind conditions. *Journal of Experimental Biology* 219: 311–318.

Lailvaux, S. P., and J. F. Husak. 2014. The life-history of whole-organism performance. *Quarterly Review of Biology* 89: 285–318.

Lailvaux, S. P., R. L. Gilbert, and J. R. Edwards. 2012. A performance-based cost to honest signaling in male green anole lizards (*Anolis carolinensis*). *Proceedings of the Royal Society of London B: Biological Sciences* 279: 2841–2848.

Lailvaux, S. P., F. Zajitschek, J. Dessman, and R. Brooks. 2011. Differential aging of bite and jump performance in virgin and mated *Teleogryllus commodus* crickets. *Evolution* 65: 3138–3147.

Lane, S. J., W. A. Frankino, M. M. Elekonich, and S. P. Roberts. 2014. The effects of age and lifetime flight behavior on flight capacity in *Drosophila melanogaster*. *Journal of Experimental Biology* 217: 1437–1443.

Magurran, A. E. 2005. *Evolutionary Ecology: The Trinidadian Guppy*. Oxford: Oxford University Press.

Marden, J. H. 1987. Maximum lift production during takeoff in flying animals. *Journal of Experimental Biology* 130: 235–258.

Murphy, K., P. Travers, and M. Walport. 2008. *Immunobiology*, 7th ed. New

York: Garland.

Payne, N. L., et al. 2016. Great hammerhead sharks swim on their side to reduce transport costs. *Nature Communications* 7: 12289.

Pinshow, B., M. A. Fedak, and K. Schmidt-Nielsen. 1977. Terrestrial locomotion in penguins: it costs more to waddle. *Science* 195: 592-594.

Portugal, S. J., et al. 2014. Upwash exploitation and downwash avoidance by flap phasing in ibis formation flight. *Nature* 505: 399-402.

Reaney, L. T., and R. J. Knell. 2015. Building a beetle: how larval environment leads to adult performance in a horned beetle. *PLoS One* 10: e0134399.

Reznick, D. N., et al. 2004. Effect of extrinsic mortality on the evolution of senescence in guppies. *Nature* 431: 1095-1099.

Roberts, T. J., R. L. Marsh, P. G. Weyand, and C. R. Taylor. 1997. Muscular force in running turkeys: the economy of minimizing work. *Science* 275: 1113-1115.

Royle, N. J., J. Lindstrom, and N. B. Metcalfe. 2006. Effect of growth compensation on subsequent physical fitness in green swordtails *Xiphophorus helleri*. *Biology Letter*s 2: 39-42.

Royle, N. J., N. B. Metcalfe, and J. Lindström. 2006. Sexual selection, growth compensation and fast-start swimming performance in green swordtails, *Xiphophorus heller*i. *Functional Ecolog*y 20: 662-669.

Rusli, M. U., D. T. Booth, and J. Joseph. 2016. Synchronous activity lowers the energetic cost of nest escape for sea turtle hatchlings. *Journal of Experimental Biology* 219: 1505-1513.

Spencer, R. J., M. B. Thompson, and P. Banks. 2001. Hatch or wait? A dilemma in reptilian incubation. *Oikos* 93: 401-406.

Ward, P. I., and M. M. Enders. 1985. Conflict and cooperation in the group feeding of the social spider *Stegodyphus mimosarum*. *Behaviour* 94: 167-182.

Weihs, D. 2002. Dynamics of dolphin porpoising revisited. *Integrative and*

Comparative Biology 42: 1071-1078.

Williams, T. M., et al. 1992. Travel at low energetic cost by swimming and wave-riding bottlenose dolphins. *Nature* 355: 821-823.

__________________. 2014. Instantaneous energetics of puma kills reveal advantage of felid sneak attacks. *Science* 346: 81-85.

Wilson, R. P., B. Culik, D. Adelung, N. R. Coria, and H. J. Spairani. 1991. To slide or stride: when should Adelie penguins (*Pygoscelis adeliae*) toboggan? *Canadian Journal of Zoology* 69: 221-225.

Wyneken, J., and M. Salmon. 1992. Frenzy and postfrenzy swimming activity in loggerhead, green, and leatherback hatchling sea turtles. *Copeia* 1992: 478-484.

Zamora-Camacho, F. J., S. Reguera, M. V. Rubiño-Hispán, and G. Moreno-Rueda. 2015. Eliciting an immune response reduces sprint speed in a lizard. *Behavioral Ecology* 26: 115-120.

9. 선천성과 후천성

Berwaerts, K., E. Matthysen, and H. Van Dyck. 2008. Take-off flight performance in the butterfly *Pararge aegeria* relative to sex and morphology: a quantitative genetic assessment. *Evolution* 62: 2525-2533.

Blows, M. W., et al. 2015. The phenome-wide distribution of genetic variance. *American Naturalist* 186: 15-30.

Bouchard, C., T. Rankinen, and J. A. Timmons. 2011. Genomics and genetics in the biology of adaptation to exercise. *Comprehensive Physiology* 1: 1603-1648.

Boyle, E. A., Y. I. Li, and J. K. Pritchard. 2017. An expanded view of complex traits: from polygenic to omnigenic. *Cell* 169: 1177-1186.

Brau, L., S. Nikolovski, T. N. Palmer, and P. A. Fournier. 1999. Glycogen repletion following burst activity: a carbohydrate-sparing mechanism in animals adapted to arid environments? *Journal of Experimental Zoology* 284: 271-275.

Cullum, A. J. 1997. Comparisons of physiological performance in sexual and asexual whiptail lizards (genus *Cnemidophorus*): implications for the role of heterozygosity. *American Naturalist* 150: 24-47.

Denton, R. D., K. R. Greenwald, and H. L. Gibbs. 2017. Locomotor endurance predicts differences in realized dispersal between sympatric sexual and unisexual salamanders. *Functional Ecology* 31: 915-926.

Ginot, S., J. Claude, J. Perez, and F. Veyrunes. 2017. Sex reversal induces size and performance differences among females of the African pygmy mouse, *Mus minutoides*. *Journal of Experimental Biology* 220: 1947-1951.

Higgie, M., S. Chenoweth, and M. W. Blows. 2000. Natural selection and the reinforcement of mate recognition. *Science* 290: 519-521.

Kearney, M., R. Wahl, and K. Autumn. 2005. Increased capacity for sustained locomotion at low temperature in parthenogenetic geckos of hybrid origin. *Physiological and Biochemical Zoology* 78: 316-324.

Le Galliard J., J. Clobert, and R. Ferrière. 2004. Physical performance and Darwinian fitness in lizards. *Nature* 432: 502-505.

Marden, J. H., et al. 2013. Genetic variation in HIF signaling underlies quantitative variation in physiological and life-history traits within lowland butterfly populations. *Evolution* 67: 1105-1115.

McKenzie, E., et al. 2005. Recovery of muscle glycogen concentrations in sled dogs during prolonged exercise. *Medicine and Science in Sports and Exercise* 37: 1307-1312.

Mee, J. A., C. J. Brauner, and E. B. Taylor. 2011. Repeat swimming performance and its implications for inferring the relative fitness of asexual hybrid dace (Pisces: *Phoxinus*) and their sexually reproducing parental species. *Physiological and Biochemical Zoology* 84: 306-315.

Raichlen, D. A., and A. D. Gordon. 2011. Relationship between exercise capacity and brain size in mammals. *PLoS One* 6: e20601.

Rhodes, J. S., S. C. Gammie, and T. Garland. 2005. Neurobiology of mice selected for high voluntary wheel-running activity. *Integrative and Comparative Biology* 45: 438–455.

Saglam, I. K., D. A. Roff, and D. J. Fairbairn. 2008. Male sand crickets trade-off flight capability for reproductive potential. *Journal of Evolutionary Biology* 21: 997–1004.

Sharman, P., and A. J. Wilson. 2015. Racehorses are getting faster. *Biology Letters* 11: 20150310.

Sorci, G., J. G. Swallow, T. Garland, and J. Clobert. 1995. Quantitative genetics of locomotor speed and endurance in the lizard *Lacerta vivipara*. *Physiological Zoology* 68: 698–720.

Storz, J. F., J. T. Bridgham, S. A. Kelly, and T. Garland. 2015. Genetic approaches in comparative and evolutionary physiology. *American Journal of Physiology: Regulatory, Integrative and Comparative Physiology* 309: R197–R214.

10. 쥐와 사람

Adusumilli, P. S., et al. 2004. Left-handed surgeons: are they left out? *Current Surgery* 61: 587–591.

Brooks, R., L. F. Bussière, M. D. Jennions, and J. Hunt. 2004. Sinister strategies succeed at the cricket World Cup. *Proceedings of the Royal Society of London B: Biological Sciences* 271: S64–S66.

Carrier, D. R. 1984. The energetic paradox of human running and hominid evolution. *Current Anthropology* 24: 483–495.

Carrier, D. R., and M. H. Morgan. 2015. Protective buttressing of the hominin face. *Biological Reviews* 90: 330–346.

Carrier, D. R., S. M. Deban, and J. Otterstrom. 2002. The face that sank the

Essex: potential function of the spermaceti organ in aggression. *Journal of Experimental Biology* 205: 1755-1763.

Coren, S., and D. F. Halpern. 1991. Left-handedness: a marker for decreased survival fitness. *Psychological Bulletin* 109: 90-106.

David, G. K., et al. 2012. Receivers limit the prevalence of deception in humans: evidence from diving behaviour in soccer players. *PLoS One* 6: e26017.

Faurie, C., and M. Raymond. 2005. Handedness, homicide and negative frequency-dependent selection. *Proceedings of the Royal Society of London B: Biological Sciences* 272: 25-28.

Grouios, G., H. Tsorbatzoudis, K. Alexandris, and V. Barkoukis. 2000. Do left-handed competitors have an innate superiority in sports? *Perceptual and Motor Skills* 90: 1273-1282.

Lailvaux, S. P., R. S. Wilson, and M. M. Kasumovic. 2014. Trait compensation and sex-specific aging of performance in male and female professional basketball players. *Evolution* 68: 1523-1532.

Liebenberg, L. 2008. The relevance of persistence hunting to human evolution. *Journal of Human Evolution* 55: 1156-1159.

Lieberman, D. E., and D. M. Bramble. 2007. The evolution of marathon running: capabilities in humans. *Sports Medicine* 37: 288-290.

Lieberman, D. E., D. M. Bramble, D. A. Raichlen, and J. J. Shea. 2009. Brains, brawn, and the evolution of human endurance running capabilities. In *The First Humans: Origin and Early Evolution of the Genus* Homo, ed. F. E. Grine, J. G. Fleagle, and R. E. Leakey, 77-92. Berlin: Springer.

Little, A. C., et al. 2015. Human perception of fighting ability: facial cues predict winners and losers in mixed martial arts fights. *Behavioral Ecology* 26: 1470-1475.

Loffing, F., and N. Hagemann. 2015. Pushing through evolution? Incidence and fight records of left-oriented fighters in professional boxing history.

Laterality 20: 270-286.

Morgan, M. H., and D. R. Carrier. 2013. Protective buttressing of the human fist and the evolution of hominin hands. *Journal of Experimental Biology* 216: 236-244.

Nickle, D. C., and L. M. Goncharoff. 2013. Human fist evolution: a critique. *Journal of Experimental Biology* 216: 2359-2360.

Palmer, A. R. 2004. Symmetry breaking and the evolution of development. *Science* 306: 828-833.

Perez, D. M., S. J. Heatwole, L. J. Morrell, and P. R. Y. Backwell. 2015. Handedness in fiddler crab fights. *Animal Behaviour* 110: 99-104.

Pollett, T. V., G. Stulp, and T. G. G. Groothuis. 2013. Born to win? Testing the fighting hypothesis in realistic fights: left-handedness in the Ultimate Fighting Championship. *Animal Behaviour* 86: 839-843.

Raymond, M., D. Pontier, A. B. Dufour, and A. P. Møller. 1996. Frequency-dependent maintenance of left handedness in humans. *Proceedings of the Royal Society of London B: Biological Sciences* 263: 1627-1633.

Schulz, R., and C. Curnow. 1988. Peak performance and age among superathletes: track and field, swimming, baseball, tennis, and golf. *Journal of Gerontology* 43: 113-120.

Van Damme, R., and R. S. Wilson. 2002. Athletic performance and the evolution of vertebrate locomotor capacity. In *Topics in Functional and Ecological Vertebrate Morphology*, ed. P. Aerts, K. D'Août, A. Herrel, and R. Van Damme, 257-292. Maastricht: Shaker.

Zilioli, S., et al. 2015. Face of a fighter: bizygomatic width as a cue of formidability. *Aggressive Behavior* 41: 322-330.

찾아보기

ㄴ

ㄷ

ㅂ

ㅅ

서부줄도마뱀붙이 275

ㅇ

ㅊ

ㅋ

ㅎ

숫자

알파벳

동물의 운동능력에 관한 거의 모든 것

초판 1쇄 | 2019년 9월 5일

지은이 | 사이먼 레일보 옮긴이 | 김지원 감수자 | 이정모
펴낸이 | 정미화 기획편집 | 정미화 이수경 디자인 | 김현철
펴낸곳 | (주)이케이북 출판등록 | 제2013-000020호
주소 | 서울시 관악구 신원로 35, 913호
전화 | 02-2038-3419 팩스 | 0505-320-1010
홈페이지 | ekbook.co.kr 전자우편 | ekbooks@naver.com

ISBN 979-11-86222-25-6 03470

* 이 도서의 국립중앙도서관 출판예정도서목록(CIP)은 서지정보유통지원시스템 홈페이지 (http://seoji.nl.go.kr)와 국가자료종합목록 구축시스템(http://kolis-net.nl.go.kr)에서 이용하실 수 있습니다.(CIP제어번호 : CIP2019032481)